KB072197

나를 넘다

# 나를 넘다

뇌과학과 명상, 지성과 영성의
만남

| 마티유 리카르, 볼프 싱어 대담 |

임영신 옮김

쌤앤파커스

차례 _

## 1. 뇌가 명상을 만났을 때

## 2. 무의식과 감정의 실체

## 3. 우리는 우리가 아는 것을 어떻게 아는가?

## 4. 나를 조종하는 나는 누구인가?

## 5. 자유의지, 책임감, 정의

## 6. 인간 의식의 비밀을 풀다

**[일러두기]**

이 책의 원서는 마티유 리카르와 볼프 싱어의 대담을 프랑스어로 옮겨 출간한 책입니다. 본문 중 '역주'는 저자들이 영어로 나눈 대담을 카리스 뷔스케Carisse Busquet가 프랑스어로 옮기는 과정에서 덧붙인 주석임을 밝혀둡니다. 저자주는 책의 마지막에 수록했습니다. 논문, 잡지는 〈 〉로, 도서는 《 》로 표기했으며, 도서의 경우 한국어판이 출간된 도서는 한국어판 제목으로, 출간되지 않은 도서는 원서명을 직역하고 병기했습니다.

# 최고의 거장들이 만나 인간 의식의 비밀을 풀다

등산이나 하이킹을 해본 사람은 누구나 정상에 오르는 일이 얼마나 고된지 안다. 하지만 일단 정상에 도착하면 그동안의 수고가 전혀 후회스럽지 않다는 사실 또한 잘 알 것이다. 공기는 더없이 맑고, 시원한 바람이 불어오며, 눈앞에 펼쳐지는 새로운 풍경은 그간의 모든 수고를 넉넉히 보상해준다.

마찬가지로 책 중에는 접근이 만만치 않아서, 도무지 다른 생각을 하면서는 읽을 수 없는 책들이 있다. 흔히 '까다로운 책'이라 불리는 이 책들은, 우리의 모든 주의력과 지성을 동원해야만 제대로 이해하고 만끽할 수 있다.

지금 우리가 손에 든 이 책은 분명 '까다로운 책'이다. 산의 정상을 오르는 것처럼, 이 책을 읽는 일도 분명 조금은 수고스러운 과정일 것이다. 하지만 분명히 그만한 가치가 있다. 특히 이 산을 오르는 동안, 우리는 뛰어난 지성을 지닌 두 사람과 동행할 테니 자연히 이들의 대화에 빠져들게 될 것이다.

이 책의 두 저자는 지성과 인간미를, 지적 호기심과 진중함을, 지식과 겸손을 겸비하고 있다. 이들의 대화는 뇌, 의식, 명상, 자유의지, 그리고 결론적으로 우리는 지극히 인간적이라는 이야기로 이어진다.

두 사람은 서로 관점이 다르지만 공통된 신념이 있다. 바로 우리가 정신의 작용을 잘 이해할수록 스스로 더 지속적이고 깊이 있는 변화를 이루고, 나아가 더 나은 세상을 만들어갈 수 있다는 것이다.

이들이 다루는 질문은 매우 다양하다. 어떤 문제는 개념적인 부분으로, 예를 들면 (자기성찰을 통한) 1인칭 시점, (자격을 갖춘 연구자와의 대화를 통한) 2인칭 시점, 혹은 (외부관찰을 통한) 3인칭 시점의 심리학에 관해 우리는 최상의 연구를 하고 있는가? 자유의지라는 것이 정말 존재할까? 아니면 우리 뇌가 스스로 결정하는 것일까? 의식은 다른 물리적 연결고리가 없이도 존재할 수 있는가?

또 어떤 문제는 우리의 일상과 가까운 실제적인 내용이다. 우리는 뇌를 바꿀 수 있는가? 몇 살부터 명상을 할 수 있을까? 잠자는 시간도 학습에 도움이 될까? 타인을 우리의 사랑에 가두지 않고, 또한 스스로도 그 사랑에 얽매이지 않고 사랑할 수 있는가?

두 사람이 서로에게 던지는 수많은 질문들 속에는 이들의 방대한 과학적 소양을 고려했을 때 예상하지 못했던 주제의 질문도 있다. 가령 윤회나 전생의 기억에 관한 질문 등이 그렇다. 어쨌든 이들의 질문과 대답, 이성적 추론을 듣는 일은 또 하나의 즐거움이다.

이 깊이 있고 진중한 책을 읽는다는 것이 산의 정상을 오르는 등반과 같기를 바란다. 천천히 자신의 리듬에 맞추어 오르면 된다. 피곤하다면 쉬어가고, 마음의 눈 아래 펼쳐지는 풍경을 즐길 여유를 가지기 바란다. 또한 먼저 그 즐거움을 누렸다면 감탄하는 것을 잊지 말아야 한다. 프랑스어 중에 동의어를 찾지 못한 영어단어가 하나 있다. 바로

'awe'라는 말이다. awe는 특정한 감정을 가리키는데, 감탄이 섞인 존경 혹은 위압감을 느끼면서도 깊은 감동을 받은 감탄이다. 우리는 장엄한 자연 앞에서 이 감정을 느낄 수 있다. 산의 정상, 바다 위 폭풍우, 아찔한 낭떠러지…. 우리는 또한 특별한 사람들을 대할 때도 이러한 경외감을 느낀다. 현자, 영웅, 완벽한 사람, 모범이 되는 사람 등. 그리고 끝으로 우리는 실존적인 주제 앞에서, 즉 의식, 시간, 물질 등의 주제를 대할 때 이러한 감정을 느낄 수 있다.

이 책을 읽으면서 이 '경외감'을 자주 느끼게 될 것이다.

– 크리스토프 앙드레Christophe André, 정신과 전문의

# 신경과학자와 승려의 대화, 그 8년간의 여정을 마치며

이 책은 2005년 런던에서 '의식'을 주제로 한 첫 번째 대화에서 시작되었다. 같은 해 '마음과 생명 연구소Mind and Life Institute'에서 주최한 만남을 계기로 우리는 워싱턴에서 명상의 신경학적 원리에 대해 서로 논의했다.[1] 지난 8년 동안 우리는 기회가 닿는 대로 세계 각처에서 교류를 이어갔다. 네팔에서, 태국의 열대림에서, 인도의 다람살라에서 달라이 라마 옆에서도 우리는 이야기를 나누었다. 이 책은 우리의 우정과 공통의 관심사를 바탕으로 한 오랜 대화의 열매다.

　서양의 과학과 불교 사이의 대화는 흔히 과학과 종교의 까다로운 논쟁으로 통한다. 물론 서구 사람들이 흔히 이해하는 바에 따르면 불교는 종교가 아니다. 불교는 창조주의 개념에 바탕을 두지 않고 신앙의 행위 또한 요구하지 않기 때문이다. 불교는 일종의 '정신과학'으로 정의할 수 있으며 혼돈에서 지혜로, 고통에서 자유로 이끌 수 있는 '변화의 방법'이라 할 수 있다. 불교는 경험적인 방식으로 정신을 연구하는 능력을 다른 학문들과 공유한다. 이것이 바로 불교 승려와 신경과학자가 풍성한 대화를 나눌 수 있는 이유다. 그리하여 양자물리학부터 윤리적 문제에 이르기까지 방대한 분야의 질문들에 접근할 수 있는 것이다.

우리는 먼저 서양과 동양의 시각 차이를 비교해보고자 했다. 즉 자아의 구조와 의식의 특성 등을 다루는 다양한 이론들을 과학적인 관점과 명상의 관점에서 비교해보고자 했다. 대부분의 서양철학은 최근까지도 정신과 물질이 분리되었다는 개념에 바탕을 두었다. 다만 오늘날 뇌의 기능을 설명하고자 시도하는 과학 이론들은, 이러한 이분법적 사고에서 벗어났다. 반면 불교는 애초부터 현실에 대해 비이원론적 접근을 제시해왔으며, 인지과학은 의식이 몸과 사회, 그리고 문화에 내재된 것으로 본다.

이미 수백여 종의 책과 논문들이 인식, 명상, 자아의 개념, 감정, 자유의지의 존재, 의식의 특징 등에 대해 다루었다. 우리는 거기에 뭘 더 보태려는 게 아니다. 우리의 목표는 기존의 풍부한 전통에 바탕을 둔 2가지 관점을 비교하는 것이다. 그 하나는 불교의 명상수련이고 또 하나는 인식론과 신경과학에 대한 연구다. 이를 통해 우리의 경험과 역량을 한데 모아, 다음과 같은 질문에 대한 답을 찾으려 시도할 수 있었다. 즉 명상과 정신수련을 통해 우리가 도달할 수 있는 다양한 의식의 상태는 뉴런의 과정과 연관된 것인가? 만일 그렇다면 어떤 방식으로 이러한 상호작용이 이루어지는 걸까?

우리의 대화는 이 방대한 작업에 아주 작은 보탬이 될 뿐이다. 명상가와 과학자 사이에 뇌와 의식에 대한 견해와 지식의 대면, 달리 말하면 1인칭 인식과 3인칭 인식의 만남이라고도 할 수 있다. 이어지는 세부적인 흐름도 결국은 이 길을 따르고 있다. 우리는 때때로 각자에게 중요한 주제들로 격렬하게 대립했으며, 이는 어느 순간 방향의 전환이나 반복 등의 형태로 드러나기도 했다. 그렇지만 우리는 이 오랜 대화의 여정이 지닌 진솔함을 그대로 살리기로 선택했다. 이러한 경험이 풍부하고도 소중한 자양분이 되어 오랜 시간 동안 교류를 나눌 수 있었기 때문이다.

이 대화를 통해 우리는 함께 다루었던 주제에 대해 상호 이해의 폭을 넓히고 발전시킬 수 있었다. 또한 이 과업의 거대함 앞에 겸손한 마음을 갖게 되었다. 우리의 여정에 독자 여러분을 초대한다. 여러분 역시 인생의 근본적인 측면들에 대한 연구와 탐색의 시간들을 함께 누리길 바란다.

– 마티유 리카르, 볼프 싱어

# 1.
# 뇌가 명상을
# 만났을 때

───────── 우리는 다른 동물보다 뛰어난 학습능력을 지니고 있다. 그렇다면 신체능력을 개발하기 위해 훈련을 하듯, 정신력도 훈련을 통해 발전시킬 수 있을까? 정신수련으로 좀 더 높은 집중력과 이타심, 차분함을 가질 수 있을까? 이러한 질문들은 지난 20여 년간 신경과학자들과 심리학자들이 숙련된 명상가들과 협업하여 연구해온 것들이다. 혼란스러운 감정을 최적의 방식으로 다스리는 방법을 배울 수 있을까? 다양한 방식으로 명상했을 때 뇌에는 어떤 기능적, 구조적 변화가 일어날까? 초보 명상가가 이러한 변화를 감지하려면 시간이 얼마나 걸릴까?

# 정신의 과학

**마티유** 한마디로 말하면 이렇습니다. 불교에도 전통적인 의학과 우주론이 있지만, 서구 문명과 달리 물리적 세계에 대한 지식과 자연과학에 중점을 두지는 않습니다. 대신 2,500년 전부터 경험론적 방식을 통해 정신에 대한 철저한 탐구를 계속해오면서 방대한 결과를 축적하였습니다. 이처럼 수많은 사람들이 명상학 연구에 일생을 바친 반면, 서양 심리학은 불과 1세기 전에 윌리엄 제임스William James로부터 연구가 시작되었습니다.

이 대목에서 하버드대 심리학부 학장인 스티븐 코슬린Stephen Kosslyn 교수의 말을 인용해야겠군요. 2003년 MIT '마음과 생명 연구소'에서 열린 '정신의 탐구'라는 주제의 모임에서 그는 이렇게 이야기했습니다. "먼저 겸허하게 인정할 부분은, 명상이 현대 심리학에 엄청난 기여를 했다는 사실입니다."

사실 인간의 정신현상에 대한 기능을 고찰하고, 거기서 복잡한 이론을 도출하는 것만으로는 아쉬움이 남습니다. 예를 들면 프로이트처럼 말이죠. 이러한 지적 작업으로는 2,500년이라는 긴 시간 동안 직접 경험을 통해 이루어진 정신기능에 대한 탐구를 대신할 수 없습니다. 충분한 정신수련을 통해 깊은 자기성찰을 하면 놀라운 수준으로 마음의 평정을 이루면서 동시에 명료한 진리에 도달할 수 있기 때문입니다.

소수의 명석한 학자들이 만든 이론만으로는 부족합니다. 수백만 명이 자신의 일생을 바쳐 경험한 것, 정신의 심오한 측면들을 깊이 파헤친 결과와는 더더욱 비교할 수 없지요. 이러한 명상가들은 경험론적 방식에 기초하여 깊은 정신수련을 통해 감정과 정서, 성격적 특징들을 점진적으로 변화시키고, 최적의 삶을 가로막는 뿌리 깊은 유전적 성향들을 점차 약화시키는 효과적인 방법들을 찾아냈습니다.

이러한 성과들을 이해한다면 인간 본연의 특징, 즉 선의·자유·평화·내면의 힘 등을 강화하여 우리 인생의 모든 순간에 삶의 질을 바꿀 수 있을 것입니다.

**볼프** 다소 혁신적으로 들리는 주장이군요. 좀 더 구체적으로 설명해주시겠습니까? 타고난 자질을 없애려고 특별한 정신수양을 해야 할 만큼, 자연이 우리에게 준 것이 근본적으로 잘못된 것인가요? 이런 명상을 통한 접근이 기존의 교육이나 정신분석을 포함한 수많은 정신요법보다 더 나은 이유는 무엇인지요?

**마티유** 자연이 우리에게 준 것이 해롭다는 뜻은 아닙니다. 그건 단지 출발점에 불과하죠. 우리가 타고난 능력은 대부분 최적의 기능을 발휘할 정도가 되기까지 무언가를 하지 않으면, 특히 정신수련을 통해 무언가를 하지 않는 이상, 잠재적인 상태에 머물러 있습니다.

정신이 우리에게 최고의 벗이 될 수도 있지만, 최악의 적이 될 수 있다는 사실을 모두 알고 있을 겁니다. 우리가 타고난 정신은 실제로 엄청난 선의를 만들어내는 잠재력이 있지만 동시에 자신과 타인에게 불필요한 큰 고통을 야기할 수도 있습니다. 자신을 솔직하게 들여다볼 수 있다면 우리 자신이 장점과 단점이 혼합된 존재라는 사실을 인정할 수밖에 없습니다. 좀 더 잘해볼 수 없을까요? 이렇게 사는 것이 최선일까요? 이런 질문을 던지는 것은 중요한 일입니다.

자신의 삶의 방식과 세상을 이해하는 방식에서 진보를 이루는 것보다 중요한 일은 없습니다. 그런데 그런 사실을 진지하게 받아들이는 사람들이 정말 적습니다. 심지어 어떤 사람들은 약점을 드러내고 갈등을 일으키는 감정을 자신들의 '성격'에서 비롯된 특별하고 소중한 부분으로 여기며, 그만큼 자신의 인생을 풍부하게 만드는 요소라고 생각합니다. 하지만 그렇게 여기고 넘어간다면 삶의 질을 개선할 수 있는 모든 가능성을 너무 쉽게 포기하는 것 아닐까요?

우리의 정신은 종종 여러 가지 문제들에 사로잡힙니다. 고통스러운 생각, 근심, 분노 등의 희생자를 자처하며 많은 시간을 보내죠. 그래서 우리는 자신의 정신을 어지럽히고 어둡게 만드는 상태에서 벗어나기 위해 이러한 감정을 잘 다스리는 능력을 갖고 싶다고 생각합니다. 하지만 실제로는 이를 제어하려면 어떤 방법을 써야 하는지도 모른 채 혼란에 빠져서, 이러한 혼돈이 '정상'이며 이것이 '인간의 본성'이라고 치부하기 쉽습니다. 물론 천성에 관련된 모든 것이 '자연스러운 것'이며 질병 또한 여기에 포함되지만, 그렇다고 해서 반드시 바람직한 것은 아닙니다.

'하루 종일, 평생 동안 고통스러웠으면.' 하는 생각으로 아침에 일어나는 사람은 없을 것입니다. 우리는 항상 자신이 하는 활동에서 어떤 이익이나 만족을 얻고자 하거나, 혹은 적어도 고통을 줄이고자 합니다. 우리가 하는 모든 활동이 고통스러운 결과만 가져온다면 우리는 더 이상 아무것도 하지 못하고 절망에 빠질 것입니다.

어릴 때 글자를 읽고 쓰는 것을 배우는 데 수년이 걸렸고, 다 자란

후에도 어떤 일을 익히는 데 수년을 투자합니다. 이는 전혀 낯선 일이 아닙니다. 또 건강을 유지하지 위해 1주일에 몇 시간씩 시간을 내어 운동을 합니다. 이러한 활동을 계속하기 위해서는 최소한의 관심이나 열정이 있어야겠죠. 그리고 이러한 관심은 장기적인 측면에서 이 모든 노력이 가져다줄 유익함을 확신하는 데서부터 시작됩니다. 정신수련에도 같은 논리가 적용됩니다. 이러한 변화를 그저 바라기만 하고 아무 노력도 하지 않으면 우리의 정신이 어떻게 변화할 수 있겠습니까?

우리는 삶의 외부적인 조건들을 개선하기 위해 많은 시간을 보내지만, 결국 세상에 대한 경험을 만들어내고 이를 행복이나 고통으로 해석하는 것은 언제나 정신입니다. 우리가 사물에 대한 인식의 방식을 바꾼다면 삶의 질도 바꿀 수 있습니다. 정신수련이 가져다주는 이러한 변화를 우리는 '명상'이라 부릅니다.


우리는 변화에 대한 자신의 능력을 대체로 과소평가합니다. 우리가 변화를 위해 아무것도 하지 않는 이상, 우리의 성격적인 특징들은 그대로 남아 있습니다. 사실 우리가 '정상'이라 부르는 상태는 출발점일 뿐, 우리가 머물러야 하는 목표지점은 아닙니다. 우리는 최적의 상태를 향해 점진적으로 나아갈 수 있습니다.

자신의 변화 잠재력을 이해하는 것은 매우 강력한 영감의 원천으로, 우리를 내적 변화의 과정에 동참하도록 이끌어줍니다. 이러한 내면의 변화에 우리의 에너지를 모두 동원한다면 그 자체가 회복의 과정이 될 수 있습니다.

기존의 현대식 교육은 정신의 변화나 기본적인 인간의 특성, 예를 들면 친절함과 주의력 등을 가르치는 데 초점을 두지 않습니다. 뒤에서 우리는 불교의 명상이 인지치료와 많은 부분에서 일맥상통하는 점을 살펴보게 될 것입니다. 특히 정신적 불안정을 치료하는 기본 요소로 주의력을 사용하는 인지치료에 대해 살펴볼 것입니다. 정신분석의 관점에서 보자면 이는 반추를 권장하고 정신의 가장 근본적인 모습을 은폐하는 정신적 혼란과 자기중심적 사고의 자욱한 구름 속에서 아주 적은 정보를 가지고 끊임없이 비밀들을 탐구하는 것 같습니다. 즉 깨어 있는 의식의 광채를 찾는 것이죠.

**볼프**  그러면 반추는 명상에서 일어나는 것과는 다른가요?

**마티유**  물론입니다. 게다가 끊임없이 반추하는 것은 우울증의 대표적인 증상입니다.

**볼프**  정신을 치유하는 방법에 대해서는 다양한 시각이 있습니다. 우리의 대화주제로 다루기에 아주 고무적인 일입니다. 제 생각에는 명상훈련이 자주 오해를 받는 것 같습니다. 저 역시 명상을 오해했던 경험이 있습니다. 풀리지 않은 문제들을 회피하고, 그 이유를 찾거나 문제를 해결하려 하지 않는 것으로 말입니다. 하지만 실제로는 완전히 그 반대죠.

**마티유**  반추의 과정을 자세히 살펴보면 어떤 점에서 마음의 혼란을 일으키는 요소를 만들어내는지 쉽게 알 수 있습니다. 반복되는 말이 계속 이어지도록 하는 연쇄적인 정신의 반응에서 벗어나야만 합니다. 생각나게 하고 또 생각이 나면 그것이 우리의 정신을 온통 장악하게 내버려두지 말고 그것을 사라지게 하는 것을 배워야 합니다. 현재라는 순간의 새로움 속에, 과거는 더 이상 존재하지 않고 미래는 아직 다가오지 않았습니다. 순수하게 깨어 있는 의식의 세계에 머문다면, 그 진정한 자유의 상태를 유지하기만 한다면 우리의 정신을 어지럽힐 수 있는 생각들은 흔적도 없이 사라질 것입니다.

**볼프** 스님께서는 저서에서 사람은 누구나 자신의 정신에 '생금'과 궁극의 순수함, 긍정적인 장점들을 가지고 있는데, 우리의 인식을 왜곡시키고 우리가 느끼는 고통의 대부분을 차지하는 수많은 감정들과 부정적인 성격에 가려져서 잘 보이지 않는다고 말씀하셨습니다.

이러한 생각이 저에게는 확증되지 않은, 지나치게 낙관적인 가설로 들리는데요. 이러한 생각은 루소의 몽상과도 닮아 있고, 어떤 점에서는 '야생의 소년L'enfant sauvage'이었던 카스파 하우저Kaspar Hauser처럼 모순되게 들립니다. 우리는 진화로 형성된 유전자를 가진 존재이며, 도덕 기준이나 사회규범 등 문화의 영향을 받는 존재입니다. 그렇다면 '금괴pepite d'or'는 무엇을 말하는 것입니까?

**마티유** 생금이란 광석이나 바위 혹은 진흙 속에 깊이 묻혀 있는 금 조각을 말합니다. 금 자체는 고유한 순도를 잃지 않지만, 진정한 가치는 드러내지 못한 상태입니다. 마찬가지로 인간의 잠재력이 충분히 발휘되기를 원한다면 그 발현에 적절한 조건들을 갖추어야 합니다. 씨앗을 심는 것과 마찬가지죠. 비옥하고 습기가 적당한 땅에 심어야 하는 것처럼 말입니다.

# 깨어 있는 의식과 정신의 구조

**마티유** 의식의 근본 특성이 완벽하게 순수하다는 생각은 인간 본성에 대한 그저 순진한 개념이 아닙니다. 이성적 사유와 주관적인 경험에 바탕을 두고 있는 것입니다. 사고, 감정, 감각 등을 다른 모든 정신적 사건과 같이 간주하면, 이것들이 공통분모를 가지고 있다고 생각합니다. 인지능력이 바로 그것이죠. 불교에서는 이 의식의 기본적인 능력을 정신의 기본 특성으로 부릅니다. 이 본성은 우리의 지각을 통해 외부 세계를 인식하게 하고, 우리의 감각, 사고, 기억, 예측, 현재에 대한 인식 등을 통해 우리 내면세계를 밝힌다는 점에서 '빛'이 납니다. 다시 말해 이것은 모든 인지능력이 없이 어둠 속에 있는 무생물과 반대로, 빛이 나는 특성이 있습니다.

빛의 이미지를 생각해봅시다. 횃불의 힘을 빌려 미소 짓는 아름다운 얼굴, 화가 난 얼굴, 산더미 같은 보석, 엄청난 쓰레기 등을 차례로 비춘다고 그 빛 자체가 아름답다가 화가 나거나 값비싸거나 더러워지는 것은 아닙니다. 마찬가지로 거울을 예로 들어봅시다. 거울의 특성은 모든 이미지를 비추어 보여주는 것입니다. 하지만 어떤 경우에도 그 이미지가 거울에 소속되거나, 통과하거나, 그 속에 남아 있지 않습니다.

이와 같이 정신의 기본 특성도 모든 정신의 구조(사랑·분노·즐거움·질투·기쁨·고통)들이 정신의 변질 없이 그대로 드러나도록 합니다. 정신적 현상들이 본질적으로 의식의 가장 근본적인 측면의 일부분은 아닙니다. 단지 이러한 정신적 사건들은 깨어 있는 의식의 공간에서 의식의 다양한 순간에 따라 전개되는 것입니다. 따라서 우리는 이 의식을 순수한 의식 혹은 정신의 근본 구성요소라고 칭할 수 있습니다.

**볼프** 방금 2가지 결과를 말씀하셨습니다. 첫 번째는 유효성의 기준으로 작용할 수 있는 지속성 혹은 객관성에 가치를 부여하시는 것 같습니다. 두 번째는 기본적인 의식과 그 내용물을 분리하는 것입니다. 그 자체로 어떤 왜곡도 일어나지 않고 그것이 반영하는 내용물에도 영향을 받지 않는 이상적인 거울처럼, 뇌 속에도 그러한 기본적인 단위가 있다고 생각하는군요. 그렇다면 이원론자의 입장을 옹호하는 것 아니십니까? 한편으로는 관찰자라 할 수 있는 순결한 정신과 또 한편으로 그 정신에 나타나고 수많은 충돌과 왜곡을 보이는 그 내용물 사이의 이분법 말입니다.

뇌를 연구하는 사람들이 주장하는 오늘날의 개념은, 감각기능과 실행기능 사이에 모든 구분을 단호하게 부정하고, 의식을 뇌기능이 발현되는 특성으로 이해하고 있습니다. 그래서 저 또한 얼룩 하나 없는 거울과 그것이 비추는 내용물 사이에 존재하는 차이점을 받아들이기 어렵습니다. 저로서는 비어 있는 의식, 기본 단위가 비어 있다고 생각할 수 없습니다. 만일 그것이 비어 있다면 당연히 존재할 수도 없으니까요. 존재하지 않는 것을 정의 내리는 것도 물론 불가능하고요.

**마티유** 이는 이원론에 관한 것이 아닙니다. 의식은 2가지 흐름으로 존재하지 않습니다. 그보다 의식의 서로 다른 측면을 말하는 것입니다. 기본적인 측면과 항상 존재하는 깨어 있는 의식, 우연적인 측면들, 즉 끊임없이 변화하는 정신적 작업들에 관한 것입니다. 기본적인 측면은 의식의 첫 번째 특징으로 이 인지능력은 정신에 담긴 내용물이 무엇이든 항상 존재합니다. 차라리 '지속성'이라는 표현을 써야 할 것입니다. 모든 단계에서 의식은 내용물을 담든 그렇지 않든 의식의 순간들로 이루어진 역동적인 흐름이기 때문입니다. 어떤 순간에든, 사이의 스크린 너머로, 모든 사고의 바탕이 되는 순수한 인지능력을 식별할 수 있는 것입니다.

**볼프** 이 인식은 적어도 구별되는 2가지 단위를 포함하는 것이겠군요. 스님께서 묘사한 모든 특징들을 가진 집합소로서의 기능을 충족하는 텅 빈 공간과 이 집합소에 영향을 주지 않는 내용물 말입니다.

**마티유** 왜 2가지 단위죠? 정신은 그 자체로 의식될 수 있습니다. 그 기능을 충족하기 위해 또 다른 제2의 정신은 필요로 하지 않습니다. 정신의 여러 측면 가운데 하나로 가장 근본적인 측면인 순수한 의식은 그 자체로 의식될 수 있다는 데 있습니다. 제2의 관찰자가 개입할 필요가 없습니다. 거울에 맺히는 상과 그 내용물의 개념이 어렵게 느껴진다면 순수한 의식을 그 주위의 사물을 모두 비추는 불꽃에 비유해볼 수 있습니다. 불꽃은 주위를 비추지만 그 자신을 비추기 위해 또 다른 불꽃이 필요하지는 않습니다.

**볼프** 제 생각에 내면의 어떤 순수한 눈을 갖는다는 것, 즉 감정의 영향을 받지 않고 이 모든 것들에서 분리되지도 않은 이상적인 거울을 가진다는 것은 인격의 분리를 요구한다고 생각됩니다. 한편에는 감정, 정서, 인식 등에서 분리된 순수한 관찰자가 있고, 또 한편에는 역시 자아의 일부를 이루는 또 다른 심급審級이 있어서 갈등으로 고통을 받고, 사랑에 빠지거나 깊은 절망으로 상황을 제대로 인식하지 못하게 하는 것이죠. 정신수련은 이러한 자아의 분리를 목표로 한 훈련입니까? 그것이 명상의 목표라면 그것은 위험한 시도 아닌가요?

**마티유** 자아를 분리해낸다는 뜻이 아니라 고통에서 벗어나기 위해 스스로를 관찰하는 의식의 능력을 잘 활용하자는 뜻입니다. 사실 우리는 자기 자신을 밝혀주는, 비이원적인 깨어 있는 의식에 대해 말하고 있는 것으로, 자아의 분리는 없다는 것을 강조하는 표현입니다. 인격을 분리하는 작업은 불필요한 것으로 정신은 자기 자신을 관찰할 수 있는 타고난 능력이 있기 때문입니다.

중요한 점은 다음과 같습니다. 우리는 순수한 주의력 혹은 완전한 의식에서 얻는 관점에서 우리의 강렬한 감정을 포함한 자신의 모든 생각들을 관찰할 수 있습니다. 생각은 깨어 있는 순수한 존재의 발현으로 바다에서 일었다가 다시 바다로 흩어져 사라지는 파도의 이미지와 같습니다. 이때 바다와 파도는 근본적으로 다른 2개의 사물이 아닙니다.

보통 우리는 사고의 내용에 지나치게 집중하느라 그 자체와 자신을 동일시하기까지 하며, 이로 인해 우리는 의식의 근본적인 상태, 즉 순수하게 깨어 있는 의식을 알아차리지 못합니다. 그리고 이러한 '무의식'은 우리를 환상과 고통 속에 잠기게 합니다.

통합적인 방식으로 불교는 이러한 허황된 오해를 없앨 수 있는 다양한 방법을 제시합니다. 예를 들어 악의에 찬 강렬한 분노의 경험을 예로 들어봅시다. 우리는 더 이상 그 분노에 대해 할 수 있는 것이 없습니다. 분노는 우리의 정신적 상황을 장악하고, 사람들과 사건에 대해 사실과는 다른 자신만의 해석을 투사합니다. 게다가 우리는 그 감정을 불러일으킨 장본인을 기억하거나 그 사람을 볼 때마다 그 감정을 다시 떠올리며, 고통스러운 감정의 악순환을 되풀이합니다.

분노는 어떤 경우든 유쾌한 정신상태가 아닌데도, 우리는 그것을 계속 제어하지 못합니다. 매번 타는 불에 기름을 더 부어가면서 말이죠. 이처럼 우리는 고통과 그 원인에 종속됩니다. 하지만 우리가 가식 없이 직접적인 주의를 기울여 그 고통을 가만히 들여다보며 분노에서 자신을 분리해내면, 우리는 그 분노가 여러 생각이 모인 집합체일 뿐이며 그다지 위협적인 것이 아니라는 사실을 알게 됩니다. 분노는 무기를 갖고 있지 않습니다. 분노는 불처럼 타오르지도, 바위처럼 짓누르지도 않는 그저 정신의 산물일 뿐입니다.

**볼프**  그렇다면 긍정적인 감정 역시 해로운 것 아닙니까? 긍정적인 감정 역시 잘못된 사고를 작동시키고 그 결과 우리를 고통으로 이끌 수 있지 않습니까?

**마티유**  꼭 그런 것은 아닙니다. 모든 것은 정신적인 사건이 현실을 대체하느냐 아니냐에 달려 있습니다. 예를 들어 정신이 모든 존재는 고통에서 자유로워지기를 원한다는 사실을 인정한다면, 또 정신이 이타적인 사랑으로 넘치고, 고통에서 벗어나게 하려는 강한 열망이 솟아오른다면, 정신은 현실과 조화를 이룰 수 있습니다.

여기서 말하는 정신은 모든 존재의 상호의존성을 허용하며, 고통에서 벗어나 행복을 맛보고자 하는 공통의 바람을 인정하고, 고통의 근본원인을 파악하게 하는 정신입니다. 게다가 이타적인 사랑은 다양한 종류의 집착이나 갈망으로 얼룩지지 않는다면 형벌의 특징을 지니진 않습니다. 그 사랑은 지혜를 일그러지게 하기보다 오히려 그 지혜의 자연스러운 표현이 될 것입니다.

앞에서 얘기하던 분노에 대해 결론을 내려봅시다. 자신이 분노가 '되어' 자신과 분노를 동일시하는 대신, 우리는 그저 그 분노를 바라보며 순수한 의식을 유지하기만 하면 됩니다. 이런 연습을 하게 되면 어떤 일이 생길까요? 불에 기름을 끼얹지 않으므로 그 분노의 불은 곧 사그라질 것입니다. 마찬가지로 이러한 일관된 주의력을 기울인 시선으로 바라본다면 분노는 그 자체로 지속될 수 없습니다. 이렇게 분노는 그 세력을 잃고 사라지게 되는 것입니다.

**볼프** 사랑, 공감, 슬픔 그밖에 다른 강렬한 감정들도 마찬가지입니다. 감정이 배제된 명료한 정신, 그것이 불교가 추구하는 목표인가요? 철저하게 보호된 환경에서 사는 특권이 주어지지 않는 이상, 모든 감정이 배제된 인간이 생존하고 세대를 이어 번식해갈 수 있을지 의문입니다.

## 감정에 대한 정교한 접근법

**마티유** 감정을 더 이상 느끼지 않는 것이 아니라, 감정의 노예가 되지 않도록 하는 것이 목적입니다. 서양의 언어에서 '감정'이라는 단어는 '뒤흔들다, 움직이게 하다.'라는 뜻의 라틴어 '에모베레emovere'에서 나왔습니다. 감정은 정신을 동요하게 하지만 모든 것은 그것을 움직이게 하는 방식에 달려 있습니다. 어떤 사람의 고통을 덜어주고 싶다는 바람이 정신을 움직일 수 있습니다. 이 경우 이것은 괴로운 감정이 아닙니다.

더욱이 생각이나 감정이 일어나는 것을 막으려는 시도는 소용이 없습니다. 왜냐하면 감정이나 사고는 필연적이고 돌발적으로 솟아나기 때문이다. 그래서 수시로 불쑥 나타나게 될 것들과 뒤에 이어지는 생각들이 관건입니다. 갈등을 일으키는 감정들이 정신을 파고들 때 그 감정은 우리를 괴롭힐 위험이 크죠. 하지만 그 감정이 생기는 순간 곧 사라지게 할 수 있다면 우리는 그 감정과 지혜롭게 대면할 수 있을 것입니다.

이렇게 분노가 생기는 순간 사라지게 함으로써 우리는 분노를 다루는 부적절한 2가지 방식을 피할 수 있습니다. 우리는 분노가 폭발하게 내버려두지 않음으로써 그러한 분노가 다른 사람에게 상처를 주거나, 우리 내면의 평화를 깨뜨리거나, 자주 격분하는 성향을 강화시키는 등 부정적인 결과를 피할 수 있습니다.

또한 우리는 뚜껑을 닫아 분노를 억압하지 않을 수 있습니다. 이렇게 하는 것은 분노를 우리 정신의 어두운 구석에 시한폭탄처럼 건드리지 않고 내버려두는 것과 같기 때문입니다. 우리는 분노를 지혜롭게 다루어 그 불길이 잦아들게 할 수 있습니다. 이러한 과정을 자주 반복한다면 그 공격성은 점점 덜 생겨나고 그 강도도 줄어들게 됩니다. 쉽게 화를 내는 성향은 점차 사라지게 되고, 우리가 지닌 성격의 특징들이 새롭게 변하게 될 것입니다.


**볼프** 그렇다면 우리는 내면의 감정이라는 무대에 대해 더 정교한 접근법을 적용하는 것과, 감정이 가진 서로 다른 암시적 의미를 더 정확하게 판별하는 법을 배워야겠군요.

**마티유** 맞습니다. 처음에는 감정이 떠오르자마자 그것에 반응하는 것이 어렵습니다. 하지만 그때그때 이러한 접근에 익숙해지다 보면 결국 자연스러워집니다. 분노가 일어나는 순간마다 그것을 즉시 인지하고, 분노의 감정이 강해지기 전에 그것을 다루게 되는 것입니다. 만일 소매치기 범인 1명의 신원을 정확히 안다면 우리는 20~30명의 용의자들 중에서도 그를 쉽게 찾아낼 수 있습니다. 그를 주의 깊게 살핀다면 결국 그 사람이 우리의 지갑을 훔치지 못하게 할 수 있는 것이죠.

**볼프** 그렇다면 우리가 감정의 미세한 흐름에 대한 민감성을 높이는 것은 감정이 위협적인 존재로 커지기 전에 그것을 통제하는 힘을 기르기 위해서군요.

**마티유** 그렇습니다. 우리가 정신의 작용에 대해 익숙해질수록 현재 시점에 대한 완전한 의식을 발전시킬 수 있습니다. 또한 고통스러운 감정의 불씨가 통제불능의 화마火魔가 되어 우리의 행복과 다른 사람의 안녕을 해치는 일을 줄일 수 있습니다. 처음에는 이러한 주의집중에 많은 노력과 결단이 필요합니다. 하지만 어느 정도 익숙해진 후에는 크게 노력하지 않아도 됩니다.

## 내면에서 일어나는 점진적인 변화

**볼프** 이러한 방식은 그 노력의 방향이 외부세계 대신 내면세계를 향한다는 차이점 빼고는 과학적 방식과 유사합니다. 과학 역시 연구방식의 정확도와 효율을 높이고, 복잡한 관계를 이해하도록 하고, 여러 이론들을 점점 더 작은 요소로 분석해 사실을 파악하기 위해 노력하니까요.

**마티유** 불교의 가르침에서는, 더 작고 더 쉬운 단위의 일정한 과업들로 분해할 수 없을 만큼 어려운 일은 없다고 말합니다.

**볼프** 그렇다면 불교의 연구대상은 모든 정신기능이고 분석의 도구는 자기성찰인 것 같군요. 서구의 인문과학과 다른, 개인에 대한 흥미로운 접근법입니다. 1인칭의 관점에 중점을 둔다는 점에서도 그렇지만, 분석도구가 그 연구대상과 합해진다는 점에서도 흥미롭습니다. 서구의 접근법도 정신적 현상을 정의하기 위해 1인칭 관점을 쓰긴 하지만, 그것을 분석하는 데는 철저히 3인칭 관점을 선호합니다.

분석적인 자기성찰의 결과가 인지·신경과학에서 얻은 결과와 일치하는지 알고 싶습니다. 이 2가지 접근법은 분명 인지과정에 대한 실제적이고 구별된 견해를 발전시키려는 것입니다. 그런데 서구의 자기성찰 방식은 이것이 가능할 만큼 충분히 고차원적인 접근법이 아닐 수 있습니다. 직관과 자기성찰을 통해 밝혀진 인간의 뇌구조에 대한 일부 개념들은 과학적 연구로 얻은 개념과 명백히 모순되기 때문입니다.

솔직히 정신현상을 연구하는 데 사용된 자기성찰 방식에 대한 신뢰성은 누가 보장합니까? 만일 그 신뢰성의 기준이 전문가라는 사람들의 합의에 의한 것이라면, 우리는 어떻게 주관적인 정신상태를 비교하는 방식을 통해 판정할 수 있을까요? 나를 판정할 수 있는 사람은 나 자신뿐입니다. 외부의 관찰자는 주관적인 정신상태에 대해 말로 표현한 증언에 의지할 수밖에 없습니다.

**마티유**　과학지식도 마찬가지입니다. 우리는 과학자들의 주장 중에서 신뢰할 만한 것들을 믿어야 합니다. 다만 그러려면 우리가 어느 정도 교육을 받고 주장의 유효성을 스스로 판단할 수 있어야 하죠. 이러한 과정은 명상학 과정과도 매우 흡사합니다. 우리는 다른 명상가들이 발견한 내용과 그들이 공통된 합의를 이룬 내용들을 우리 힘으로 찾아내기 위해, 수년 동안 정신의 망원경을 조절해가며 연구방법들을 깊이 파고들어야 합니다.

아무런 생각도 담겨 있지 않은 순수한 의식상태라 하면 언뜻 황당하게 들릴 수 있지만 이는 모든 명상가들이 경험했던 상태입니다. 그러므로 불교만의 특이하고 독보적인 이론이 아닙니다! 마음의 평정을 찾고 명료한 정신에 이르기 위해 노력해본 사람은 누구나 이해할 수 있을 것입니다.

이러한 경험에 대해 각 개인이 체계적인 검증을 시도한 사례는 다양합니다. 명상가들의 직접적인 증언과 그들이 겪은 다양한 경험들을 다룬 글에서 그 상세한 내용을 찾아볼 수 있습니다. 한 학생이 자신의 내면상태에 대해 숙련된 명상대가에게 이야기할 때, 모호한 시적 묘사로 표현하는 것은 불가능합니다. 영적인 대가는 그 학생에게 대답을 이끌어내기 위해 매우 정확한 질문을 던질 테니까요. 그렇게 되면 두 사람은 매우 잘 정의된 주제에 대해 이야기를 나누며 서로 완벽하게 이해하게 될 것입니다.

결론적으로 가장 중요한 것은, 우리 안에서 일어나는 점진적 변화입니다. 달이 지나고 해가 지나면서 점점 조바심이 덜해지고, 화내는 일이 줄고, 희망이나 두려움으로 인한 마음의 고통이 덜어진다면, 그것은 사용한 방법이 유효하다는 표시입니다. 인생의 역경에 맞설 수 있게 해주는 내면의 자산을 조금씩 개발하고, 다른 사람에게 고의로 해를 끼치려는 생각은 꿈에도 할 수 없게 된다면, 이는 분명 우리가 진정한 발전을 이루었다는 뜻입니다.

옛 가르침에 이런 말이 있죠. "햇빛 좋고 적당히 배부를 때 위대한 명상가가 되기는 쉽다. 진정한 수행자들을 판가름하는 것은 그들이 역경에 부딪혔을 때다." 사람들이 자신의 태도에 변화가 생겼는지를 제대로 알 수 있는 순간은 바로 역경의 순간들입니다. 비판이나 모욕을 당했을 때, 상대방에게 분노를 터뜨리지 않고 내면의 평화를 그대로 유지하면서 솜씨 좋게 그 상황을 다룰 수 있게 된다면, 그것은 우리가 진정한 감정의 평정과 내면의 자유에 도달했다는 뜻입니다. 외부 환경에 조금 더 강인해져서 자신의 해로운 생각에 상처를 덜 받게 된 것입니다.

진행 중인 한 연구에 따르면, 명상수련에 참가한 사람들은 유쾌한 혹은 불쾌한 자극들을 더 분명하게 구별할 수 있다고 합니다. 물론 수행자들도 감정적인 반응을 하게 되지만, 대조군(즉 나이, 건강, 교육수준 등의 프로필에서 명상가들과 유사하지만 한 번도 명상을 해보지 않은 그룹)에 비해 그 강도가 훨씬 덜합니다. 즉 명상가들은 일어나는 일을 완전히 의식하면서도 감정적인 반응에 휩쓸리지 않는 능력을 기른 것입니다.[2] 일반적인 대상자의 경우, 자극(상대적으로 까다로운 인지적 과업을 완성하도록 요청하여, 일부러 이들의 주의를 산만하게 했을 때)을 인식하지 못해 반응하지 않거나, 자극을 인식하고 강하게 반응하거나 둘 중 하나입니다.

**볼프** 이러한 태도의 장점은 알겠습니다. 하지만 부정적인 감정들은 생존에 중요한 역할을 하는 기능 중 하나로, 변하지 않고 그대로 유지되어온 것은 우연이 아닙니다. 우리의 생존에 기여하기 때문이죠. 부정적 감정들은 우리가 위험한 상황들을 감지하고 피해 스스로를 보호하게 합니다. 지금까지 우리는 부정적인 감정을 해소하고 벗어나야 하는 이유만 다루었습니다. 공감, 사랑, 타인에 대한 배려, 주의력, 인내력처럼 긍정적인 감정은 모두 유지하면서도 말이죠. 균형을 맞추려면, 긍정적인 감정도 외부세계에 대한 정확한 이해를 방해할 수 있다는 점을 다루어야 합니다. 따라서 정신수양을 통해 단계적으로 점점 없애나가야 할 측면도 있다는 사실을 함께 생각해보아야 한다는 겁니다.

**마티유** 사랑과 공감에 중독과 갈망이 섞여 있다면, 이 감정들은 필연적으로 현실을 왜곡시킵니다. 따라서 불교적 관점에서 부분적인 공감과 집착이 섞인 사랑은 긍정적인 감정이 아닙니다. 왜냐하면 그것은 고통에 이르게 하기 때문입니다. 반대로 이타적 사랑은 그 사랑을 느끼는 사람에게나 그 사랑을 받는 대상에게 모두 유익한 것입니다. 따라서 그것은 긍정적인 감정이죠.

마찬가지로 불의 앞에서 느끼는 강한 분노는 저질러진 잘못을 고치는 일에 더 적극적으로 참여하게 만드는 동기가 될 수 있습니다. 분노의 감정이어도 정당한 근거가 있고 증오로 더럽혀지지 않았다면 이는 건설적인 것으로, 악의적이고 통제 불가능한 분노와는 구별되는 감정입니다. 이 정의로운 분노의 감정은 고통을 줄일 것이며 모두에게 행복을 가져다줄 것입니다. 따라서 어떤 감정이나 정신적 상태의 긍정적 혹은 부정적 특성은 그것이 불러일으키는 결과가 행복이나 고통이

나에 따라 평가됩니다.

　　**볼프**　우리 자신의 정신에 의해서만 작동되는 과정은 어떻게 해석할 수 있나요? 스님의 접근법은 뇌에 어떤 변화를 일으키는 것이 목적입니다. 외부의 간섭을 최대한 줄임으로써, 뇌에 일종의 긴 과정, 즉 특정한 감정들을 일으키는 과정을 시작하는 데 성공하셨습니다. 하지만 제가 보기에 이러한 접근은 상당한 수준의 분리를 요하는 것 같습니다. 이러한 변화를 일으키기 위해서는 또 다른 수준에서 작동하는 동인이 있어야 하기 때문입니다. 이러한 긍정적인 감정을 느끼기 위해서는 모든 감정을 컨트롤해야 하고 자신의 감정을 일으킬 수 있으며(왜냐하면 제 생각에 감정에 대해 연구하려면 감정을 자극해야 하기 때문입니다), 또 어떤 감정인지 구별할 줄 알아야 합니다. 스님께서는 이 부분을 어떻게 하셨습니까? 특별한 방법이 있으신지요?

## 명상은 뇌를 바꾸는가?

　　**마티유**　정신은 분명 스스로 생각하고 훈련하는 능력이 있습니다. 이것은 따로 명상이라고 부르지 않아도 우리가 늘 하고 있는 것입니다. 우리는 학생들처럼 여러 정보를 일부러 외우고 체스를 두거나 여러 가지 문제를 풀어가며 정신력을 기르기도 하는데, 이러한 활동은 모두 정신의 훈련을 요합니다. 명상은 다만 여기에 지혜, 즉 행복과 고통의 메커니즘에 대한 이해를 결부시켜 더 체계적인 접근법으로 과제를 실행할 뿐입니다. 이것은 인내를 요하는 일이죠. 라켓을 몇 번 쥐었다고 테니스 치는 법을 배울 수 없듯이 말입니다. 다만 명상의 목적은 육체적인 능력을 키우는 것이 아니라 내면을 성숙하게 만드는 데 있습니다.

뇌기능의 발전은 외부세계에 노출되는 것에서 시작된다는 사실은 널리 알려져 있습니다. 그래서 태어날 때부터 시각장애를 가진 사람의 경우 시각적 영역이 개발되지 않는 대신 청각기능에 능력이 집중됩니다. 청각은 시력을 상실한 사람에게 매우 유용하죠.[3]

1990년대 말에 이뤄진 연구결과들에 따르면 종이상자에 갇힌 쥐들은 뉴런의 결합이 제한적이라는 사실을 보여줍니다. 그러나 쥐들을 위한 일종의 놀이공원, 즉 바퀴와 터널 등으로 장식된 놀이공간과 수많은 다른 쥐들이 있는 미로 등이 있는 환경에 옮겨놓으면, 한 달여 사이에 새로운 신경기능의 결합이 이루어진다고 합니다.[4]

이러한 사실이 발견되고 얼마 되지 않아, 신경가소성이 인간에게도 존재한다는 사실이 밝혀졌습니다.[5] 그렇지만 우리는 대부분의 경우 반수동적이라고 불리는 방식으로 세상에 참여합니다. 즉 우리는 어떤 상황에 노출되면 거기에 반응하고, 이로 말미암아 우리의 경험이 늘어납니다. 그 결과 외면적인 성숙이 이루어지죠.

그러나 명상과 정신수련의 차원에서 보면 외부환경에서 비롯되는 변화는 매우 적습니다. 이는 극단적인 경우지만 일부 명상가는 아주 단출하고 소박한 은둔처에서 아무것도 바꾸지 않고 살거나 매일 같은 풍경을 마주하고 하루 종일 혼자 앉아 있습니다. 이러한 환경에서는 외면의 성숙이 거의 일어나지 않는 대신 내면의 성숙은 극대화됩니다. 외부자극을 극도로 제한함으로써 온종일 정신을 훈련하는 것입니다. 이러한 내면의 성숙은 절대로 수동적으로 이루어지는 것이 아니며 항상 자발적이고 체계적인 방식으로 이루어집니다.

매일 8시간씩 혹은 그 이상의 시간을 투자해 우리가 고양시키고자 하거나 더 개선하고자 하는 어떤 정신상태를 개발하는 데 집중해야 합니다. 실제로 이 과정에서 뇌가 새롭게 편성됩니다.


**볼프**  어떤 면에서는 외부세계가 아닌 뇌 자체를 복잡한 인지과정의 대상으로 삼은 것처럼 보입니다. 감각신호들을 일정한 표현이나 인식의 대상으로 조직화하여, 외부세계의 사건들을 다룰 때와 같은 목표와 집중력으로 뇌에 인지적 작업을 적용하신 것이죠.

스님께서는 몇 가지 정신상태에 특히 가치를 두셨습니다. 그러한 상태를 반복해서 경험하기 위해 노력하셨는데, 이는 인지과정을 담당하는 신경망의 변화로 이어질 수 있습니다. 외부세계와 상호작용을 하는 학습과정에서 일어나는 과정과 같거든요.[6] 명상에 의한 발달과정은 변화, 즉 뇌기능의 재편성으로 해석할 수 있으므로, 먼저 인간의 뇌가 환경에 적응하는 양상을 살펴보고자 합니다.

뇌발달은 모델링 과정이 수반되는 신경연결의 증대가 그 특징입니다. 환경과의 상호작용과 경험을 사용하는 기능적 기준에 따라 유효성을 판단하여 신경연결이 생략되거나 강화되는, 신경연결의 모델링 과정이 일어납니다.[7] 이러한 발달의 초기단계에는 감각기능과 운동기능 조절에 집중하고, 최종 단에서는 사회적 능력을 결정짓는 뇌의 체계들이 관여하게 됩니다. 이러한 발달과정이 완성되면, 뇌의 기능적 연결성이 형성되고 더 이상 대규모의 변화는 불가능해집니다.

**마티유** 어느 정도는 그렇습니다.

**볼프** 네, 어느 정도는요. 기존의 신경연결도 여전히 바뀔 수 있지만, 장기적으로 새로운 신경연결이 자라게 하는 것은 불가능합니다. 물론 뇌의 특정한 영역에서는 해마와 후각구근처럼 새로운 신경이 평생 동안 발전해나가며 기존의 회로에 추가되지만, 어쨌든 대규모로 일어나는 것은 아닙니다. 적어도 상위 인지기능이 최종적으로 형성되는 위치인 신피질에서는 이러한 과정이 일어나지 않습니다.[8]

**마티유** 오랫동안 명상수련을 한 사람들을 대상으로 한 연구에 따르면, 뇌의 서로 다른 영역 사이의 구조적인 연결은 대조군보다 숙련된 명상가 그룹이 더 큰 것으로 나타났습니다.[9] 따라서 뇌에서 또 다른 형태의 변화가 일어나는 점은 틀림없습니다.

## 인식을 예리하게 다듬는 법

_____ **볼프** 성인도 학습과정을 통해 행동능력이 변화할 수 있다는 사실은 쉽게 수긍할 수 있습니다. 재교육 프로그램이 그 확실한 증거죠. 재교육에서 이용하는 방법들은 작지만 꾸준한 행동의 변화를 가져옵니다. 우리는 또한 인식, 감정상태, 대응전략 등의 극적이고 급진적인 변화도 일어날 수 있다는 증거를 갖고 있습니다.

이런 극단적인 경우, 학습과정의 기반이 되는 메커니즘(즉 시냅스의 연결망이 넓게 퍼져서 더 효과적으로 작용하는 것)이 전체적인 뇌의 상태에 근본적인 변화를 일으킵니다. 이러한 현상은 뇌처럼 복잡하고 비선형적인 회로 시스템에서도 신경결합에 생기는 비교적 작은 변화가 각 단계로 이행할 수 있다는 것을 보여줍니다.

　이것은 뇌 시스템의 여러 속성에 중대한 변화를 가져올 수 있습니다. 이러한 현상은 트라우마나 카타르시스를 경험할 때 일어나는 것입니다. 또한 갑작스러운 정신발작이 일어날 때도 마찬가지죠. 하지만 명상의 경우와는 분명 다릅니다. 왜냐하면 이 훈련은 매우 느린 변화를 가져오기 때문입니다.[10]

　**마티유** 우리는 어느 순간 크게 증가하는 교통의 흐름처럼, 신경활동의 흐름도 변화시킬 수 있습니다.

　**볼프** 그렇습니다. 성인의 학습이나 정신수련에서 변화를 일으키는 것이 바로 신경활동의 흐름입니다. 해부학적으로 보았을 때 뇌의 물리적인 형성은 20세 이전에 멈추며 그 이후로는 매우 안정적으로 유지됩니다. 물론 시냅스의 결합상태를 조절하거나, 새로운 방식으로 시냅스를 형성하여 뇌의 각 영역 간 상호작용의 세기를 바꿀 수는 있습니다.

　마지막 전략은 라디오 수신기를 특정 방송국에 맞춰 조절하는 것과 같은 원리로, 이때 수신기는 송신기와 같은 주파수에 맞춰집니다.[11] 뇌에는 수많은 송신기가 끊임없이 작동합니다. 이들이 보내는 메시지는 선택적으로 특정 지점에 보내지며, 이러한 전달은 상호의존적으로 이루어집니다. 이것은 학습에 관련된 시냅스의 효율성보다 더 빠른 간격으로 다양한 기능적 연결망이 계속 형성되면서 변화가 이루어진다는 사실을 뜻합니다. 명상의 경우, 숙련된 명상가들이 어떤 특정한 명상상태로 빠르게 진입할 수 있는 것은 더 역동적인 전달전략이 이루어지기 때문이죠.

**마티유** 이를 통해 우리는 증오의 길을 더디게 하고 동정의 길은 활짝 넓힐 수 있게 됩니다. 지금까지 숙련된 명상가를 대상으로 한 연구에 따르면, 이들은 명료하고 집중하며 결단력 있는 정신상태를 이끌어내는 능력이 있으며 이 능력은 뇌활동의 특정한 패턴과 연관이 있다고 합니다. 정신수양은 이러한 정신의 상태를 마음대로 이끌어낼 수 있게 해주고 그 정도도 조절할 수 있게 합니다. 긍정적이든 부정적이든 강렬한 감정의 자극처럼 까다로운 상황에 마주쳤을 때도 마찬가지입니다. 이로써 우리는 내면의 힘과 평정을 되찾아, 전반적인 감정의 균형을 유지할 수 있는 능력을 갖추게 됩니다.

**볼프** 이 경우 서로 다른 감정의 상태들을 정확히 구별하고 분명하게 파악하기 위해서 인지능력이 필요할 것 같습니다. 전두엽에 위치한 통제 시스템을 훈련하는 데도 마찬가지로 인지능력이 필요합니다. 다양한 감정을 일으키는 하부조직의 활동을 선택적으로 증대하거나 감소하기 위해서 말이죠.

**마티유** 우리는 정신적 과정의 다양한 측면들에 대한 자신의 인식을 더욱 예리하게 다듬을 수 있습니다.

**볼프** 그렇습니다. 스님께서는 여러 감정상태에 대해 인식하고, 주의를 기울여 그것들을 구분하고 카테고리의 경계를 설정하는 법을 익

힘으로써 이런 감정상태들을 조절하는 데 익숙해지신 것 같습니다. 마치 외부세계를 인식할 때처럼 말이죠.

**마티유** 이렇게 해서 우리는 고통을 일으키는 정신의 과정을 인식하고 행복을 불러오는 정신의 과정과 구별할 수 있으며, 정신적 혼란을 자극하는 것과 명료하고 완전한 의식을 유지하게 하는 것들을 구분할 수 있습니다.

**볼프** 감정적 순화의 과정을 더욱 선명하게 보여주는 또 하나의 예는 학습에 연관된 지각과 대상을 구분하는 과정일 것입니다. 대상자가 개가 동물이라는 사실을 안다고 가정합시다. 더 많은 경험을 통해, 안목을 기르고 구분하는 기준을 더 구체화시킨다면 아주 닮은 개들도 더 정확하게 구별할 수 있게 됩니다. 마찬가지로 정신수양은 내면의 눈을 더 예리하게 다듬어 다양한 감정의 상태들을 더 정확하게 구별할 수 있게 만듭니다.

단련되지 않은 정신으로는 매우 일반적인 구별만 할 수 있습니다. '좋은' 혹은 '나쁜' 감정들을 구분하는 식이죠. 훈련을 통해, 이러한 구분이 점점 더 뚜렷해집니다. 그래서 정신수양을 인식의 원천으로 발전시킨 문화권에서는 외부세계의 현상을 분석하는 데 치중하는 문화권보다 다양한 정신상태를 표현하는 풍부한 어휘를 가지고 있는 것입니다.

# 감정의 미묘한 차이

_____ 마티유 불교식 분류에 따르면 정신의 주요 현상들은 58개로 나뉘며 다시 각각 세분화됩니다. 정확히 말하면 정신현상에 대해 더 깊이 분석할수록 그 미묘한 차이를 구별하는 능력이 커진다고 할 수 있습니다. 벽화를 멀리서 감상한다면, 그 그림은 꽤 균질하게 보일 것입니다. 하지만 가까이 다가가 그림을 보면, 처음에 생각하던 것보다 표면이 매끈하지 않고 울퉁불퉁하며 흰 바탕에도 누렇거나 검은 점들이 얼룩져 있는 것을 알 수 있습니다.

마찬가지로 우리의 감정을 자세히 들여다본다면, 감정에도 수많은 뉘앙스의 차이가 있다는 것을 알 수 있습니다. 분노의 감정을 예로 들어봅시다. 많은 경우 분노에는 악의적인 요소가 있습니다. 하지만 불의에 맞서는 정당한 분개의 형태로도 나타날 수 있습니다. 분노는 우리가 칭찬받을 만한 행동을 하지 못하게 막는 장애물을 빠르게 뛰어넘거나 위협적으로 보이는 난관을 피할 수 있게 해주는 반응의 역할도 합니다. 또한 공격적인 성향의 징후일 수도 있죠.

분노에 대해 자세히 살펴본다면, 명료성과 주의력, 효율성 등 그 자체로는 해롭지 않은 분노의 측면을 발견할 수 있습니다. 마찬가지로 욕망에는 중독과 달리 기쁨의 요소가 있습니다. 자부심에는 교만으로 이어지지 않는 자신감의 요소가 숨어 있습니다. 마지막으로 선망에도 행동을 불러일으키는 역동적인 요소가 있으며 그 자체로는 해롭다고 할 수 없습니다. 물론 시간이 흐르면서 질투의 감정으로 바뀐다면 해로워질 위험이 있지만 말이죠.

따라서 이러한 감정이 부정적으로 변하기 전에 그 감정의 요소들을 파악하고, 파괴적 측면에 영향을 받는 대신 그 감정이 지닌 긍정적 측면이 유지되도록 할 수 있다면, 이 모든 감정들은 우리를 괴롭히거나 내면의 혼란을 불러오지 않을 것입니다. 물론 쉬운 일은 아니지만, 경험을 통해 이러한 능력을 발전시킬 수 있습니다.

## 숙련된 명상가의 뇌는 어떻게 다른가?

**마티유**  이러한 정신적 능력을 개발하기 위해 노력하다 보면, 어느 순간 그 능력을 기르기 위해 더 이상 애쓰지 않아도 된다는 사실을 알게 될 것입니다. 마치 제 은둔처인 히말라야의 오두막집 창문으로 보이는 독수리처럼, 우리는 혼란스러운 감정의 표출을 다스릴 수 있게 됩니다.

독수리들은 훨씬 몸집이 작은 까마귀들의 공격을 자주 받습니다. 까마귀들은 하늘에서 독수리 위로 급강하합니다. 하지만 독수리는 동요하지 않고, 공중에서 살짝 피하려는 어떤 몸짓도 하지 않다가, 마지막 순간에 자신의 양 날개 중 한쪽만 오므립니다. 그렇게 까마귀가 전속력으로 지나가게 두었다가 다시 날개를 폅니다. 이 전략은 최소한의 노력만 하면 되므로 매우 효율적입니다.

감정이 일어날 때 그 감정을 다스리는 기술을 자유자재로 구사하는 것도 이와 비슷한 방식으로 작동합니다. 만일 우리가 깨어 있는 존재로서 명료한 상태를 유지할 줄 안다면, 감정들이 일어나는 것을 알수 있습니다. 이러한 감정들을 가로막거나 자극하지 않고 우리의 정신을 지나쳐가도록 그냥 두세요. 이렇게 하면 감정이 또 다른 감정의 파도를 일으키지 않고 사라지게 됩니다.

**볼프** 그 말씀을 들으니 옴짝달싹할 수 없는 교통체증에 걸린 경우처럼, 빠른 해결책이 필요한 아주 곤란한 상황에 처했을 때 우리가 어떻게 반응하는지 떠오르는군요. 난처한 상황에 처했을 때 우리는 그동안 배우고 실천해왔던 수많은 탈출전략들에 의지하여 그중 하나를 즉각 선택합니다. 심사숙고해서 이성적으로 고찰하지는 못하지요. 명상훈련의 경험이 없다면, 운전학원 강의가 정서적 갈등을 다스리는 데 도움이 되지는 않을 것입니다. 이러한 유추가 타당하다고 생각하십니까?

**마티유** 네, 그렇습니다. 정신수양을 통해 완전한 의식상태에 익숙해진다면 복잡한 상황들도 훨씬 더 간단해집니다. 말 타는 법을 배우는 초보자는 항상 떨어질까 봐 불안해합니다. 그래서 말이 달리기 시작하면, 초집중 상태로 돌입하죠. 하지만 승마술에 능숙해지면 이 모든 일이 쉬워집니다. 동티베트의 노련한 기수들을 보면 이들은 너무나 자연스럽게 말에 올라탈 뿐 아니라 모든 종류의 기마곡예를 구사합니다. 예를 들어 말을 타고 가면서 과녁에 화살을 쏘거나, 전력질주를 하면서 땅에 놓인 물건을 집어 드는 묘기를 선보입니다.

명상가들에 대한 어떤 연구에 따르면, 이들은 상당히 오랜 시간 동안 자신의 주의력을 최적의 상태로 유지할 수 있다고 합니다. 이들은 '계속적인 주의력'이 필요한 일을 할 때, 한순간도 긴장하거나 주의가 산만해지지 않습니다. 노력할 수 있는 한계인 45분이 지나도 이들에게는 마찬가지였습니다. 저도 처음 몇 분 동안은 정말 많이 노력해야 했으나 '주의력의 흐름'에 진입하자 훨씬 수월해졌습니다.[12]

**볼프**  뇌가 새로운 능력을 습득할 때 적용하는 일반적인 전략과 비슷하군요. 훈련되지 않은 대상자는 주어진 과제를 완수하기 위해 초반에 의식적으로 뇌를 통제해서 주어진 과제를 시간 순으로 하위 과제들로 세분화합니다. 이러한 과정은 주의력과 시간, 그리고 노력이 필요합니다. 하지만 어느 정도 실질적인 훈련이 되고 나면, 그러한 분석이 거의 자동적으로 이루어집니다.

보통 특화된 능력을 발휘하게 하는 뇌구조는 주어진 과제를 실행하는 초기단계나 학습단계에서 작용하는 뇌구조와 다릅니다. 이러한 뇌영역의 이동이 이루어지면, 그 과제는 자동적으로 신속하고 쉽게 수행할 수 있게 되므로 더 이상 인지기능의 통제가 필요하지 않습니다.

이런 종류의 학습을 절차적 학습이라고 부르는데, 이를 익히려면 노력이 필요합니다. 이렇게 자동화되면 어려운 상황에 부딪혔을 때 매우 빠르게 능력을 발휘할 수 있습니다. 또한 이 능력을 발휘하면 서로 다른 신경체계에서 동시에 일을 처리하므로 다양한 변수에 유연하게 대응할 수 있습니다. 반면 이것을 의식적으로 처리하면 순차적으로 진행되므로 더 긴 시간이 걸립니다.

감정에 대해서도 같은 전략을 적용할 수 있다고 생각하시나요? 즉 감정에 주의를 기울여 그것을 각각 구분하고, 그 결과 감정의 역학에 친숙해지는 방법을 배운다면, 갈등이 생길 때 그것을 자동적으로 잘 다스릴 수 있게 될까요?


**마티유**  명상과 같은 과정을 설명하시는 거군요. 가르침에 따르면 한 명상가가 명상을 훈련할 때, 예를 들면 자비에 대해 명상할 때, 초반에는 어느 정도 강요되고 인위적인 감정을 경험합니다. 하지만 이 감정을 반복해서 일으키다 보면 제2의 천성이 되어, 복잡하고 미묘한 상황 속에서도 자연스럽게 표출된다고 합니다. 자비가 정신의 흐름과 하나로 일치되면, 더 이상 그것을 유지하기 위해 의식적으로 노력하지 않아도 됩니다. 숙련된 명상가는 의식적으로 형식에 따라 명상을 하지 않아도, 명상의 상태에서 절대 벗어나지 않게 됩니다. 어떤 것에도 주의가 흐트러지지 않고, 다만 이 건강하고 자비심 가득한 정신상태를 유지하게 되죠.

**볼프** 신경생물학의 관점에서 이러한 기능방식을 분석하는 것은 매우 흥미로운 일이 될 것 같군요. 학습과 훈련을 통해 명상과정이 자동화될 때 이미 관찰된 것과 같은 기능의 이동이 이루어지는지 확인하고 싶습니다. 단층촬영 결과에 따르면 처음에는 의식의 통제 아래 습득한 능력이 자동화되고 나면 의식적인 학습을 담당하는 부분과는 다른 뇌구조로 이동한다고 합니다.

**마티유** 줄리 브레친스키Julie Brefczynski와 앙트완 루츠Antoine Lutz가 데이비슨Richard Davidson의 연구소에서 실시했던 연구가 시사하는 바도 이와 비슷합니다. 브레친스키와 루츠는 훈련받지 않은 실험대상자와 어느 정도 경험이 있는 명상가, 그리고 숙련된 명상가들의 뇌활동을 연구했습니다. 이들은 수행자의 명상훈련 정도에 따라 그 활동의 패턴이 다르다는 사실을 발견했습니다.

초보자와 비교해서 상대적으로 명상의 경험이 어느 정도 있는(평균 1만 9,000시간 이상 수행한) 사람들은 주의력에 관련된 뇌영역의 활동이 더 증가된 양상을 보였습니다. 역설적으로, 가장 숙련된 명상가(평균 4만

4,000시간 수행한)들은 같은 영역에서 어느 정도 명상을 경험한 사람들보다 낮은 활동성을 보였습니다. 숙련된 명상가들은 별다른 노력 없이도 완벽하게 집중된 정신상태에 도달할 수 있는 능력을 어느 정도 획득한 것으로 보입니다.

이는 음악가와 전문 스포츠맨들이 큰 노력 없이 최소한의 감각만으로 자신이 하는 활동의 '흐름'에 완전히 몰입하는 능력을 떠올리게 합니다.[13] 이러한 연구결과는 우리가 하나의 과제를 완전히 숙달했을 때, 그 과제를 수행하는 과정에서 활성화된 뇌구조는 아직 학습단계에 있을 때보다 전체적으로 덜 활성화된다는 사실을 보여주는 다른 연구결과들과 일맥상통합니다.

**볼프**  이 연구는 실험대상자가 어떤 능력에 완전히 익숙해져 아주 쉽게 실행할 수 있게 된 경우 신경의 코드화 작업이 분산되어, 숫자는 적지만 더 특화된 신경들이 관여하게 되는 것으로 보입니다.


## 자율적 자아개발로 세상과 연결되기

**마티유**  정신수련은 하나의 생각이나 감정에 갈등의 성질이 있는지 없는지, 그것이 현실과 일치하는지 혹은 완전히 잘못된 인식에 바탕을 두고 있는지 등을 매우 면밀하게 살필 수 있게 해줍니다.

**볼프**  그 둘의 차이는 무엇입니까? 스님께서는 고통스러운 상태가 정신을 예속시키고 단순화시키며 적절한 인식을 흐리게 하는, 요컨대 현실과 일치하지 않는 부정적인 기본상태라고 간주하시는군요. 갈등의 원인을 한 사람의 병리학적 측면으로 제한한다면, 그 전략은 분명 효과적으로 작용할 겁니다. 하지만 대부분의 위기는 대립이 분명하게 존재하는 세상과의 상호작용에서 생겨납니다. 스님께서는 이상적인 좋은 세상을 가정하고, 자신의 정신만 깨끗하다면 이러한 이상향이 실재하는 거라고 말씀하시는 것 아닙니까?

마티유  그 부분에 대해 2가지 방법으로 생각할 수 있습니다. 첫 번째는 이 세상이 불완전하고 결함이 있기에 사람들이 대부분의 시간을 정신적 혼란, 부정적 감정, 고통 등에 사로잡혀 있음을 인정하는 것입니다. 두 번째는 각자가 이러한 고통을 줄이고 지혜와 자비, 그밖에 좋은 자질들을 발휘할 수 있는 잠재력을 지니고 있음을 인정하는 것입니다.

갈등의 상태는 근본적으로 자신과 타인의 사이뿐 아니라 자신과 세상의 단절을 더욱 깊게 만드는 이기주의에서 비롯됩니다. 이러한 상태는 지나친 자기중심성, 비정상적인 자기애, 타인에 대한 진정한 관심 부족, 비상식적인 희망과 두려움, 탐나는 물건이나 사람에 대한 강박적인 갈망과 연관이 있습니다.

이 혼란스러운 정신상태는 현실을 심각하게 왜곡시킵니다. 우리는 외부현실에 고유한 자질을 부여하며, 외부현실을 정신적으로 더 견고하게 만듭니다. 사람이나 상황에 대해서도 마찬가지여서, 대상에 대해 좋은, 나쁜, 유쾌한, 불쾌한 등 나름의 수식어를 붙입니다. 하지만 이것은 많은 경우 우리 정신의 투사에 불과하다는 사실은 잘 모릅니다.

한편 무조건적인 친절, 순수한 관용의 행동(아이를 행복하게 하거나, 도움이 필요한 사람을 돕거나, 아무 대가를 바라지 않고 생명을 구해주거나), 아무도 모르게 한 선행 등은 깊은 만족감과 성취감을 줍니다.

**볼프**  자율적 자아의 개발을 강조하신 내용이 마음에 듭니다. 독점욕이 강한 자아, 자기중심주의가 아닌 자신을 신뢰하는 강인한 자아 말입니다.

**마티유**  제가 자아의 능력에 대해 말하는 것도, 자기중심주의에 대해 말하는 것이 아니라 자기 자신에 대한 깊은 신뢰의 감정에 대한 것입니다. 이러한 감정은 행복과 고통의 내적인 메커니즘에 대해 어느 정도 인식을 갖추고, 내적인 자원들을 결집하여 불시에 일어나는 모든 일에 대처할 수 있게 감정을 다스리는 데서 비롯됩니다.[14]

## 인간적 성숙의 나이와 명상의 나이

**볼프**  그 말씀에서 명상은 높은 수준의 인지적 통제가 필요하다는 사실을 알 수 있습니다. 하지만 인지적 통제는 전두엽 피질에 속해 있는데, 이는 청소년기가 끝날 때쯤 완전하게 기능합니다. 그렇다면 성인만 명상을 할 수 있다는 뜻인가요? 그렇지 않다면 뇌의 유연성을 최대한 활용하기 위해 명상이 교육과정에 포함되도록 해서 가능한 한 일찍 시작하는 것이 좋지 않을까요? 능력을 습득하는 일, 예를 들면 바이올린을 연주하거나 제2외국어를 배우는 것 등은 어릴 때 시작할수록 더 쉽다고 알려져 있습니다. 아이들도 이러한 인지적 통제가 필요한 방법을 익힐 수 있나요?

　　**마티유**　사실 감정의 발전에는 3단계가 있습니다. 하지만 아주 어린 나이에도 어느 정도 정신수련이 가능하다고 봅니다. 우리는 세첸 사원에서 아이들이나 어린 청소년(8~14세) 초심자들에게 정식으로 명상을 가르치진 않지만, 사원에서 비교적 긴 시간의 의식에 참여하면서 명상하는 사람들과 비슷한 활동을 하고 있습니다. 내면의 평화로운 분위기와 고요한 감정의 휴식상태를 유지하죠. 그래서 아이들은 아주 일찍 이런 정신상태에 입문하게 됩니다. 저는 실생활에서 흔히 접하는 소음과 폭력적인 텔레비전 프로그램, 비디오 게임, 기타 기기 등으로 감정의 혼란이라는 파도를 불러일으키기보다, 정신을 평화롭게 하는 환경을 제공하는 것이 큰 도움이 된다고 생각합니다.

　　전통적인 불교환경에서 아이들을 가르치는 주요 교육방식 중 하나는 견습입니다. 아이들은 스스로 자신의 부모와 교육자가 인간, 동물, 환경에 대해 비폭력적인 신조를 바탕으로 행동한다는 것을 깨닫습니다. 물론 감정의 전이가 지닌 영향력도 과소평가할 수 없지만, 제가 '태도의 전이'라고 부르는 것도 아울러 고려해야 합니다. 한 사람의 내면의 자질은 함께 생활하는 다른 사람들에게 큰 영향을 미칩니다. 가장 중요한 것은 아이들이 자신의 감정과 타인의 감정을 구별할 줄 알고 감정의 폭발에 대처할 수 있도록 기본적인 방법을 보여주는 것입니다.

　　**볼프**　자신의 감정을 제어하는 능력을 강화하는 것은 모든 교육체계가 추구하는 목표 가운데 하나입니다. 이를 위해서 보상과 체벌을 하거나, 롤모델이 되는 인물들에 대한 애착을 형성하거나, 교육적 놀이에 참여하게 하거나, 이야기를 들려주는 등 다양한 방법을 사용할 수 있을 것입니다. 모든 문화권에서는 감정을 제어하는 것을 높이 평가했고 이를 위해 많은 교육전략들이 개발되었습니다.

**마티유** 덧붙이면 더 안정적으로 감정을 제어하려면 어느 정도 성숙해야 하지만 이 과정을 더 어린 나이에도 시작할 수 있다고 생각합니다. 아이들은 감정의 혼란을 겪은 후 내면의 평화와 평상심을 찾기 위한 전략들을 찾습니다.

《명상의 행복Bonheur de la méditation》이라는 책에서, 밍규르 린포체Mingyur Rinpoche는 어렸을 때 매우 걱정이 많은 아이여서 자주 발작에 시달리곤 했다고 합니다. 당시 네팔 산맥의 누브리Nubri에 살았는데, 그의 아버지와 할아버지는 위대한 명상가였고 그 자신은 큰 트라우마를 경험한 적도 없었으나 끊임없이 내면의 불안에 시달렸다고 합니다. 예닐곱 살 때 그는 자신의 불안을 달래줄 방법을 찾아냈습니다. 집에서 멀지않은 곳에 위치한 동굴로 가서 혼자 몇 시간씩 앉아서 자기 나름대로의 방식으로 명상을 했다고 합니다. 그러자 편안함과 안도감이라는 건강한 감정을 느꼈고, 이것이 자신의 '긴장을 늦출 수 있게' 해주었습니다.

그는 관조의 시간이 주는 유익을 마음껏 누렸지만, 그것만으로 불안이 전부 사라지지는 않았습니다. 그는 13세에 명상을 위한 은둔생활이 하고 싶어서 티베트 불교에서 흔히 하듯 3년간 전통적인 은둔생활을 시작했습니다. 그런데 초반에는 오히려 모든 상황이 나빠졌습니다. 그러던 어느 날 자신이 가진 문제의 근원까지 접근하려면, 아버지께 받았던 가르침을 모두 동원해야 한다는 생각이 들었다고 합니다.

그는 3일 동안 잠시도 쉬지 않고 방에 틀어박혀 자기 정신의 본질을 깊이 탐구하며 명상을 했습니다. 이렇게 강도 높은 명상이 끝날 때쯤 그는 자신의 불안에서 영원히 해방되었습니다. 그리고 지금은 친절하고 따뜻하고 믿을 수 없이 개방적이며 내면의 평화와 행복으로 빛나고 유머감각을 갖춘 사람이 되었습니다.

그는 정신의 본질에 대해 더없이 명확하고 명쾌하게 가르치고 있습니다. 지금의 그를 보면 불안은커녕 그 비슷한 감정에 시달렸으리라고 상상도 할 수 없을 정도입니다. 그는 정신수양의 힘을 보여주는 산증인일 뿐만 아니라 어릴 때부터 이것을 할 수 있다는 점을 증명합니다.[15]


## 감정은 끓어 넘치는 우유냄비처럼

**볼프** 만일 우리가 혼란스러운 종속관계에 놓인다면, 우리는 '나 자신을 잃었다.'고 말할 것입니다. 아이들의 인지적 제어 메커니즘이 충분히 강해져 자신에게 거는 기대와 부당한 간섭, 강요 등으로 자신을 잃어버릴 위험에서 스스로를 지킬 수 있을 때까지, 안전한 환경을 보장해야 하는 이유도 바로 그 때문입니다.

**마티유** 분노를 터뜨린 뒤, 우리는 흔히 '정신이 나갔었다.', '내가 아니었다.'라고 표현합니다.

**볼프** 독일어에도 같은 표현이 있습니다. 살다 보면 우리는 때때로

'정신이 나간' 것 같이 만드는 상황과 마주치며 침착함을 잃어버립니다. 하지만 우리는 평상심을 회복하기 위해 전략들을 개발하죠. 어떤 것은 타고났고 어떤 것은 학습됩니다.

마티유  그것이 바로 수행의 열매에 대해 이야기할 때 말하고 싶은 부분입니다. 감정은 계속 일어나지만 그것이 정신을 압도하는 것이 아니라 한숨처럼 사라지게 하는 것입니다.

볼프  정말 멋지겠네요! 보통은 평상심을 되찾기까지 어느 정도 시간이 필요합니다. 극한 상황에서 몸에서 나오는 스트레스 호르몬은 천천히 사라지기 때문이죠.

마티유  약간의 명상훈련을 한다면, 그렇게 오래 기다릴 필요가 없습니다. 사실 감정은 끓어 넘치려고 하는 우유냄비를 불에서 내리는 것만큼이나 빠른 속도로 가라앉힐 수 있기 때문입니다. 감정을 키우거나, 생각의 소용돌이가 통제불능의 상태가 되도록 두지 않고, 정신을 지나쳐가게 둔다면 그 감정은 오래 지속되지 않고 스스로 사라질 것입니다.

## 주의력 메커니즘과 인지적 제어

볼프  그 말씀대로라면, 우리가 외부세계에 대한 인식을 예리하게 단련하는 것처럼, 내면의 눈을 예리하게 단련시킬 도구이자 수단으로 명상훈련을 활용할 수 있겠군요. 예를 들어 향기의 경우, '코'는 우리가 쉽게 감지하기 어려운 향기의 미세한 차이를 식별하는 법을 배웁니다. 따라서 뇌의 인지능력에도 같은 방식이 적용된다고 생각해볼 수 있습니다. 이 과정에는 고도의 인지적 제어가 필요한데, 향기를 다루는 '코'와 달리 우리의 주의력이 뇌에 그 바탕을 둔 과정들을 다루어야 하기 때문입니다. 이것이 큰 차이점입니다.

우리는 명상훈련이 내면의 과정들을 활성화하고 분석하는 주의력 메커니즘에 작용하여 학습과정을 돕는다는 사실을 확증하는, 신뢰할 만한 신경생물학적 근거가 있습니다.[16] 여기서 큰스님들의 뇌파를 기록한 리처드 데이비슨과 앙트완 루츠의 주요 업적을 잠시 다루겠습니다. 당시에 스님도 연구대상자 중에 한 분이셨죠.[17]

친한 친구였던 프란시스코 바렐라Francisco Varela의 추모 모임에서 이 연구에 대해 처음 듣고 매우 놀랐습니다. 명상대가들의 뇌에서 40Hz 파장, 즉 그 유명한 감마파의 진동활동이 놀랄 만큼 증대된 사실이 확인되었죠. 25년 전에 이러한 진동이 시각피질에서 발견되었을 때, 사람들은 이것이 인지과정에 중요한 역할을 하리라는 가설을 즉시 내놓았습니다. 감마파장의 신경세포 진동은 인지기능이 나타날 때 동시에 이루어지는 신경세포군의 활동에 활발한 통합이 이루어지도록 합니다.

이러한 신경활동의 일시적 구조는 다양한 기능에 작용하는데, 특히 주의력 관련 메커니즘에 큰 영향을 주는 것 같습니다. 어느 하나에 몰두하는 주의력은 감마진동과 신경세포의 동기화를 증가시킨다는 사실이 증명되었습니다.[18] 한 실험대상자가 주어진 시각적 사물에 자신의 주의력을 기울이려 할 때, 이 시각적 대상물에서 오는 신호를 처리하기도 전에 이미 뇌피질의 시각영역에서 진동활동이 증대되는 현상이 밝혀졌습니다. 대상자가 청각적 신호의 처리를 예견하더라도 마찬가지입니다.

마찬가지로 대상자가 자신이 청각적 신호를 처리하고 그것을 운동행위로 바꾸어야 한다는 사실을 예측한다면, 뇌는 다음 과정에서 적용될 부분에 진동활동의 동기화가 시작됩니다. 즉 우리가 다룬 사례에서라면 청각피질과 운동 및 전운동 영역에서 진동활동의 동기화가 시작되는 것이죠. 이렇게 동기화된 진동이 시작되면 서로 다른 영역들 사이에 접촉이 쉬워지고, 감각적 구조와 동작 구조 사이에 필수적인 연합을 준비하는 데 도움이 됩니다.[19]

따라서 우리가 어떤 자극을 예측하지 못했을 때보다 미리 그 자극에 대해 주의할 경우, 그 자극이 생기는 순간에 나타나는 대응이 더 적절하고 즉각적이라는 사실을 알 수 있습니다. 준비된 주의력은 모든 뇌피질 네트워크에서 빠른 정보처리와 계산된 결과, 즉 프로그램의 적절한 전송을 위한 조건을 형성합니다.[20]

양안경합은 동시에 일어나는 진동활동, 즉 의식적 지각과 주의력 사이의 긴밀한 연관성을 보여주는 예입니다. 대상자의 눈 앞에 2개의 서로 다른 이미지를 둘 경우, 그 사람은 단 하나의 이미지만 인식합니다. 오른쪽 눈이 보는 것이든 왼쪽 눈이 보는 것이든 둘 중 하나만 인식하죠. 예를 들어, 오른쪽 눈에 수직패턴, 왼쪽 눈에 수평패턴을 보여줄 경우, 대상자는 바둑판 모양처럼 두 패턴을 겹쳐 인식하지 않습니다. 수직 혹은 수평의 패턴 중 하나만 인식하는 것입니다. 이 지각의 대상,

혹은 인식한 사물의 기호는 내부적 치환 메커니즘 때문에 변형됩니다. 그렇다면 이러한 시각적 치환과 선택의 과정이 신경세포에서 어떻게 이루어지는 것일까요?

흥미로운 사실은 시각적 처리과정의 초기단계에서부터, 1차 피질에 인식의 치환이 이루어지면 신경세포가 패턴들에 대해서 보이는 반응에서 동기화의 변형이 뒤따른다는 것입니다. 어느 특정 순간에 인식된 하나의 패턴은 40Hz 파장의 진동활동을 보이며, 같은 순간에 인식되지 못한 패턴에 대한 반응보다 더 동기화된 반응을 불러일으킵니다.[21] 신체적으로는 두 눈이 늘 같은 이미지를 '봅니다'. 하지만 대상자는 수직 혹은 수평의 패턴을 하나씩 번갈아 인식합니다. 이런 실험은 감각적 신호들이 동기화된다면 정보의 의식적 처리과정에 더 쉽게 접근할 수 있다는 사실을 생각하게 합니다.


마티유 그런데 왜 대상자가 제어할 수 없는 상태에서 이러한 치환이 이루어질까요?


볼프 오른쪽 눈 혹은 왼쪽 눈으로 들어오는 신호는 대상자가 이중의 이미지를 보지 않도록 한쪽이 삭제됩니다. 우리가 의식하지 못하는 상태로 끊임없이 이러한 삭제처리를 하죠. 이는 내부적 결정을 뜻하므로, 의식적인 인식에 도달하기 위해 필요한 신경활동의 표지들을 연구하기 위해 이 현상을 자주 모델로 삼습니다.

명상가들은 양안경합에서 이미지가 번갈아 나타나는 치환현상을 일부러 억제할 수 있습니다.[22] 저도 흰 벽을 응시하며 명상을 하는 선불교 수련을 며칠 하고 나서 이런 경험을 한 적이 있습니다. 저의 시각영역에서 먼 외곽에서 일어나는 변화에 따라 추론할 수 있었듯이, 저의 눈이 뇌에 보내는 신호는 몇 초에 달하는 아주 느린 속도의 리듬으로 치환이 이루어졌습니다.

**마티유** 저도 프린스턴 대학의 앤 트리즈먼Anne Treisman 연구소에서 같은 실험을 한 적이 있습니다. 왼쪽 눈과 오른쪽 눈에 인식된 이미지 사이에 자동치환과정을 억제시키고, 30초 혹은 1분까지 단 하나의 이미지만 인식하도록 유지할 수 있다는 사실을 알게 되었죠.

**볼프** 비의식적 인식의 처리과정과 달리 의식적 인식의 신경세포와의 상관관계는 급작스럽고 강력하게 증가하는 동기화의 양상으로 표출됩니다. 다른 말로 하면 먼저 감마파에서 시작해서 다음으로 유지단계에 이르고 그다음 더 낮은 파장으로 진동활동의 일관성이 증대되는 양상으로 나타납니다. 따라서 의식에 접근하기 위해서는 전체 뇌의 특별히 잘 조직된 기능을 요구하는 것 같습니다.[23]

**마티유** 프란시스코 바렐라가 진행한 무니Mooney의 얼굴 테스트(1957년 미국의 심리학자 크레이그 무니Craig Mooney가 제작한 이미지로 실외에서 볼 경우 쉽게 알아볼 수 있는 흑백의 도표이지만, 실내에서 볼 경우 의미 없는 점으로 보인다. – 역주) 도 같은 맥락의 실험 아닌가요?

**볼프** 그렇습니다. 이 연구는 프란시스코 바렐라의 실험과 매우 흡사합니다. 그는 실험대상자가 그림문자에서 사람의 얼굴을 알아볼 때, 감마파가 증가하고 피질영역에서 동기성이 증대되는 현상을 발견했습니다. 반면 이미지에서 해석할 수 없는 그림문자의 윤곽선만 볼 경우, 감마파 진동은 진폭이 훨씬 약해지고 동기성도 낮아졌습니다.[24]

쾌 긴 내용의 설명이었지만 필요하다고 생각되었습니다. 왜냐하면 명상과 신경의 상관관계에 대해 밀접한 연관이 있기 때문입니다. 이것이 바로 리처드 데이비슨이 명상을 하고 있던 스님의 뇌에서 발견한 사실이기도 합니다.

**마티유** 저만 그런 것은 아니고, 다른 명상가들의 뇌에서도 발견되는 사실입니다.

**볼프** 네, 아주 다행입니다. 과학의 영역에서 하나의 실험이 인정되려면 반드시 반복적으로 같은 결과가 확인되어야 하니까요. 그래서 데이비슨은 40~60Hz의 감마파에서 높은 일관성을 지닌 진동활동이 놀랍도록 증가하는 현상을 발견했습니다.

가장 흥미로운 발견은 이 증가현상이 뇌의 중앙과 앞쪽에서 일어나고, 감각영역에서는 일어나지 않는다는 점입니다. 우리가 외부세계에 주의를 기울일 때와는 다른 현상입니다. 이는 우리가 높은 차원의 추상적 개념, 즉 상징이나 감각, 감정 등을 다루는 영역인, 상부피질 영역에서 일어나는 과정에 주의력 메커니즘을 집중적으로 동원했다는 사실을 뜻합니다.

뇌전도 측정술로 활성화된 영역의 정확한 위치를 측정할 수는 없지만, 분명한 것은 1차적 감각영역과는 다른 영역이라는 점입니다. 왜냐하면 감각적 자극은 없기 때문입니다. 근육수축이나 안구의 움직임처럼 비신경적 과정에 의해 생기는 변화는 측정을 매우 어렵게 만들 수 있습니다. 명상가들과 함께 이루어진 실험에서 이러한 잠재적 오류의 원인들이 잘 통제되었기를 바랍니다.

스님께서 주의력을 집중시키고, 다른 사람들이 외부 세계에서 오는 정보를 다루는 것과 같은 방식을 사용해 내면의 표현들을 의도적으로 활성화시키는 것을 추정함으로써 이러한 발견들을 해석할 수 있습니다. 내면의 사건에 인지능력을 적용한 것이죠.

**마티유** 그것은 또한 자비심처럼, 우리가 개발하고자 하는 특정 상태에 대한 메타의식, 즉 더 섬세한 의식수준을 유지하며 명상의 상태를 계속 유지하고자 노력하는 것으로도 해석할 수 있습니다.

**볼프** 네, 그러니까 그것이 감정일 수도 있고 상상의 내용이 될 수도 있지만, 특정한 내면상태에 주의를 집중한 상태로 유지하는 것이라는 말이지요. 무엇보다 외부세계를 인식할 때 적용하는 것과 같은 전략이죠. 하지만 대부분의 사람들은 자신의 주의력을 내면으로 향하게 하는 과정에 익숙하지 않습니다.

**마티유** 그것이 바로 명상이 추구하는 것으로, 잡념이 없는 특정한 정신상태를 계발하는 것입니다. 아시아의 언어에서 '명상'이라는 단어는 2가지로 번역할 수 있습니다. 산스크리트어 '바와나bhavana'는 '계발하다. 혹은 개발하다.'이며, 티베트어 '곰gom'은 '새로운 존재방식과 연관된 새로운 통찰과 자질에 익숙해지다.'입니다. 따라서 명상을 그저 '마음을 비운다.'거나 '긴장을 풀다.'와 같은 기존의 진부한 표현으로 의미를 축소시켜서는 안 됩니다.

**볼프** 맞습니다. 우리가 외부사건에 주의를 기울일 때 사용하는 것과 똑같은 인지과정이 관여되니까요. 어떤 대상을 주의 깊게 관찰할 때, 우리는 거기서 일정한 정보를 얻습니다. 신경세포 간의 시냅스 결합이 변화됨으로써 나타나는 현상은, 우리가 그 대상을 다시 볼 때 더 익숙하게 느끼게 하는 것입니다. 우리는 그 대상을 더 쉽고 빠르게 알아보고, 그것을 정신에 담아두게 됩니다. 기억을 하는 것이죠. 하지만 이러한 과정은 우리가 대상을 인식하는 순간, 그 대상에 주의력을 기울일 때만 가능합니다.

**마티유** 이것은 자비심의 경험에도 적용할 수 있습니다. 예를 들어 이타적 사랑은 가끔 우리의 정신에 불규칙적인 방식으로 나타났다가, 다른 정신상태에 의해서 곧 대체되고 맙니다. 우리는 이타적 사랑을 체계적인 방식으로 개발하지 않기 때문에, 잠시 가졌던 호의는 정신에 잘 녹아들지 않고, 지속적인 변화로 이어져 우리의 기질에 뿌리내리지 못합니다. 우리는 친절함, 관용, 내면의 평화, 갈등에서 벗어나려는 욕구 등 모든 생각을 지니고 있지만, 이러한 생각들은 유동적입니다. 분노나 질투처럼 고통을 줄 수 있는 다른 정신상태들이 그 뒤를 이어 나타나죠. 이타심과 자비심을 우리의 감정적 흐름에 진정으로 스며들게 하고 싶다면, 긴 시간을 두고 발전시켜 나가야 합니다. 이러한 자질이 더 안정적이고 지속적으로 우리의 정신의 공간을 채우도록, 그것을 정신에 유지하고 관리하며 반복하고 간직하여 강화시켜 나가야 합니다.

따라서 중요한 점은 사랑과 자비로 '충만한' 어떤 강력한 정신상태를 불러일으키는 것뿐만 아니라 계속 유지하는 것입니다. 모든 훈련이 그렇듯이 이 과정에는 반복과 인내가 요구됩니다. 특이한 점은 자비심,

주의력, 정서적 균형 등 우리가 발전시키려는 능력들이 모두 인간의 근본적인 자질이라는 점입니다.

**볼프**  정확한 지적입니다. 따라서 명상은 매우 활성화된 주의집중의 과정입니다. 내면의 상태에 주의를 집중하게 되면, 무엇보다 내면의 상태에 익숙해지고 그것을 인식하는 법을 배우게 되고 다시 그 상태를 되살리고 싶을 때 쉽게 기억하게 됩니다.

이 현상은 신경세포 차원에서 지속적인 변화가 함께 진행되어야 합니다. 주의력이 통제하는 상태에서 이루어지는 뇌의 모든 활동은 기억됩니다. 변화는 시냅스의 전달단계에서 이루어집니다. 즉 시냅스가 강화되거나 약화되는 것이죠. 신경조합 혹은 신경의 방대한 네트워크의 역동적인 상태변화로 이어지는 것입니다. 이처럼 정신수양을 통해 새로운 정신상태를 창조하는 데 이르고, 의식적으로 그것을 되살려내는 법을 익히게 됩니다. 이 가능성이 증명되었다는 사실이 정말 놀랍습니다.

그렇다면 무엇이 사람들로 하여금 자신의 주의력을 외부세계가 아닌 내면의식으로 돌리고, 그것을 통제할 수 있도록 인지적 분석을 하게 만들었습니까? 외부세계보다 내면세계에 집중하는 동양의 전통은 어떻게 형성되었습니까?

**마티유**  글쎄요. 제 생각에는 정신의 상태가 행복과 고통을 결정짓는 요소이기 때문입니다. 개인의 삶에서 이는 매우 중요한 부분입니다. 가장 놀라운 사실은 서구사회가 행복을 위한 내면의 조건에 거의 주목하지 않는다는 것과, 우리 인생의 경험들을 변화시킬 수 있는 정신의 능력을 그만큼 과소평가했다는 점입니다.

**볼프** 이러한 정신수련이 명상의 과정이 끝나고도 계속되는 변화, 즉 뇌에 지속적인 변화를 가져온다는 사실은 매우 흥미롭습니다. 하버드 대학 연구자들이 발표한 최근 연구에 따르면, 오랜 시간 명상을 한 그룹에서 뇌의 특정 영역에 뇌피질의 양이 증가했음을 보여줍니다.[25]

타냐 싱어Tania Singer 박사 또한 9개월 동안 수련을 받은 신참 대상자 그룹에서 뇌의 구조적인 변화를 관찰했습니다. 이들은 3개월간 완전한 의식상태를, 3개월은 타인의 상황에 대한 생각을, 3개월은 자비로운 사랑을 훈련했습니다. 각기 다른 종류의 명상훈련은 특정 영역에서 서로 다른 구조적 변화를 일으켰습니다.

또 하나 밝혀진 사실은 어떤 운동능력을 학습한 후, 혹은 강한 감각적 자극이 가해진 후에도 피질의 양이 증가하는데, 이러한 증가는 학습의 과정에 관련된 신경망의 활성화에 의해 생겨납니다. 신경망의 경계는 신경 간 결합이 이루어지는 공간을 결정합니다. 다른 형태의 훈련과 학습에서 관찰되는 것과 마찬가지로, 나뭇가지 모양의 돌기부와 시냅스의 수와 크기가 증가합니다.[26]


## '주의과실'이 전혀 없는 65세 명상가

**볼프** 이 부분에 대해 아주 면밀하게 이루어진 또 다른 연구는 주의력을 통제하는 메커니즘의 변화가 지속적이라는 사실을 밝혀냈습니다. 명상상태를 유지하기 위해 기른 고도의 주의력이, 주의력을 관장하는 메커니즘에 변화를 가져오는 것 같습니다.

이 발견을 좀 더 설명해보겠습니다. 특히 주의력 연구로 유명한 앤 트리즈먼 연구소의 한 연구자는 숙련된 명상가 그룹에서 '주의과실 attentional blink'[27]이라 불리는 현상을 제어하는 능력이 있음을 발견했습니다. 한 대상자에게 글자나 이미지 등의 연속된 자극을 순차적으로 보여주면, 보통 수련을 하지 않은 대상자의 경우 첫 번째 자극을 정확하게 인식했을 때, 두 번째와 그 이상의 자극은 인식하지 못합니다. 뇌는 항상 의식에 인식된 자극을 처리하는 데 집중하느라, 다음에 오는 자극을 처리하는 데, 또 다른 의식의 자원들을 쓸 수 없기 때문입니다. 이처럼 다음에 오는 이미지를 처리하지 못하는 불능을 '주의과실'이라고 부릅니다.

연구자들은 이에 대해 주의력이 의식상에 인식된 자극을 처리하는 데 쓰일 경우 다음 이미지를 처리하는 데 더 이상 쓰일 수 없다고 결론지었습니다. 하지만 명상가들은 이 주의과실의 영향을 훨씬 덜 받습니다. 헬린 슬랙터Heleen Slagter와 앙투안 루츠 또한 완전한 의식상태를 목표로 3개월간 강도 높은 명상수련을 마친 사람들에게서 주의과실 현상이 현저히 줄어든 사실을 밝혀냈습니다.[28]

**마티유** 자, 이미지나 글자, 혹은 단어들이 빠르게 이어서 제시됩니다. 이 가운데 대상자가 하나를 정확하게 구별할 경우, 정신은 그 과정에 열중하느라 먼저 인식한 대상 바로 뒤이어 나오는 이미지나 그 어떤 것도 인식할 수 없게 됩니다.

**볼프** 대상자가 다른 이미지에 대해 '눈이 먼' 상태가 되는 시간차는 대상자의 연령이나 관련 이미지의 복잡한 정도에 따라 50에서 수백 밀리세컨드ms로 다양합니다. 이 발견에서 가장 놀라운 사실은 같은 연령의 숙련된 명상가들의 경우, 이 주의과실 시간차가 매우 짧다는 사실입니다. 왜냐하면 주의과실의 간격은 시간이 지나면서 늘어나는데, 이는 주의력 메커니즘이 더 느려지기 때문입니다.

마티유 아직 미발표된 연구 중에 주의과실이 전혀 없는 65세 명상가에 대한 결과가 있습니다.

볼프 우리는 이 결과를 직접 확인했습니다. 숙련된 고령의 수련자 그룹의 주의과실은 젊은 대상자들로 이루어진 대조군만큼 짧았습니다.[29] 이것은 오랫동안 수련한 명상이 주의력 메커니즘에 변화를 가져온다는 사실을 보여줍니다. 생물리학적 수단과 주관적 현상 사이에 이같은 연관성이 있다는 사실을 증명했다는 것이 중요합니다. 왜냐하면 통계적으로 의미 있는 연관성이 실제로 존재한다면, 우연의 일치가 아니라 인과관계가 있는 것으로 간주할 수 있기 때문입니다. 제가 알기로, 명상이 뇌의 특정 상태와 연관이 있고 그것이 뇌의 작용에 지속적인 영향을 준다는 것을 입증하는 탄탄하고 설득력 있는 자료가 얼마든지 있습니다.

마티유 주의과실로 말하자면, 원칙적으로 주의력은 어떤 대상에 의해 야기되는 것으로 보입니다. 주의력이 그 대상을 향하고 그것에 집중했다가 이어서 그 대상에서 벗어나야 하기 때문입니다. 하나의 이미지를 볼 때 우리는 속으로 이렇게 생각합니다. "와, 나는 호랑이를 봤어." 혹은 "나는 이 단어를 봤어." 그리고 이 작은 생각들이 가라앉으려면 얼마간의 시간이 필요합니다. 하지만 우리가 열린 존재의 상태, 즉 주의과실의 시간을 단축시키기에 가장 적합한 상태를 유지한다면, 대상에 몰두하지 않게 되고 따라서 그것에서 분리될 필요가 없는 상태로 그 이미지를 그저 바라보게 됩니다. 1/20초 뒤에 다음 이미지가 나타날 때, 우리는 그것을 인식할 준비가 된, 주의하고 있는 상태입니다.

**볼프** 따라서 명상의 과정은 2가지 효과가 있습니다. 우선 자기 자신의 주의력 메커니즘을 이해하는 법을 배우고, 주어진 대상에 대해 주의력의 개입과 분리를 마음대로 통제할 수 있게 됩니다. 문제는 이 명상가들이 어느 정도의 깊이로 각각의 이미지를 처리하는지 아는 것입니다. 이들은 각각의 이미지에 적은 비중을 둠으로써, 다음에 나오는 이미지를 더 쉽게 인식할 수 있다고 볼 수 있습니다. 그렇다면 이들은 이미지를 느슨한 방식으로 처리하고 이로 인해 다른 대상자들보다 다음 이미지를 빠르게 인식할 수 있는 것일까요? 이들이 대상에 대해 덜 분석하고, 그래서 덜 반응하게 되어 그런 것인가요? 일반적으로 명상가들은 외부세계의 현상에 대해 다른 방식, 어쩌면 더 표피적이고 진지하지 않은 방식으로 접근하는 것일까요?

**마티유** 문제는 대상을 진지하게 혹은 가볍게 다루느냐가 아니라고 봅니다. 그보다는 인식이나 외부현상에 대해 어떤 세기로 접근하고 집중하는지가 관건이라고 생각합니다.

**볼프** 그렇다면 대상에 집중하지 않아도 되는 것입니까?

**마티유** 그렇습니다. 불교에서는 유혹과 거부의 과정에 끊임없이 매이지 않는 것, 우리의 인식에 '고착'되지 않는 것이 가장 자유로운 상태라고 가르칩니다. 위에서 언급했듯, 명상의 관점에서 인지적 과정과 정신적 과정을 관찰하기 위해 자기 성찰의 능력을 더욱 예리하게 만드는 것은 이러한 과정에 대해 눈이 먼 것처럼, 그것이 만든 무의식적 자동성에 갇힌 채 무능력한 상태로 있기보다, 정신이라는 망원경의 선명도의 품질과 능력을 증대시키는 일입니다. 이 정신의 예리함은 이 모든 과정의 진행을 실시간으로 볼 수 있게 하고 그 결과 그것에 휩쓸리거나 속지 않도록 해줍니다.

사람들은 다양한 형태의 명상을 연구했는데, 각각의 명상법들이 뇌에 서로 다른 특징을 만들어내는 것 같습니다. 다양한 명상의 방법들이 서로 다른 진폭의 모든 감마파를 생성한다면, 그것은 분명 매우 선명하게 구별된 특정한 뇌영역을 활성화하는 것입니다.


**볼프** 우리가 기대하는 결과도 바로 그것입니다. 명상가가 자신의 주의력을 특정한 감정에 기울일 때, 가령 그가 자비심을 기르는 수련을 하거나 주의력을 순수한 상태로 유지하며 모든 개념적 컨텐츠를 의식의 공간에서 비워내는 훈련을 한다면, 그것은 뇌의 다른 부분을 활성화시키고, 특정한 활성화 모델로 나타나는 것이 분명합니다.

스님께서는 변함없이 이 주의력에 관련된 모델과 만날 것입니다. 명상은 언제나 집중된 주의력을 필요로 하기 때문입니다. 하지만 컨텐츠와 관련된 활성화 시스템은 주의를 기울이는 대상, 즉 명상가가 자신의 주의력을 시각적·감정적·사회적 내용 가운데 어떤 것에 기울이느냐에 달려 있을 것입니다.

따라서 우리는 서로 다른 형태의 명상법에 따라 각각 다르게 관련된 뇌의 특정영역을 활성화시키는 모델을 찾는 것에 대해 기대해볼 수 있습니다. 그럼에도 변함없이 분명한 사실은 전두피질 부분이 관련된 요소인, 주의력을 통제해야 하는 데서 비롯된 공통분모가 존재한다는 것입니다.

마티유 2000년 '마음과 생명 연구소'에서 열린 컨퍼런스 이후, 감정에 대한 얼굴 표현에 있어서 세계적인 전문가인 폴 에크만Paul Ekman을 만나기 위해 샌프란시스코에 있는 그의 연구소로 갔습니다. 다른 명상가들과 함께, 우리는 검사를 받았습니다. 그는 먼저 무표정한 얼굴 사진들을 우리에게 보여주었습니다. 그리고 1/30초 동안 동일한 얼굴의 사진이 지나갔습니다. 번개처럼 빠르게, 모든 인간에게서 찾아볼 수 있는 6가지 기본 표정, 즉 기쁨·슬픔·분노·놀람·공포·혐오의 6가지 가운데 하나를 보여주었습니다.

이미지들이 하나씩 천천히 제시될 경우, 우리는 아주 쉽게 각각의 얼굴에 나타난 표정을 인식할 수 있을 것입니다. 활짝 웃는 모습인지 싫어서 뒤로 물러나려는 모습인지 말입니다. 하지만 이미지가 단지 1/30초 동안 제시된다면, 일반적인 대상자는 곧 무표정으로 돌아가는 얼굴의 아주 미세한 불균형밖에 인식할 수 없습니다. 수련을 하지 않고는 얼굴에 잠시 스치는 감정을 알아차리기가 매우 어렵죠. 폴 에크만의 표현을 따르면 이 '미세표정Micro expression'은 일상에서 늘 일어나는 불수의不隨意 운동으로 내면감정에 대한 검열되지 않은 표지로 대개 잘 알아차릴 수 없는 부분입니다.

**볼프**  맞습니다.

**마티유**  태어날 때부터 이러한 미세표정을 잘 알아차릴 수 있는 사람은 매우 적다는 사실이 입증되었습니다. 하지만 훈련을 통해 그것을 잘 알아차리는 법을 배울 수 있습니다. 이 실험을 위해 2명의 명상가가 테스트를 받았습니다. 개인적으로 특별히 더 잘했다는 느낌을 받지는 못했습니다. 한편으로 저로서는 획득한 능력이 명상과 크게 관련이 있다는 느낌도 들지 않았습니다. 그러나 우리보다 먼저 테스트를 받았던 수천 명의 사람들보다 훨씬 더 성공적이었던 것은 분명한 사실입니다. 그 얼굴들이 보여주는 미세표정들에 대해 더 정확하고 더 예리하게 구별했기 때문입니다.[30]

폴 에크만에 따르면 미세표정을 구별하는 능력은 매우 빠른 자극의 변화를 전체적으로 감지하여 더 쉽게 인식하는 능력이나, 타인의 감정에 대한 공감능력이 매우 뛰어나서 그것을 잘 읽어내는 능력과 관련이 있는 것이 분명합니다.

곧 사라지는 이러한 표정들을 구별할 수 있는 능력은 공감에 대한 예민한 능력을 나타내는 표시입니다. 이러한 미묘한 감정을 가장 잘 알아차리는 사람은 통찰력이 더 뛰어나고 호기심도 더 크며, 새로운 경험에 더 개방적인 태도를 보입니다. 이들은 양심적이고 유능하며 진중한 사람이라는 평가를 받습니다.

**볼프**  이는 또한 주의과실이 줄고 매우 짧은 시간에 사건을 인식하는 능력으로 설명될 수 있습니다. 혹은 스님께서 가진 감정인식에 대한 예리함이 보통 사람들의 평균치보다 더 높다는 사실을 보여줍니다.

# 집중도 산만도 아닌,
# 주의력의 창을 열어놓다

**마티유**　아시다시피 표정변화가 매우 빠른 속도로 일어날 때, 그 순간 우리의 정신이 산만한 상태라면 그 얼굴로 주의력을 되돌리더라도 이미 때는 늦습니다. 이미 그 얼굴에 나타났던 표정은 사라졌으니까요. 반면 주의력이 현재 시점에 명료하게 유지되어 완전히 수용적인 상태라면, 이미지의 변화가 일어날 때 정신이 바로 그곳에 있습니다. 갑작스러운 변화로 정신을 현재 시점에 돌려놓아야 할 필요가 없지요. 따라서 이 현상은 있는 그대로의 '순수한' 주의력이고, 타인의 감정에 대한 감성이나 개방성으로 설명됩니다. 이 2가지 요인이 함께 작용하는 것이 분명합니다. 여기서 선생께서 언급한 부분에 대해 다시 얘기 나누는 것이 좋겠습니다.

**볼프**　그러죠.

**마티유**　명상가들의 주의력이 내면을 향한다고 말씀하셨습니다. 사실 보통 사람들의 주의력은 끊임없이 외부의 영향을 받습니다. 대부분의 시간 동안 자신의 주의력을 외부세계, 즉 형태·색깔·소리·맛·촉감 등에 기울입니다.

**볼프**　생존을 위해 매우 중요한 부분이기도 하죠.

**마티유**　그렇습니다. 거기에는 이론의 여지가 없습니다. 길을 건널 때, 우리는 주위에 일어나는 일들을 모두 의식해야 합니다. 티베트의 위대한 스승 가운데 한 분은 이것을 설명하기 위해 자신의 손바닥을 바깥으로 폈다가 다시 안쪽으로 향하게 하는 동작을 자주 사용했습니다. "지금, 우리는 우리의 내면을 들여다보면서 우리의 정신에 일어나는 일들, 의식의 진정한 특성 그 자체에 주의를 기울여야 합니다." 이렇게 말하면서 말이죠.

이것이 바로 명상의 중요성 가운데 하나입니다. 어떤 사람들은 이것을 이상한 과정이라고 생각합니다. 이들은 정신적 과정에 지나치게 의미를 부여하는 것이 건강하지 못한 행동이고, 내면에 집중하기보다 바깥세상의 일에 더 많이 참여하는 것이 낫다고 생각합니다. 이러한 시도가 매우 걱정스러운 것이라고 여기는 사람들도 있죠.

**볼프** 잠시 질문 하나 드려도 될까요? 지난번에 스님께서는 자신과 자신의 내면상태에 몰두하는 것은 명상의 반대인 반추와 같다고 말씀하셨습니다. 이 2가지 주장 사이에 어떤 차이가 있는지요?

**마티유** 자기 자신을 들여다보는 것은 반추와는 정반대입니다. 반추는 우리 내면이 마음껏 수다를 늘어놓고 과거에 대한 생각에 사로잡히도록 내버려두는 것입니다. 과거의 사건들을 곱씹으며 마음을 괴롭히고, 끊임없이 미래를 예상하면서 희망과 괴로움을 키웁니다. 그러다 보면 절대 현재에 온전히 존재하지 못하게 되지요. 점점 더 걱정이 많아지고 그 모든 정신적 노고에 사로잡혀 결국 절망하게 됩니다. 그러는 동안 우리는 진정한 의미에서 현재를 살아가지 못합니다.

보통 우리는 자신의 생각에 열중하곤 하는데, 이 생각들은 악순환이 되어 자기중심성을 부추깁니다. 그렇게 되면 내면은 완전히 산만한 상태에 빠져듭니다. 이것은 외부 사건들이 파도처럼 끊임없이 밀려와 거기에 휩쓸리는 것과 똑같은 방식입니다. 따라서 자신의 생각에 열중하는 이러한 정신적 태도는 순수한 주의력과는 반대됩니다. 우리의 주의력을 내면으로 향하게 하는 것은, 맑게 깨어 있는 의식을 응시하며 산만하지 않은 상태를 유지하는 동시에, 어렵지 않게 '현재'라는 시간의 생생함 속에서 '정신적 구조물'을 만들지 않는 것을 뜻합니다.

캘리포니아 버클리 대학의 폴 에크먼, 로버트 레븐슨Robert Levenson과 함께 우리도 이 순수한 주의력에 관한 몇 가지 실험을 한 적이 있습니다. 감정이 폭발할 때 그에 대한 반사작용에 관한 실험으로, 예를 들어 강한 폭발음을 들었을 때 얼굴에 매우 놀란 표정을 짓게 하고, 근육이 소스라치며, 생리학적인 주요 반응(심장박동의 변화, 혈압 변화, 체온 변화 등)을 불러오는 반사작용에 대해 다룬 것입니다.

모든 반사작용과 마찬가지로, 감정의 폭발에 의한 반사작용은 보통 의지적인 통제에서 벗어난 뇌의 활동을 보여줍니다. 일반적으로 반응의 강도는 공포, 혐오 등과 같은 부정적 감정으로 대상자의 성향과 관련이 있습니다.

우리 연구자들은 수용 가능한 최대치의 소음을 선택했습니다. 귀 옆에 대고 쏜 총소리처럼 매우 강한 폭발음이었습니다. 어떤 사람들은 다른 사람보다 감정의 폭발을 더 잘 다스리기도 합니다. 하지만 수년간의 연구에 따르면 이 테스트에 참여한 100명의 사람들 중에 어떤 사람도 얼굴 근육의 수축과 몸의 소스라침sursaut를 막지 못했다고 합니다.

어떤 대상자는 거의 의자에서 떨어질 뻔했고, 그렇게 놀라고 나서 몇 초 후에는 안도감 혹은 재미있다는 표정을 드러냈다고 합니다. 하지만 숙련된 명상가들은 열려 있는 존재의 상태에서 혹은 완전한 의식의 상태에 있을 때, 이 감정의 폭발은 거의 완전히 사라졌습니다.[31]

**볼프** 앞으로 일어날 일을 몰랐는데도 말인가요?

**마티유** 몇 가지 실험을 할 때, 폭음이 들리기 전에 10부터 1까지 숫자가 거꾸로 스크린에 나왔고, 우리는 5분 뒤에나 폭음이 날 것이라고 알고 있었을 뿐입니다. 명상가들은 앉아서 그저 무념의 상태로 있도록, 즉 특정한 명상상태에 들어가도록 요청받았습니다. 개인적으로 열려 있는 존재로서 명상에 들어갈 때, 폭음이 저에게는 그렇게 많이 방해가 되지 않았던 것 같습니다.

열려 있는 존재는 매우 명료한 의식상태로, 정신이 하늘만큼이나 광대한 상태입니다. 정신은 특정한 부분에 집중하지 않고, 대신 완전히 명료하고 현재적이며 생기 있고 명쾌한 상태입니다. 이는 우리가 생각을 일부러 틀어막으려 하거나 생각이 불시에 돌발적으로 이어지지 않도록 노력하지 않더라도, 생각이 사라진 상태입니다.

생각들은 나타남과 동시에 증폭되거나 흔적을 남기지 않고 저절로 사라집니다. 이 상태를 계속 유지하게 된다면, 폭발음은 그다지 방해가 되지 않습니다. 사실 폭발음이 이러한 열린 상태의 명료성을 오히려 강화시킬 수도 있습니다.

**볼프** 그렇다면 주의력은 특정한 내용에 집중하지 않는 거군요?

마티유  물론 그렇다고 해서 주의력이 산만해진 것은 아닙니다.

볼프  주의력의 창을 열어놓으신 거군요.

마티유  그렇습니다. 하지만 노력해야 지속되는 상태가 아니라 그저 자연스러운 상태입니다. 꼬리에 꼬리를 무는 정신의 수다가 없고, 주의력이 특정한 것에 집중하지 않는 상태죠. 비록 깨어 있는 순수한 존재의 상태를 유지하는 것이 아니라 그 존재 자체에 집중하는 경우라 하더라도 말입니다.

그것이 바로 빛나고 명료하며 안정적이고, 모든 집착에서 벗어난 상태입니다. 달리 표현할 길이 없군요. 폭발음이 들려도 실제로 얼굴에 드러나는 감정적 반응을 일으키거나 심방박동추이에 어떠한 변화도 일으키지 않는 정신상태입니다. 저희는 같은 실험을 2번 반복했습니다. 한 번은 의지적으로 제가 겪었던 특정 경험을 열심히 떠올리며 반추와 추론적 사고의 상태에 들어갔습니다. 저는 계속 꼬리를 무는 생각 속으로 완전히 빠져 들었습니다.

볼프  그것이 '내면의 수다'라고 칭한 것입니까?

마티유  그렇습니다. 내면의 수다 혹은 정신적 가공이라고도 할 수 있습니다. 의지적으로 이렇게 깊은 부주의 상태에 잠겼기 때문에, 폭발이 일어났을 때 저는 그 소리에 더 놀라게 되었습니다. 이러한 반응에 대해 저는 이렇게 해석했습니다. 이 폭발음이 생각에 빠져 있던 저를 멀어져 있던 현재의 사실 속으로 갑자기 돌아오게 했다고 말입니다.

하지만 깨어 있는 맑은 의식상태에 있다면, 우리는 항상 현재 시점의 생생함 속에 있게 되어 아무리 큰 폭발도 그저 현재의 순간들 중 하나일 뿐입니다. 매순간 이미 그곳에 존재하기 때문에 갑자기 돌아올 필요가 없는 것이죠.

평상시에 우리의 즉각적인 주의를 요하는(어쩌면 생존하려면 불가피한 리액션도 요구하는) 어떤 예기치 않은 사건이 일어났는데, 그 순간에 주의가 흐트러진 상태라면 훨씬 더 소스라치게 놀라게 될 것입니다.

**볼프** 그렇다면 놀라는 반응은 우리가 회상하거나 되살리고 있는 구체적 사건으로부터 예기치 않은 새로운 자극으로 옮겨간다는 사실에서 비롯된 것이군요.

**마티유** 그보다는 정신이 방심한 상태에서 현재 시점에 대한 의식상태로 옮겨가는 것이라 할 수 있습니다.

**볼프** 그렇다면 깨어 있는 맑은 존재의 상태에서 스님은 이미 현재 시점에 있는 것이군요. 주의력은 그대로 있지만 그 방향이….

**마티유** 그 자체로 향하지 않는 것이죠. 의식이 언제든 사용할 수 있고 완전히 수용적인 상태로 말입니다.

**볼프** 주의력의 프로젝터가 모든 것을 비추고, 스님이 준비가 되어 있으므로, 그리고 주어진 하나의 컨텐츠에서 주의력을 해제시켜야 할 필요가 없으므로, 소스라치게 놀라지 않게 되는 것이군요.

# 명상도 스키나 수영처럼
# '절차기억'을 형성한다

**마티유** 주의력을 기르다 보면, 주의력이 매우 강력한 도구가 될 수 있음을 알게 됩니다. 따라서 우리가 고통에서 벗어나는 데 도움이 되도록 주의력을 사용해야 합니다. 또 정신의 자연스러운 상태, 내면의 평화에서 나오는 온전히 깨어 있는 의식상태를 유지하기 위해서 주의력을 사용할 수 있는데, 이는 우리가 실존의 불안정에 덜 취약한 존재가 되도록 합니다. 어떤 상황이 벌어져도, 우리는 감정적 동요에 영향을 덜 받고 훨씬 큰 안정감을 누릴 수 있습니다.

이렇듯 현재 시점의 맑은 의식에 이르는 것은 수많은 장점들이 있습니다. 주의력은 또한 동정심을 기르는 방법이기도 합니다. 정신이 끊임없이 산만한 상태라면, 그것이 비록 명상하는 것 같은 인상을 주더라도, 정신은 감정에 사로잡혀 세계 일주를 하고, 바람 부는 대로 흔들리는 공처럼 무기력해집니다. 또한 우리 내면의 망원경의 선명도를 높이고 주의력을 유지하는 것은 명상을 통해 발전시킬 수 있는 인간의 모든 장점들을 기르는 데 필수불가결한 도구입니다. 고통에서 해방되는 순간이 오는 것은 또 하나의 완전한 능력입니다.

**볼프** 방금 말씀하신 것은 아주 흥미롭습니다. 이 과정에 주의력 통제와 반복이 필요하다는 이야기를 들으니, 명상가들이 '서술기억' 대신 '절차기억'에 의지하는 학습전략을 사용한다는 사실이 생각납니다.

사람은 장기적으로 정보를 저장하기 위해 서로 다른 2가지 메커니즘을 사용할 수 있습니다. 하나는 단 1가지 학습 테스트일 때 그 획득한 정보를 저장할 수 있는 기억 메커니즘입니다. 예를 들어 씨가 단단한 과일을 한 번 깨물었다가 다친 경험이 있다고 칩시다. 그러면 이것을 평생 기억하고 같은 경험을 반복하지 않으려 합니다. 이런 것을 '서술기억' 혹은 '에피소드기억'이라고 합니다.

우리는 자신이 의식하는 기억의 모든 내용들을 말로 표현할 수 있습니다. 대체로 우리는 사건 자체에 관한 정보들만 저장하는 것이 아니라, 그 일이 일어난 배경에 대한 정보와 그 일이 우리 자신의 역사 속에서 펼쳐진 정확한 시간 등도 저장합니다.

이에 반해 피아노를 치거나, 스키, 요트 타는 법을 배우는 것처럼 어떤 능력을 학습하는 과정은 전혀 다릅니다. 사실 이런 경우는, 자동적으로 되도록 숙달시키려면 수없이 많이 이 과제를 반복해야 합니다. 이런 것을 '절차학습'이라고 하고 이는 '절차기억'에서 비롯됩니다. 특정한 방법을 활용하려면 연습을 해야 합니다. 그 능력을 습득하는 초기에, 학습은 전적으로 주의력과 의식의 통제 아래에 있습니다. 이 과정들을 단계적으로 분석해 어떻게 처리하는지 보여줄 스승이 반드시 있어야 하죠. 물론 시행착오를 거치며 스스로 익히기 위한 노력도 할 수 있는데, 이 경우는 효율성이 훨씬 떨어집니다.


**마티유** 그래서 명상에 참여할 때는, 자격을 갖춘 스승을 만나는 것이 중요합니다.


**볼프** 가르치는 사람은 어느 정도 도움을 주고 학습과정을 앞당겨 주지만 그 주체가 될 수는 없습니다. 스스로 연습해야 합니다. 이 새로운 능력의 학습을 책임지는 신경의 기반은 갑자기 어떤 새로운 상태로 변모할 수 없습니다. 오랜 시간 동안 단계적으로 신경의 회로를 조절해나가야 합니다. 그리고 그 능력이 습득되었을 때, 그 능력은 점점 주의력에 의존하는 정도가 줄어들어 더욱 자동화됩니다.

자동차를 운전한다고 상상해보세요. 매일 다니는 출퇴근길을 운전할 때는, 운전을 하고 있다는 사실에 자신의 모든 주의력을 기울이지 않을 것입니다. 운전을 하면서 의식의 통제 없이 매우 복잡한 일련의 인지행동을 하면서, 동시에 매우 심각한 주제에 대해 대화를 나눌 수 있을 것입니다.

**마티유** 명상에 대해서도 마찬가지입니다. 처음에는 다소 의지적이고 인위적이지만 점차 자연스럽고 자율적인 것이 됩니다.

**볼프** 하나의 과정을 습득할 때, 피질하부 구조로의 이동이 발생합니다. 학습 초기에, 의식의 통제와 주의력 집중이 필수적일 때 신피질의 구조가 영향을 받게 되는데, 특히 주의력에 속하는 부분이 그러하며, 전두엽과 두정엽에 위치한 신피질의 구조가 영향받습니다. 하지만 그 능력을 습득하여 자동화되면, 피질의 통제시스템은 그 작용이 줄어드는 반면 다른 구조들이 관련을 갖게 됩니다. 예를 들어 운동능력을 습득하는 경우, 항상 연관이 되는 피질의 운동영역 외에, 이 경우 소뇌와 기저핵이 관여하게 됩니다.

**마티유** 명상에 대해 교육할 때 초기단계에서 강제적 요소와 꾸준한 노력이 필요하다는 사실을 매우 분명하게 설명합니다. 어느 날은 자연스럽고 쉽게, 무의식적으로 명상이 이루어지다가, 또 어떤 날은 잘 안

되고 지루한 느낌이 들기도 합니다. 이 두 경우 모두 지속성을 유지하면서 매일 명상을 하는 것이 필수적입니다. 가르치는 사람은 1주일 혹은 보름에 1번 긴 세션을 하는 것보다, 짧은 세션의 명상을 규칙적으로 반복하는 것이 바람직합니다.

볼프 능력을 습득할 때와 '절차기억'을 형성할 때의 과정이 같은 방식으로 이루어집니다. 능력의 학습과 절차기억의 신경적 토대의 역학에 대해 수많은 연구가 이루어졌습니다. 절차기억을 사용하는 학습에 적합한 것으로 알려진 전략이 위대한 명상가들에 의해 직관적으로 생성된 전략과 닮아 있는지 살펴보는 것은 매우 흥미로울 것 같습니다. 예를 들어, 잠들기 직전에 한 명상이 다른 경우보다 더 효과적이라는 것이 사실일까요? 절차기억의 기억흔적은 잠을 자는 동안 가장 잘 조직화되고 강화되는 것이 사실입니다.

## 은둔하는 명상가의 수면시간이 짧아지는 이유

마티유 따로 피정을 하거나 하루에 몇 시간씩 명상을 할 시간이 없는 대부분의 사람들에게 명상하기에 가장 좋은 시간은 이른 아침이나 잠들기 직전이라고 합니다. 이른 아침에 명상을 하거나 어떤 종류의 것이든 정신적 수련법을 따르는 것은, 남은 하루에 특별한 색을 더하고, 보이지 않는 선처럼 모든 일상활동에 지속되는 내면의 변화를 일으킵니다. 다르게 표현하면, 명상의 '향기'가 그날 하루에 특별한 향을 더해주고 좋은 향수를 뿌린 것처럼 하루 종일 지속된다고 할 수 있습니다. 이는 전혀 다른 분위기와 태도, 자신의 감정과 타인의 감정을 받아들이는 방식에서, 특별한 방법을 만들어낼 것입니다. 그날 어떤 일이 일어나더라도, 이 특별한 정신상태에 머물게 됩니다. 가끔 우리는 아주 짧은 시간 동안이라도, 그 경험을 떠올리기 위해 기억 속에서 이 명상의 상태를 되살립니다.

한편 우리가 잠들기 전에 자비와 이타심으로 가득한 긍정적인 정신 상태를 떠올린다면 그 밤은 다른 색을 띠게 될 것입니다. 반대로 우리가 분노나 질투의 마음을 품고 잠이 든다면, 그 영향은 밤 동안 일정시간 지속되고 우리의 수면에 말 그대로 독약을 타게 될 것입니다. 수행자들이 맑고 빛나는 정신상태를 유지하기 위해 노력하며, 잠들기 전까지 긍정적 태도를 유지하고자 애쓰는 이유도 바로 여기에 있습니다. 이 긍정적인 흐름을 유지할 수 있게 되면, 그것은 밤새 지속될 것입니다.

**볼프** 방금 설명하신 부분은 학습과 기억의 과정에 수면이 미치는 영향에 대한 최근의 연구자료들과 정확히 일치합니다. 이제는 널리 받아들여진 사실이지만, 수면의 특징적 단계를 순서대로 반복해서 지나는 동안 기억이 강화됩니다. 이 과정에는 느린 파장의 수면, 깊은 수면, 역설수면, 그리고 안구의 빠른 움직임이 특징인 REM Rapid Eye Movement 수면 등이 포함되어 있습니다.

REM수면 중에 뇌는 특히 활성화되며, 이때 보이는 뇌전도 궤적은 깨어 있는 상태, 흥분상태, 주의상태와 근본적으로 구분되지 않습니다. 수면의 다양한 단계는 밤사이 서로 바뀌는데 이는 뇌의 균형을 되찾는 데 도움을 줍니다.

뇌의 유연성은 상황에 따라 뇌가 반응하고 변화하도록 만듭니다. 하루 종일 새로운 기억들이 생성되고 새로운 능력이 학습되는데, 이 과정들은 시냅스 결합의 다양한 변화로 이어집니다. 필수적인 안정성을 유지하기 위해, 신경망이 이러한 변화에 따라 재조정됩니다. 또한 균형회복도 자는 동안 이루어지는 것으로 보입니다. 기억흔적이 재편성되면서 관련이 있는 흔적은 그렇지 않은 흔적과 분리되고, 새로 획득한 정보들은 각각의 연상체계에 즉시 각각 통합됩니다.[32]

깨어 있을 때 일어났던 사건들과 흔히 연관된 꿈을 꾸는 이유도 바로 이 때문입니다. 잠을 자는 동안 뇌는 이 기억흔적을 다시 활성화시켜, 이 흔적에 대한 작업을 하여 이전의 궤적에 통합시키고 더 강하게 만듭니다. 초기의 수면단계에서 뇌는 수면 직전까지 일어난 하루 동안의 경험에 의해 생성된 뇌의 활동을 훨씬 더 짧은 시간으로 재생합니다. 이는 일부 명상가들이 잠들기 직전에 도달한 상태를 수면 중에 연장시킬 수 있다는 사실을 설명합니다.[33]

하지만 이 현상은 명상에서만 일어나는 것이 아닙니다. 많은 사람들이 외국어 단어를 배울 때 단어목록을 잠들기 직전에 반복하면 더 효과적이라는 사실을 경험적으로 알고 있습니다. 자는 동안 기억의 컨텐츠가 이처럼 반복되면 방해하는 다른 경험들이 없기 때문에 한층 강화됩니다. 이렇게 해서 우리는 다음 날 아침에 아주 또렷하게 그 단어들을 다시 생각해낼 수 있는 것이죠.

**마티유** 중요한 결정을 내려야 하거나 다소 불확실하고 당황스러운 느낌이 들 때도 마찬가지입니다. 잠들기 전에 우리의 정신에 정확히 질문을 던진다면, 다음 날 아침 일어나서 첫 번째 드는 생각이 가장 현명한 선택인 것 같습니다. 정신의 투사나 희망, 두려움 등에 의해 왜곡되지 않기 때문입니다.

**볼프** 어떤 어려운 문제를 풀어야 할 때, 독일어로 "Schlaf darüber." 즉 "하루 더 두고 보자."고 말하는 이유도 같은 것 아닐까요? 다음 날 저절로 현명한 답이 떠오르는 경우가 많으니까요.

**마티유** 놀라운 사실을 하나 말씀드리겠습니다. 티베트 불교 수행자들은 3년 이상 은둔생활을 하기도 하는데, 이렇게 오래 은둔생활을 한 명상가들은 다른 사람들보다 필요한 수면시간이 훨씬 짧습니다.

명상가들은 다양한 배경을 가지고 있어서, 어떤 사람은 수사나 수녀였던 사람도 있습니다. 불교철학에 깊이 심취해 있는 사람도 있고, 반대로 불교철학을 전혀 모르는 평신도 수행자도 많습니다. 이처럼 모든 사람들은 서로 다른 기질을 갖고 있지만, 네팔의 명상센터에서 1년간의 수련이 끝나면 거의 모든 은둔자들이 밤에 4시간 이상 잠을 자지 않습니다. 이들은 밤 10시에 취침해서 다음 날 각자의 감각에 따라 새벽 2~3시 사이에 일어납니다. 억지로 애쓰지 않아도 이 리듬을 갖게 되고 그 어떤 수면부족의 징후도 없습니다. 이들은 하루 종일 매우 활력적이고 명민하며, 결코 무기력한 모습을 보이지 않습니다.

물론 이 은둔자들의 생활은 바깥에서 사는 일반인들과 다릅니다. 낮 동안 다른 새로운 것들로부터 영향을 받지 않고, 바짝 긴장하는 일도 없으며, 수많은 사건과 상황들을 관리하지 않아도 되는 것은 사실입니다. 그렇다고 비활동적인 것은 아닙니다. 매우 엄격한 일정표에 따라 명상세션을 수행합니다. 여기에는 주의력, 자비심 등을 개발하는 강도 높은 수행도 포함되고, 시각화 기술 등 여러 정신적 수련법을 익히는 훈련도 들어갑니다. 이 놀라운 생리학적 변화에 대해 어떻게 해석하십니까?

**볼프** 여러 가지 답이 떠오르네요. 우선 모든 경험이 새로운 아이들에게, 낮 동안 학습할 정보가 많아서(어린 동물들도 마찬가지로) 어른들보다 더 긴 수면시간이 필요하다는 사실은 널리 알려져 있습니다. 아이들은 뇌의 기능적 구조에 상당한 변화를 겪게 됩니다. 이는 어른보다 훨씬 더 많은 것을 배워야 할 뿐만 아니라, 뇌가 성장하는 중이어서 새로운 신경결합이 이루어지며 부적절한 결합은 사라지기 때문입니다. 이처럼 전체적인 신경회로의 중대한 변화는 지속적인 재조정 작업이 필요합니다. 그 결과 수면시간이 더 길어지는 것이죠.

사실 우리에게 필요한 수면시간과 우리가 소화하고 흡수하는 새로운 정보의 도입에는 긍정적인 상관관계가 있습니다. 동물이나 사람이나 낮 동안 경험하는 것이 많을수록, 수면시간 또한 길어지고 수면의 단계에도 변화가 일어납니다. 새로운 경험의 양, 즉 학습으로 인해 생긴 변화로 뇌의 기능적 구조에 가해진 불균형의 정도와, 필요한 수면시간 사이의 상관관계는, 이것이 뇌의 항상성을 회복하기 위해 필수적이라는 주장을 뒷받침합니다.

뇌처럼 높은 수준의 유연성을 지닌 복잡한 역동구조는, 그것의 균형이 흔들리는 것에 매우 민감하며 위험한 상황을 겪을 가능성을 늘 갖고 있습니다. 오랜 시간 잠을 자지 못한 대상자의 뇌는 불안정의 징후를 보여줍니다. 잠을 자지 못하면 그 결과로 과도한 자극 반응성을 표출하는 간질발작을 일으킬 수 있습니다. 실제로 의사들이 간질 진단을 위해 잠을 재우지 않는 방법을 쓰기도 합니다. 왜냐하면 수면부족 상태일 때 이러한 병리적 현상이 잘 일어나기 때문입니다. 수면부족은 정신착란, 감각적 환상, 환영 등 인지기능에도 심각한 문제를 초래합니다. 기억의 기능이 훼손되는데, 이는 엔그램(engram, 기억신경센터에 보관된 과거의 활동에 대해 지속되는 기억의 흔적)을 강화하거나, 학습으로 인해 생긴 불균형을 바로잡을 시간이 없기 때문입니다. 게다가 주의력 메커니즘도 손상되어 인지과정과 학습과정도 더 많은 방해를 받게 됩니다.

이제 은둔생활을 한 명상가의 수면시간이 짧아지는 이유에 대한 질문으로 다시 돌아오겠습니다. 저는 이들이 다양하고 새로운 정보에 직면하지 않아도 되기 때문이라고 생각합니다. 이들은 자신이 알고 있는 내용, 이미 저장된 내용들에 대해 훈련하기 때문이 이들의 뇌는 재편성해야 할 새로운 정보가 비교적 적을 것입니다. 뇌는 외부자극에 노출되는 경우가 매우 적고, 주요 과제는 명상하는 동안 이루어지는 강화작업입니다.

**마티유** 맞습니다. 능력을 확장시키고 그것을 강화하는 것이 사실 명상의 주요 작업입니다. 위스콘신의 매디슨에 있는 줄리오 토노니 Giulio Tononi 연구소에서 앙투안 루츠, 리처드 데이비슨과 함께 진행된 연구에 따르면, 2,000~1만 시간 동안 명상을 수행한 명상가들이 수면 중에 감마파 증가가 지속되었는데, 이는 사전에 명상에 투자한 시간에 비례했습니다.[34] 휴식상태를 유지할 때와 잠을 자는 동안 수행자들에게 이러한 변화가 지속된다는 사실은 일상적인 정신상태의 지속적인 변화를 뜻합니다. 이는 명상에 들어가는 등의 특별한 노력을 기울이지 않을 때에도 마찬가지입니다.[35]

**볼프** 은둔생활 중인 명상가들의 수면단계가 어떻게 전개되는지 살펴보는 것은 매우 흥미로운 일일 것입니다. 수면단계마다 서로 다른 기능을 갖고 있음이 틀림없습니다. 그중 어떤 단계는 정보를 강화시키는 역할을 하고, 또 다른 단계는 균형을 회복시키고, 기억들이 서로 잘 구분되도록 기억의 중첩과 혼합을 줄이기 위해 기억흔적들을 분화시킨다는 가설을 세웠습니다.

**마티유** 그 과정들에 대해 더 자세히 설명해주시겠습니까?

**볼프** 서로 다른 기억을 나타내는 신경세포 조합 간의 경계선이 흐려질 위험이 있습니다. 같은 시냅스와 시냅스의 결합이 서로 다른 기억의 내용 표현을 구성하는 데 사용되어야 하기 때문입니다. 이 네트워크에 더 많은 기억을 저장할수록 신경세포 결합의 구성이 더욱 확대되어야, 서로 다른 기억들을 구분하고 독립성을 유지할 수 있게 됩니다.

**마티유** 거울에 너무 많은 이미지가 있는 것과 같은 거군요?

**볼프** 혹은 너무 많은 슬라이드 필름이 겹쳐져 있는 것과 같죠. 이 이미지들이 서로 뒤섞여 충돌하면서 이미지를 모호하게 만드는 것입니다. 따라서 중첩을 줄이고, 각각의 특징과 독립성을 최적화하는 방식으로 슬라이드 필름을 정리해야 합니다.

다른 예를 들어보죠. 한 단어를 기억하려고 하는데, 찾고 있는 단어와 비슷한 다른 단어가 끊임없이 떠올라서 기억을 방해하는 것입니다. 이 경우 두 단어의 신경표현은 충분히 뚜렷하지 않거나 서로 구분이 되지 않습니다. 수면의 기능 가운데 하나가 겹쳐진 표현 간의 구별을 더 개선시키는 것으로 보입니다. 이 중첩문제를 해결할 수 있는 메커니즘 중 하나는 두 단어를 각각의 연상영역에 더 잘 연결시키는 것일 수 있습니다. 즉 저장된 맥락을 분화하는 것입니다.

우리는 아직 '강화와 분화'라는 이 2가지 기능이 수면의 서로 다른 단계에서 기본이 되는지 그렇지 않은지를 모릅니다. 하지만 우리는 이 수면의 단계들 중 하나가 강화작업에 연관되어 있고, 다른 단계는 '청소'작업과 재편성작업에 관련이 있다고 봅니다. 따라서 명상가들을 대상으로 수면의 서로 다른 단계의 구성을 밝히는 연구를 시행하는 것은 매우 흥미로운 작업일 것입니다. 이들의 짧은 휴식시간 동안 수면의 단계들이 서로 어떤 우위를 갖는지 증명할 수 있을 것입니다.

마티유  그렇습니다. 자는 동안 몸의 움직임은 일종의 표지가 됩니다. 평상시에 한 사람이 밤에 자는 동안 약 15회 정도 돌아눕는다고 알려져 있습니다. 어느 수면 전문가가 달라이 라마에게 이 사실을 알리자, 그는 승려들도 마찬가지인지 궁금해 했습니다. 3년간의 긴 은둔생활을 한 명상가들은 밤새 가부좌 자세로 잠을 자므로, 이들이 그렇게 많이 움직인다고 볼 수 없겠습니다. 또 다른 명상가들은 예로부터 오른쪽으로 누워, 오른손은 볼에 대고 왼팔은 몸통을 따라 펴고 잡니다.

볼프  오른쪽으로 눕는 이유가 있나요?

마티유  좀 복잡합니다. 가르침에 따르면 이 자세로 자는 것은 부정적 감정을 뒷받침하는 오른쪽 방향의 미세한 통로들을 막아주는 압력을 가합니다. 따라서 이 방향으로 자면서, 우리는 긍정적 감정을 순환시키는 왼쪽 방향의 통로를 따라 흐르는 에너지의 움직임을 쉽게 해주는 것입니다. 이것은 왼쪽 전두엽 피질이 긍정적 감정을 느낄 때 활성화되는 반면, 우측 전두엽의 피질이 부정적 감정과 관련이 있다는 개념과 정확히 일치하는 것이어서 매우 놀랍지요. 오른쪽으로 누워 자는 것을 권장하는 또 다른 이유는 심장을 압박하지 않기 위해서입니다.

수년 전에, 9개월간 은둔생활을 하면서 저는 제 자신을 관찰하고자 노력했습니다. 밤중에 잠에서 깰 때나 아침에 일어날 때마다, 저는 눈을 뜨고 얼굴 높이에 있는 협탁 위 자명종을 보았습니다. 한 번도 천정을 응시하거나 다른 방향으로 돌아누운 채 잠에서 깬 적이 없어요. 그러니 제가 자는 동안 몸을 돌아눕지 않았다고 확실하게 말씀드릴 수 있습니다.

**볼프** 그것은 스님이 수면의 한 단계에서 다른 단계로 옮겨가지 않는다는 사실을 의미할 것입니다. 왜냐하면 자면서 몸을 돌아눕는 것은 다른 수면단계로 옮겨갈 때 일어나는 일이기 때문입니다.

**마티유** 즉 꿈을 꾸다가 깊은 수면상태로 옮겨갈 때 같은 경우에 일어나죠.

**볼프** 그렇습니다. 하지만 요즘은 느린 파장 수면 중에도 꿈을 꾼다고 학자들은 추측하고 있습니다. 꿈의 구조는 물론 다르지만, 뇌는 느린 파장 수면과 역설수면, 혹은 REM수면의 2가지 단계에 작용합니다. 사실은 느린 파장 수면단계에서 고주파수의 진동이 확인되었습니다.

이 빠른 진동은 느린 파장과 겹쳐지고, 빠른 진동들은 분명 회상이나 기억의 활성화와 관련되어 있기 때문에 깊은 수면 단계에서 꿈을 꾸게 되는 것입니다. 증명하기에 꽤 까다로운 현상이긴 합니다. 대상자들을 깨울 때, 우리는 그들이 말하는 꿈이 잠에서 깨는 바로 그 순간에 꾼 것인지 혹은 그 전에 꾼 꿈에 대한 기억인지 구분할 수 없습니다.

마티유　우리가 꿈을 더 또렷하게 기억하거나 그렇지 않거나 하는 것과, 이 두 종류의 수면 사이에 연관성이 있습니까?

볼프　그것 역시 확실하게 말하기 어렵습니다. 요즘 연구들을 보면 역설수면의 단계인 REM수면 중에 꾼 꿈이 깊은 수면상태에서 꾼 것보다 기억될 가능성이 더 높다는 것을 입증하는 것 같습니다. 하지만 어느 정도까지 이 데이터들이 유효한지는 모르겠습니다.

아침마다 우리는 밤 동안에 확대되어 잠에서 깨기 직전에 정점에 달하는 수많은 역설수면의 단계를 경험합니다. 우리는 잠이 깰 정도의 매우 강렬한 꿈이 아닌 이상, 한밤중에 꾼 꿈보다 아침에 꾼 꿈을 더 잘 기억합니다. 다시 말해 REM수면 중에 꾼 꿈을 더 쉽게 기억할 수 있는 것입니다.

## 가장 강한 감마파를 만드는 자비심과 이타심

마티유　예전에 베타파와 감마파가 일종의 동시성, 즉

뇌의 서로 다른 부분에 공명을 일으키고, 이는 대상자가 주어진 과제를 수행하기에 좋은 유연성을 갖게 만든다고 하셨습니다. 이 현상은 명상경험과도 일치하는 것 같습니다. 예를 들어 다른 명상보다 강한 감마파를 형성시키는 자비심에 대한 명상을 할 때, 명상가의 뇌 앞부분이 특히 활성화됩니다. '촉진부'라고 불리는 이 부분은 행동에 대한 준비작업을 담당하죠.

명상의 관점에서 보면 이것은 타인의 행복을 위해 움직일 준비가 된 상태로, 진정한 이타심과 자비심의 자연스러운 특징이라 할 수 있습니다. 이기주의의 틀에 갇히지 않고 자신에게 집중하는 성향을 줄인다면, 우리의 자아는 더 이상 위협을 받지 않게 됩니다. 그러면 방어적 태도와 두려움이 줄어들면서, 자기 자신에게 덜 집착하게 되죠.

깊은 불안감이 사라지면서 자아가 세워둔 경계선들이 무너지게 됩니다. 타인에게 더욱 개방적인 사람이 되고 타인에게 유익을 주는 행동을 할 준비가 되죠. 여기까지가 우리의 해석입니다. 모든 명상 중에서 특히 자비심과 열린 존재를 목표로 삼는 명상의 상태가 가장 강한 감마파를 만드는데, 이것은 주의력을 집중했을 때 측정되는 파장보다 훨씬 더 큰 진폭의 파장입니다.


**볼프** 집중된 주의력은 신경세포 기반에는 영향을 덜 미칩니다. 주체가 특정한 하위작업에 집중하기 때문이죠. 이는 신경구조 측면에서 특정한 하부구조를 사용한다는 뜻입니다. 주체는 빠르게 효과를 발휘하는 모든 수단을 집중시킴으로써 이 하부구조를 준비하고 활성화시킵니다.

**마티유** 앙투안 루츠와 리처드 데이비슨은 숙련된 명상가들에게 여성의 비명소리에 이어 아기의 웃음소리를 들려주자, 공감에 관련된 뇌의 여러 영역이 활성화되었다는 연구결과를 발표했습니다. 여기에는 대뇌섬insula도 포함되는데, 이 영역은 아기의 웃음소리보다 여성의 비명소리에 더 크게 반응을 했습니다. 또 자비심에 대한 개인의 명상 정도, 대뇌섬의 활성화 수준 그리고 심장박동 사이에도 밀접한 관련이 있다는 사실을 확인했습니다.[36] 이러한 활성화는 명상가들이 수련한 시간만큼 더욱 강합니다. 편도선과 띠이랑(대상회) 피질 또한 활성화되는데, 이는 타인의 감정상태에 대한 민감도가 증가함을 뜻합니다.[37]

따님이신 타냐의 연구팀에서 타인에 대한 자비심을 맡은 신경망과 공감을 맡은 신경망이 다르다는 사실도 밝혀냈습니다. 자비심과 이타적 사랑은 단순한 공감에서는 없는 인간미와 선의라는 긍정적 요소를 갖고 있습니다. 이 감정은 공감으로 인한 고통이나 감정적 소진으로 쉽게 이어집니다. 우리는 타냐와 함께 연구하면서, '번아웃'이라고도 하는 '감정적 소진'이 일종의 '공감으로 인한 탈진'이지 흔히 이야기하듯 '자비심에 의한 피로'는 아니라는 사실을 알게 되었습니다.[38]

바바라 프레드릭슨Barbara Fredrickson과 동료들은 6~8주 동안 매일 30분씩 자비명상을 하는 것이 긍정적인 감정을 확대시키고 자신에 대한 만족감을 높인다는 결과도 보여주었습니다.[39] 이 실험에 참가한 대상자들은 더 많은 기쁨과 선의, 감사와 희망, 열정을 느꼈습니다. 게다가 자비명상의 수련기간이 길수록 긍정적 상태는 더욱 뚜렷했습니다.

# 자비명상과 뇌의 일관성

_____ 마티유 이와 같은 자비명상에 관한 연구결과는 신경의 강한 일관성을 내포합니다. 마음이 모든 존재를 향해 친절과 선의를 품고, 고통받는 이들에 대한 자비심으로 가득하기 때문입니다. 자비명상은 먼저 특정 대상에 집중하는 것으로 시작할 수 있습니다. 예를 들어 선의를 개발하기 위해, 늘 호의를 느끼게 되는 아이들을 떠올리는 것이죠. 이렇게 따뜻해진 마음이 자라나 완전히 뚜렷해질 때, 우리는 그 상태를 더욱 발전시켜 정신의 모든 풍경에 스며들도록 합니다. 그리고 이를 유지하면서 우리의 정신에 늘 풍요롭고 충만한 상태로 유지되도록 노력하는 것입니다.

볼프 이런 해석은 어떨까요? 틀릴 수도 있지만, 제 생각입니다. 즉 뇌에는 긍정적 상태와 부정적 상태, 일관적 상태와 비일관적 상태의 차이를 만드는 힘이 있는 것이 분명합니다.

마티유 어떤 식으로 말입니까?

볼프 뇌는 특정한 역동적 상태가 인식이나 숙고의 과정에서 생긴 결과인지, 아니면 반대로 그 결과에 이르게 한 전체 과정의 일부가 이 역동적 상태인지를 알아야 합니다. 뇌에서 활성화되는 것은 신경세포밖에 없다는 것을 기억해야 합니다. 그것은 매 순간 이루어지는 여러 변화들이 이어진 하나의 흐름입니다.

뇌는 부단히 받아들인 신호들에 대한 반응으로, 가장 그럴듯한 혹은 가장 설득력 있는 해석이나 해답을 찾습니다. 그리고 해답으로 이어지는 갑작스러운 전개가 이루어집니다. 우리는 이 변화를 의식합니다. 따라서 뇌는 진행 중인 해석작업의 바탕이 되는 활동과, 결과 그 자체에 부합하는 활동을 구분할 수 있어야 합니다.

**마티유** 그 결과에 대한 예를 하나 들어주시겠습니까?

**볼프** 두뇌퍼즐, 수수께끼, 수학문제에 대한 복잡한 해법에서부터, 지각으로 인한 문제에 대해 언뜻 즉흥적으로 보이는 해법에 이르기까지 수많은 예들이 있습니다. 아주 복잡하게 꾸며진 배경에 온갖 물건들이 부각되는 복잡한 무대를 떠올려봅시다. 인간의 시각체계는 배경에서 대상물을 구분해내고, 그것을 기억 속에 저장된 지식과 비교하여 식별하기 위해 복잡한 작업을 완수해야 합니다.

그러다가 갑자기 깨닫게 되죠. "유레카! 그거야! 알겠어. 답을 찾았어." 이 해답은 특정한 시공간적 과정으로, 그 해답에 도달하게 만든 과정과 정확히 구분되지 않습니다. 여기서 생기는 질문은 해답 자체를 만든 과정과 달리, 그 해답의 기초가 되는 과정을 어떻게 알 수 있느냐는 것입니다. 뇌의 특정 상태가 문제해결로 이끈다는 사실은, 신경의 고유한 표시를 시사합니다. 이 고유한 표시는 해답의 내용이 어떤 것이든 변함이 없을 것입니다. 또한 이 해답은 단계별로 만들어져야 하는데, 그것은 하나의 해답이 어느 정도 신뢰할 만하다는 것을 우리 모두가 알기 때문입니다.

**마티유** 그건 왜 그렇죠?

**볼프** 그다지 믿을 만하지 않은 해법들이 있습니다. 이렇게들 생각합니다. "내가 지금 어쩌면 숙고과정의 끝에 도달한 것인지도 모르겠어. 그런데…."

**마티유** "… 그다지 만족스럽지가 않아."라고 말이죠.

**볼프** 그렇습니다. 그래서 저는 그것이 신뢰할 만한 답이 아니거나, 준비단계의 해답일 뿐이라고 이해합니다. "계속 해야 해." 혹은 "도무지 답이 없어." 혹은 "연구를 더 해야만 해."라고 생각하죠. 따라서 뇌는 이처럼 서로 다른 활성화의 상태를 구분할 수 있는 평가시스템을 갖고 있어야 합니다. 그렇지 않으면 우리는 어떤 순간에 숙고작업을 멈추어야 하는지 알 수 없고, 심지어 얻어진 결과에 대해 언제 말해야 하는지도 알 수 없을 것입니다. 게다가 우리는 그 결과의 특징을 평가할 수 없을 것입니다. 따라서 뇌는 그 내부상태를 평가할 수 있는 방법을 갖고 있어야 합니다. "이 상태는 만족스러워, 그 상태는 만족스럽지 않아."라고 말이죠.

이 평가시스템은 학습과정에서도 기본이 됩니다. 왜냐하면 우리는 '좋은 것, 긍정적인 것'으로 파악하는 어떤 상태들은 조장하고, '나빠' 보이는 것들은 줄이고 싶어 하기 때문입니다. 따라서 뇌는 학습을 보장하는 시냅스의 연결을 적절한 상태에 부여된 유의성誘意性에 따라 측정할 수 있어야 합니다. 즉 뇌는 좋은 혹은 긍정적인 것으로 판단된 상태가 반복되기 쉽도록, 그 상태의 바탕이 되는 신경세포 간의 결합을 강화시켜야 합니다. 반대로 '나쁜' 것으로 평가된 상태는 반복될 가능성을 줄이기 위해, 그 '부정적인' 상태가 쉽게 일어나도록 하는 시냅스 연결을 약화시켜야 합니다.

**마티유**  이러한 과정은 행복훈련, 즉 행복해지는 능력을 기르는 훈련의 기초와 매우 유사합니다. 무엇보다 우리의 평온을 깨뜨리기 쉬운 정신상태와 감정을 가려내고, 행복을 돕는 감정과 상태를 알아내야 합니다. 그래서 전자는 줄이고 후자는 개발하는 것입니다.

**볼프**  괜찮으시다면 자비훈련과 이를 통한 경험들이 매우 유쾌한 상태에 이르게 한다는 주장에 대해 다시 얘기 나누었으면 합니다.

**마티유**  저는 그것이 더 깊은 충만의 상태에 대한 것이라고 말하고 싶습니다.

**볼프**  뇌전도 데이터가 보여주듯, 자비심의 상태는 일관성이 있습니다. 아주 높은 동시성을 지닌 감마파와 연관이 있습니다. 저는 이 부분을 이렇게 해석합니다. 어떤 해답의 고유한 표지가 일관성이나 동시성의 상태로, 신경세포 전체가 매우 동기화된 진동운동에 가담하는 순간일 수 있습니다.

이러한 일관성 있는 상태를 파악하기 위해 평가시스템이 해야 할 일은, 대뇌피질 네트워크의 활동을 조사하여 그 일관성의 정도를 밝혀내고, 신경세포의 동시성 정도를 측정하는 일일 것입니다. 이것은 까다로운 과제가 아닙니다. 신경세포는 동시에 일어나는 활동과 그렇지 않은 것을 구분할 능력이 있기 때문이죠.

전자의 경우, 즉 동시에 일어나는 정보유입의 경우에 신경활동이 훨씬 더 효과적이라는 사실을 확인할 수 있습니다. 기본 네트워크가 동시적이지 않고 빠르게 변화하지 않는 한, 평가시스템이 활성화되지 않는 것입니다. 그러므로 피질활동은 아직 어떤 결과로 이어지지는 않았지만 진행 중인 작업과정들의 결과라고 말할 수 있습니다. 하지만 그 활동이 고도의 일관성을 띠게 되면, 평가시스템이 활성화되고 이것은 어떤 결과에 도달했다는 것을 뜻할 것입니다.

따라서 어떤 결과에 대한 고유한 표지가 상태의 일관성이라면, 즉 최대한의 피질영역에 분포된 충분한 수의 신경세포가 일시적으로 동기화된 상태로 유효하고 안정적인 것으로 평가되기에 충분한 긴 시간 동안 지속되는 동시성의 상태라면, 내부의 평가센터는 어떤 결과에 도달했다는 것을 알리고 학습 메커니즘을 통해 이 동시성의 상태가 고정되도록 할 수 있습니다. 즉 원하는 때에 기억력이 그것을 떠올리는 방식으로 언제든 이 상태를 활용할 수 있게 되는 것입니다.

이 가설에 대해 좀 더 깊이 들어가 보도록 하죠. 어떤 결과에 도달하는 것이 즐거운 일이라는 것을 우리는 모두 경험으로 알고 있습니다. "유레카!"라는 말은 그 깊은 만족감을 증명하죠. 따라서 평가센터의 활성화는 긍정적 감정들과 연관된 것으로 보입니다. 해답을 찾기 위해 때로는 치열하게 연구하는 이유도 바로 여기에 있습니다. 어쩌면 만족감을 주는 감정과 명상 사이에 존재하는 연결고리를 밝혀줄 설명이 여기에 있는지도 모릅니다.

우리가 가진 데이터들이 보여주듯, 명상의 과정에서 수행자들은 높은 일관성과 동시성의 진동활동이 특징인 내면상태를 갖게 됩니다. 전체적으로 일관성 있는 상태를 감지하고 해답에 도달한 것을 긍정적인 감정으로 보상하는 평가시스템이 활성화되는 이상적인 조건이 바로 이 일관성과 동시성일 것입니다.

저는 수행자들이 명상을 통해 전체적으로 일관성 있는 상태를 만들고, 그렇지만 특정 내용에 집중하지 않는 상태를 조성한다고 생각합니다. 이들은 긍정적이고 신뢰할 만한 해답이 가진 모든 특징이 내포된 상태, 즉 특정한 내용물이 전혀 없는 상태를 만드는 것입니다. 만일 특정한 문제에 대한 해답을 찾아냈을 때 느끼는 것에서 더 확장시켜 생각해본다면, 저는 명상가들은 특정한 인지적 내용물이 없는 조화로운 감정을 느낄 것이라고 봅니다. 모든 갈등이 해소되고, 모든 것이 명료한 감정을 느끼는 것이죠.

**마티유**  그렇습니다. 우리는 이 상태를 내면의 평화 혹은 '충만'이라고 부릅니다. 이것은 달라이 라마께서 보살(보디사트바bodhisattva, 불교에서 이타심과 자비심의 이상을 구현한 존재)이 실제로 자신의 행복을 위한 소원을 이루기 위해 찾아낸 가장 현명한 방법에 대해 설명하면서, 자주 이야기했던 부분입니다. 그는 이타적으로 사고하고 행동하는 것이 반드시 다른 사람들에게 선행을 베푸는 데 성공하거나 그들을 만족시킬 수 있도록 보장해주는 것은 아니라고 덧붙입니다.

가끔 누군가를 돕고자 할 때, 의도는 순수했다 하더라도 의심을 사게 되거나 이런 말을 듣는 경우가 있습니다. "그런데 당신이 원하는 게 뭐죠? 대체 무슨 상관이죠?" 그렇다 해도 우리의 태도는 여전히 이로운 것임에 틀림없습니다. 이타심은 모든 정신상태 가운데 가장 긍정적인 것이기 때문이죠. 그래서 달라이 라마는 이렇게 결론을 내렸습니다. "보살은 현명한 이기주의를 보여줍니다." 반대로 자기 자신만 생각하는 것은 '어리석은 이기주의'로서 고통만 가져다줄 뿐이라는 것입니다.

하지만 이것은 하나의 재담일 뿐, 보살의 정신에서 '이기주의'의 흔적은 조금도 찾아볼 수 없습니다.

**볼프** 뇌가 자신의 상태를 평가할 수 있고, 자신이 원하는 것과 싫어하는 것을 구분하는 작업을 할 수 있고, 그것을 감정과 결부시킬 수 있다는 사실은 분명해 보입니다. 그 주체가 원하지 않는 상태는 피하고, 원하는 상태는 더 북돋우는 방식으로 말이죠. 예를 들어 내면의 갈등에 휩싸이는 것은 원하지 않는 상태입니다. 따라서 이 괴로운 감정은 거기서 벗어날 수 있는 해결책을 찾도록 자극합니다. 원인이 무엇이든, 내면의 갈등에 숨겨진 과정들은 이처럼 전체적인 양식과 특정한 구조를 가지며, 독특한 신경적 표지를 지닌 것이 분명합니다. 이는 어떤 갈등이든 그 갈등을 평가하려면 전체적으로 동일한 하나의 방법을 따라야 한다는 뜻이죠. 하지만 제가 알기로, 이 갈등의 신경적 표지에 대해 우리가 아는 것은 아직 없습니다. 어쩌면 신경활동의 일관성이 특히 낮은 수준에 연관된 것인지도 모릅니다.

**마티유** 많은 사람들이 자기 내면의 갈등으로 인해 그야말로 무너집니다.

**볼프** 우리는 동물 대상의 실험을 통해 갈등에 따른 일정한 보상시스템이 활동한다는 사실을 알고 있습니다. 전대상 피질이 내면의 갈등을 다루는 데 관여하는 뇌영역이라고 생각할 근거가 있습니다.[40]

**마티유** 내면의 갈등은 반추와 짝을 이루죠.

**볼프**  맞습니다. 하지만 우리는 내면의 갈등과 반추라는 경험의 바탕이 되는 뇌활동의 성격을 모릅니다. 다만 거기에서 우위를 차지하기 위해 경쟁하며, 준안정 상태들 사이에서 끊임없이 교차가 이루어지면서 불안정한 상태를 일으키는, 상호부조화의 신경세포 집합들을 볼 수 있을 것입니다.

**마티유**  우리는 이러한 교차를 간단히 '희망과 두려움'이라고 부릅니다.

**볼프**  우리가 안정된 상태에 이르지 못할 때 생기는 감정들과, 끊임없는 학습을 통해 뇌가 조절해야 할 세상에 대한 내면의 표상들은 '현실'과 계속 부조화를 이루게 됩니다. 만일 그것이 앞으로의 행동에 바탕이 될 수 있기 때문에 뇌가 안정적이고 일관된 상태에 도달하고자 노력하거나, 또 유쾌한 감정들이 일관성 있는 상태와 결합된다면, 그 어떤 실용적인 목적은 차치하더라도 이러한 상태를 일으키는 것이 정신수행의 목적 가운데 하나일 것입니다. 하지만 이러한 상태, 즉 모든 구체적인 내용물이 배제된 이 상태를 단숨에 불러일으키는 것은 분명 까다로운 일입니다. 수행자들이 오히려 특정한 대상을 생각하는 것에서 시작하는 이유도 바로 그 때문일 것입니다. 이들은 자신의 주의력을 그 행동과 관련된 특정한 감정에 집중시키고자 노력하는데, 이는 관용, 이타, 자비와 같이 긍정적인 감정을 불러일으키기 위한 것으로, 깊은 만족감을 주는 심리적 행동들입니다.

**마티유**  이기적인 태도와 반대의 것이죠.

**볼프** 그렇습니다. 그래서 수행자들은 뇌에 일관성 있는 상태를 조성하는 것과 마찬가지 방식으로 정신적 이미지화의 수단을 동원합니다. 만일 그 내용이 유쾌한 것이라면, 내면에 기쁨이라는 경험이 만들어집니다. 그리고 수행자가 정신상태를 잘 다스리게 되면, 자신에게 자극이 되는 요소들과 자신의 정신상태를 분리시킬 줄 알게 됩니다. 다른 모든 내용물이 사라진, 독립적인 상태가 될 수 있는 것이죠.

## 뇌가 스스로 유쾌하다고 구분하는 것은 어떤 상태인가?

**마티유** 자비를 단순히 유쾌한 경험 정도로 축소시키는 것은 옳지 않다고 생각합니다. 왜냐하면 자비와 충만의 감정은 본질적으로 연결되어 있기 때문입니다. 인간의 품성은 보통 함께 성장하게 됩니다. 영양이 풍부한 하나의 열매를 이루는 서로 다른 영양소들처럼, 이타심과 내면의 평화, 활력과 자유, 진정한 행복 등은 동시에 자라납니다. 이기심, 증오, 두려움 등 역시 독성이 강한 식물의 서로 다른 부분들처럼 함께 얽히게 되죠. 따라서 타인에게 친절한 것이 오로지 자기만족을 추구하는 그 동기라고 단언하는 것은 잘못된 일입니다.

지혜는 나 자신과 마찬가지로 다른 사람도 고통받는 것을 싫어하고 행복해지길 원한다는 사실을 마음 깊이 이해함으로써, 진정한 자비를 발현하게 하는 유일한 길입니다. 우리가 진심으로 타인의 행복과 고통에 관심을 기울이게 되는 것이 바로 이때입니다. 물론 타인을 돕는 것이 항상 '유쾌한' 것은 아닙니다. 누군가를 돕기 위해 때로는 '불쾌한' 경험을 해야 할 때도 있습니다. 하지만 우리의 내면 깊은 곳에서는 자신과의 일체감, 용기, 그리고 다른 모든 존재와 사물들과의 조화와 상호의존성을 느끼게 됩니다.

**볼프** 맞습니다. 만일 자신의 행복을 이타심과 자비심에 연결시킬수 있다면, 모두가 승리하는 일일 것입니다. 하지만 이런 질문을 하게됩니다. 뇌가 스스로 유쾌하다고 구분하는 것은 어떤 상태일까? 여러경험들 가운데 긍정적 상태로 해석되는 뇌의 특정 상태가 있을 것입니다. 명상 중인 수행자들에게서 측정되는 전기생리학적 요소들이 보여주듯, 이러한 긍정적 상태는 높은 일관성과 연관이 있는 것 같습니다. 이 가설이 그럴듯하게 들리나요?

**마티유** 일관성 있는 상태에 대해서라면 저보다 선생께서 더 잘 아시겠지만, 제 생각에도 관련이 있는 것 같습니다. 조금 전에 말했던 내면의 갈등 문제로 다시 돌아가면, 과거에 대한 지나친 반추와 미래에 대한 염려가 특히 관계가 있다고 생각합니다. 이런 것들은 기대와 두려움을 오가며 고통스럽게 만들기 때문입니다.

**볼프** 앞으로의 일을 예측하기 위해 과거의 경험에 의지하는, 적절하고 필요한 정도의 시도가 과장된 것이 반추라고 생각합니다. 미래는예측할 수 없기 때문에 모든 시도가 반드시 해답에 이르지는 못하죠. 어쩌면 반추는 최고의 해답이라는, 당연히 찾을 수 없는 것을 향한 무모한 탐색과 집착이라고 할 수 있습니다. 이는 부정적 감정, 특히 실망감의 원인이 됩니다.

# 마법 같은 순간들

마티유 "그 일이 일어날지 아닐지 빨리 알고 싶어요. 저는 어떻게 해야 할까요? 사람들은 왜 저를 이렇게 대하죠? 다른 사람들이 저에 대해 어떻게 말할지 너무 겁이 나요." 이처럼 꼬리에 꼬리를 무는 생각들은 정신을 매우 불안정하게 만듭니다. 불안정한 이 감정은 우리가 오로지 자신만을 보호하려는 이기주의의 틀에 갇힐 때 더욱 강화됩니다. 명상의 목적 가운데 하나는 자아에 집착하는 사고의 틀을 깨뜨리고 정신적인 구상들이 무한한 자유의 공간으로 사라지게 하는 데 있습니다.

일상 속에서 어떤 사람들은 은총의 순간, 마법과 같은 순간들을 경험합니다. 별이 빛나는 밤에 눈 속을 걷거나, 해변에서 혹은 산꼭대기에서 친구들과 즐거운 시간을 보낼 때처럼 말입니다. 이때 어떤 일이 일어나나요? 어느새 내면의 갈등이라는 마음의 짐이 사라집니다. 타인과 자신, 그리고 세상이 조화를 이룬 느낌이 들죠. 내면 깊은 곳에서부터 올라오는 행복을 느낍니다. 내면의 갈등이 순간적으로 그쳤기 때문입니다. 이 마법과 같은 순간을 온전히 누리는 것이 중요합니다.

하지만 이와 같은 행복의 원인을 살피는 것도 매우 중요한 일입니다. 내면의 갈등이 진정되고 다른 모든 것과의 상호의존성을 더욱 민감하게 느낍니다. 이런 사람들은 정신의 독소들이 잠시 활동을 멈춘 덕분에 생긴 휴식의 시간을 경험하며, 현실을 고정되고 독립적인 개체들로 세분화시키지 않습니다.

이러한 자질들은 지혜와 내면의 자유를 개발할 때 더욱 꽃피울 수 있습니다. 은총의 순간을 한두 번 경험하는 데 그치지 않고, 진정한 행복이라 부를 수 있는 지속적인 평온함에 이르게 됩니다. 이는 깊은 만족감의 상태로, 불안정한 감정들은 점점 굳건한 확신의 상태로 바뀝니다.

볼프 무엇에 대한 확신이죠?

마티유 이러한 자질들을 빌려, 예측할 수 없는 인생의 우여곡절들 앞에서 최적의 대응을 할 수 있다는 사실에 대한 확신입니다. 무관심과 다른 초연함은 바람 부는 골짜기의 강인한 잡초처럼, 우리가 칭찬과 비난, 득과 실, 편안함과 불편함 등의 바람이 부는 대로 이리저리 흔들리지 않게 해줄 것입니다. 우리는 늘 깊은 내면의 평화에 이를 수 있습니다. 그렇게 되면 수면에 일렁이는 파도가 더 이상 이전보다 위협적으로 보이지 않게 될 것입니다.

## 바이오피드백 기법이
## 정신수행을 대신할 수 있는가?

볼프 정신수행은 명상가들이 안정적인 내면상태에 익숙해지도록 하고, 무의미한 반추를 하지 않도록 지켜줍니다. 만일 이러한 긍정적 상태들이 측정과 통제가 가능한 뇌파 검사상 표지를 갖고 있다면, 우리는 바이오피드백의 과정을 통해 이러한 상태를 일으키고 유지하는 데 필요한 학습을 쉽게 할 수도 있을 것입니다.

특정한 영역의 뇌활동성은 양적, 시각적, 청각적 차원의 적절한 수단에 의해 다양한 세기의 정도가 그 주체에 전달되고, 그는 자신의 성과를 향상시키기 위해 노력하거나 전략을 찾을 수 있습니다. 이러한 접근은 분명 수행자들에게 자신이 특정한 정신상태에 더 빨리 적응하도록 도움을 줄 것입니다. 저는 이것이 전형적인 서구식 사고로, 시간이 오래 걸리고 때로 견딜 수 없이 지루한 방법을 적용하는 일을 피하려는 열망이자, 또한 행복에 이르는 지름길을 찾으려는 것임을 인정합니다.

**마티유**  쥐를 대상으로 한 유명한 실험을 아실 겁니다. 과학자들은 설치류의 뇌에 자극을 받으면 쾌감을 일으키는 부위에 전극을 부착했습니다. 이 쥐들은 레버를 눌러 스스로 뇌의 그 부분을 자극할 수 있었습니다. 쥐들이 느끼는 쾌감은 매우 강해서 먹는 것은 물론이고 짝짓기 등 다른 모든 활동을 중단할 정도였습니다.

쾌감은 어느새 만족을 모르고 커져, 어느 순간 통제불능의 욕구가 되었고, 쥐들은 지쳐서 죽을 때까지 레버를 눌렀습니다. 따라서 행복에 이르는 지름길이란 그것이 무엇이든, 수행자들이 정신수양을 통해 얻는 것과 같이 존재의 깊은 변화라기보다 중독상태에 이르는 것으로 보입니다.

내면의 평화를 깊이 경험하는 것과 충만한 감정은 전체적인 인격의 성장으로 이어집니다. 끊임없이 감각적인 즐거움을 되풀이하려는 집착은, 명상훈련에서 얻는 것과는 전혀 다른 결과를 가져다줄 것입니다. 타냐에 의해 실시된 연구[41]에 따르면 명상가들은 특정 뇌영역의 활성화에 대한 바이오피드백 정보를 제공할 때, 자비심이나 주의력뿐만 아니라 혐오감이나 강한 신체적 통증처럼 부정적 감정도 의지적으로 조절할 수 있다는 사실을 보여줍니다.

**볼프** 이 경우 무엇보다 감정과 연결된 특정 활성화의 도식이 만들어지고, 그 결과 뇌의 활동과 감정의 정도 사이에 어떤 양적 관계를 알게 됩니다. 저의 첫 번째 질문으로 돌아가보겠습니다. 스님께서는 시행착오를 거치더라도, 어떤 측정도구가 보여주는 것과 같은 뇌상태의 활동성을 강화시키고 점차 그 상태에 익숙해져서 의지적으로 그 상태를 만들 수도 있을 거라고 생각하십니까?

**마티유** 불가능한 것 같지는 않습니다. 그러나 그게 최선의 방법이라고 생각하지는 않습니다. 왜냐하면 바이오피드백을 통해 정보를 얻는 것은 초보자에게 별 도움이 되지 않을 것이고, 결국 모든 장점 즉 주의력, 감정의 통제, 공감능력 등은 함께 개발되어야 하기 때문입니다. 이것은 정확히 명상법의 대상입니다. 게다가 이러한 방법들을 반복해서 장기적으로 실행하는 것, 즉 우리가 명상이라고 부르는 것은 지혜에 바탕을 두고 있습니다.

지혜란 정신의 작용과, (비영속성, 비상호의존성 등으로 이해되는) 현실의 본질에 대한 깊은 이해를 가리킵니다. 바이오피드백 기법들에 의지하는 사람들은 공감능력과 이타심, 감정의 균형 등을 길러주는 명상법의 장점들을 놓칠 우려가 있습니다. 하지만 치료를 목적으로 바이오피드백 기법의 훈련을 한다면 매우 유익할 수 있으며, 어떤 사람에게는 주의력이나 공감능력처럼 특정 자질을 개발하는 데 집중적인 도움을 줄 수 있습니다. 이 기법은 또한 뇌의 작용을 이해하는 데도 유용할 수 있습니다.

한편 단순한 바이오피드백 기법이나 더 직접적인 방식으로 뇌의 특정 영역을 자극하는 방법은, 명상을 통해 얻게 되는 윤리적 차원의 태도 변화로까지 이어지지는 않습니다. 유쾌한 감각을 일으키거나 당사자가 지속적인 만족을 느끼게 하는 물질을 섭취하도록 하는 것이 자비심을 더 많이 느끼게 하거나 더 도덕적인 사람이 되도록 변화시키지 못하지요. 자극이 끝나면 대상자는 이전보다 더 심각하게 의존적이고 무기력한 상태에 빠집니다.

**볼프** 어떤 물질은 뇌의 구조에 직접적으로 작용하는 것 같습니다. 이 부분들은 대개 우리가 '좋은' 것으로 규정하는, 일관성 있고 갈등이 없으며, 찾아낸 해결책에 부합되는 상태들 중 하나를 경험할 때에만 활성화되는 부분입니다. 어떤 물질들이 스스로 이 복잡한 상태들을 만들어내지 못하는 것은 분명하지만, 이 상태들을 평가하는 시스템에는 직접적으로 작용합니다. 어떤 의미에서 이 물질들이 평가시스템을 속인다고 할 수 있습니다.

**마티유** 그저 기분이 좋아지려는 목적으로 쾌락적인 감각을 계속 자극하는 것이 기껏해야 본질은 사라진 정신수행의 껍데기 버전일 수밖에 없고, 기대하던 것과 정반대의 효과를 얻게 되는 것도 바로 그 때문입니다. 인간의 완전한 성숙이란 지혜부터 자비심에 이르는 폭넓은 품성의 개발에서 비롯되고, 그 목적이 진정한 행복을 느끼고 선한 마음을 가지는 것이라는 점에서, 그러한 껍데기 버전은 초라할 뿐입니다.

**볼프** 히피운동 시절부터 향정신성 마약의 사용이 마치 자신을 더 잘 이해하고 경험의 장을 넓히는 관문이자, 왜곡된 의식상태를 쉽게 불러일으키는 수단으로 흔히 권해졌습니다. 약의 효과가 사라진 뒤에도 그것을 기억하거나 되살려낼 수 있다고 생각한 것이죠.

거의 같은 시기에 바이오피드백 기법이 휴식상태에 이르게 해주는 방법으로 널리 퍼졌습니다. 긴장을 풀고, 나른하게 눈을 감고 있으면, 뇌의 상당 부분에서 10Hz 정도 주파수의 알파파 활동이 동시에 일어나는 것을 확인할 수 있습니다. 이 활동은 매우 쉽게 측정됩니다. 진동운동의 진폭을 소리신호로 전환시키고 대상자에게 이 신호의 소리 볼륨을 높이도록 요청하면, 어느 정도의 시간이 지나면서 대상자들이 스스로 자신의 알파파 활동을 증대시킬 수 있게 됩니다. 게다가 이들은 스스로 휴식상태에 들어간 것을 확인합니다.

마티유 오랫동안 수행을 하고 티베트 불교의 전통을 익힌 명상가들을 대상으로 한 연구에 따르면, 갑작스럽게 정신의 수다가 모두 중단되면 알파파가 한동안 사라진다는 것을 알 수 있습니다. 우리가 전에 말한 감정폭발의 느낌을 되살리기 위해 보통은 이러한 감정폭발로 반응을 불러일으키는 폭음을 들려줘도, 명상가의 정신은 그 어떤 산만한 생각이 없는 수정처럼 맑은 상태를 유지합니다. 이 결과가 명상가 그룹에서 확인되었다면, 알파파는 정신의 수다와 관련이 되어 있을 것입니다. 정신의 수다란 우리의 정신 뒤에서 대부분의 시간 동안 계속 일어나는 일관성 없는 사소한 대화들을 가리키는 표현입니다.

볼프 우리가 어떤 대상에 주의를 집중하는 순간, 알파파는 중단됩니다. 우리가 눈을 뜨고 주변의 세세한 부분을 관찰하는 순간부터, 이 알파파는 줄어들기 시작하죠. 따라서 이 파장은 잠재적으로 산만한 모든 활동을 억제하는 기능을 하는 것 같습니다. 하지만 이 알파파가 고

주파진동의 조정을 용이하게 하는 리듬의 근간을 이루며, 이 사실에서 주의력과 관계된 기능적 네트워크를 형성하는 데 역할을 한다는 것을 보여주는 또 다른 지표도 있습니다. 스님은 어떤 것 하나에 집중하는 명상상태일 때는 알파파가 거의 없을 것 같다는 생각이 드네요. 왜냐하면 명상을 통해 강한 감마파 활동이 생성되니까요.

**마티유** 위에서도 강조했듯이, 서구에서 흔히 머릿속을 비우고 휴식하기 위해 어딘가에 앉아 있는 것 정도로 여기는 명상에 대한 구태의연한 이미지를 반드시 바로잡아야 합니다. 물론 갈등에 대한 부담을 내려놓고 내면의 평화에 관심을 기울이는 점에서 휴식의 요소가 들어 있긴 합니다. 또한 계속되는 심적 가공, 즉 선처럼 이어지는 정신적 작업들을 중단하며, 현재의 순간에 신선함과 명료함을 유지하는 점에서 정신을 '비우는' 느낌도 있습니다.

하지만 '백지'상태거나 혼수상태의 휴식을 뜻하는 것은 전혀 아닙니다. 그보다 훨씬 풍성한 상태로, 깨어 있고 생기 넘치며 명료한 존재의 상태를 의미합니다. 이 상태에서 우리는 생각들이 떠오르지 않도록 막으려고 애쓰는 것이 아니라, 생각이 나타나는 대로 자유롭게 둔다는 점도 기억해야 합니다.

**볼프** '선처럼 이어지는 사고방식'을 말씀하실 때, 하나의 대상에서 또 다른 대상으로 옮겨가는 연속된 사고에 대해 비유하셨는데 이것은 의식적 사고의 특징이기도 합니다.

**마티유** 제가 말하려는 것은 산만한 생각, 즉 정서적, 인지적으로 일어나는 연쇄반응에 대한 것으로, 이러한 것들이 끊임없이 잡음을 일으킵니다.

**볼프** 그렇다면 반추는 끊임없는 사고의 소용돌이이군요.

**마티유** 맞습니다. 대부분 혼란스럽게 하는 속성을 지닌 자기중심성, 예상, 강박관념 등에 바탕을 둔, 지속적인 사고의 확산인 거죠.

**볼프** 뇌전도 지표를 통해 내면의 수다를 더 깊이 연구해보는 것도 흥미로울 것 같습니다. 대상자가 '내면의 수다' 상태에서 '내면의 침묵' 상태로 마음대로 옮겨갈 수 있다면, 이 실험이 가능하겠죠. 문제의 해결책을 찾기 전에 A에서 B, 그리고 C로 옮겨갈 수 있도록 만드는 연속적 처리상태의 지표를 측정할 수 있는지 궁금합니다. 결정을 내리기 전의 상태에 대한 지표를 찾을 수 있을 것 같습니다.

**마티유** 우리가 생각에 빠져 있을 때, 이 자동적 과정은 꽤 오래 지속될 수 있습니다. 정신이 완전히 다른 곳에 있다는 사실을 갑자기 의식하게 될 때까지 말이죠.

**볼프** 좋을 것 같네요. 가끔 책을 읽을 때 경험하게 되는 상태죠. 적어도 제 경우는 그렇습니다. 책을 읽다 보면 눈은 글자를 따라가지만 정신은 다른 곳에 가 있는 것을 알아차릴 때가 있습니다. 꼭 불쾌한 경험이라고는 할 수 없습니다. 이러한 상태는 번득이는 창의력을 불러일으키거나, 새로운 발상과 예상치 못한 해법을 가져다주기도 하니까요.

**마티유** 건전한 상황들과 기억들을 되살릴 수 있다면 가능합니다. 하지만 이 상태는 정신의 방랑자처럼 종잡을 수 없이 나타납니다. 특정한 정신상태를 일으키고자 한다면, 계속되는 생각들 속에서 그저 표출되도록 놔두는 것보다, 그 기억에 의미를 부여하여 내면의 확장을 돕는 편이 더 낫습니다.

**볼프** 불안정한 상태가 꼭 고통스러운 것은 아닙니다. 오히려 창조를 위해서는 선제조건이자 필요조건이지 않을까 싶습니다.

**마티유** 사실 인지심리 연구학자인 스콧 배리 코프만Scott Barry Kaufman의 연구에 따르면, 창의력에 유리한 상태는 주의력이 집중된 상태는 아닌 것 같습니다. 이 학자의 말에 의하면, 창의성은 언뜻 모순적으로 보이는 융합된 정신상태에서 탄생한다고 합니다. 즉 정신이 맑았다가, 이상하다가, 분별력이 있다가, 기상천외하다가, 행복하다가, 고통스러운 등 여러 상태로 바뀌는 것이죠.[42]

**볼프** 반감이 드는 상태들이 지닌 장점에 대해 이야기를 좀 더 나누고 싶습니다. 이미 얘기했듯이, 뇌가 바람직하다고 판단하고, 긍정적 감정과 관련된 상태들이 있습니다. 반대로 뇌가 피하고자 하고 반감을 불러일으키는 상태들도 분명 있습니다.

반감과 매력, 이 두 상반된 감정은 우리의 행동을 가이드하고 학습을 결정하며 위험한 상황에 노출되지 않도록 보호한다는 점 등에서 둘 다 중요합니다. 고통도 기쁨만큼 중요한 것처럼 말입니다.

반감이 드는 상태는 우리에게 갈등을 해결하기 위한 해결책을 찾도록 자극합니다. 뇌는 적대적 감정들을 피하기 위한 몇 가지 추가적 전략들을 가질 수 있습니다. 그 전략 가운데 하나는 반감을 불러일으키는 시스템을 약화시킬 물질을 취하는 것입니다. 고통을 줄이기 위해 진통제를 복용하는 것과 비슷한 전략이죠. 같은 차원에서, 우리는 주의력을 흐리거나 다른 활동에 집중하는 방법을 통해 부정적 감정을 물러나게 할 수 있습니다. 또한 이 반감이 드는 상태를 그저 참는 법을 배울 수도 있습니다. 그런데 이 전략들이 증상에 대처하게는 하지만 그 원인을 다루는 것은 아닙니다.

또 다른 전략은 고통의 원인을 공략하고 문제의 근원을 파헤치며 그것을 고치는 것입니다. 여기에는 어느 정도 반추의 과정이 포함되고 일시적으로 반감의 감정을 고조시키게 되지만, 반감의 원인을 제거하고 갈등의 해결책을 찾는 데 이를 수 있는 가능성이 큽니다. 이 전략들은 각각의 장점이 있습니다. 원인을 제거하는 것이 가장 좋은 방법이긴 합니다. 하지만 갈등을 해결할 수 없다면, 해결책의 대가가 너무 크다면, 혹은 착각에 의한 갈등, 즉 현실에 바탕을 두기보다 자신이 만들어낸 갈등이라면, 정신활성물질의 도움을 받거나 반감을 억제하거나 감내하는 법을 배우는 등의 방법이, 찾을 수 없는 결정적 해법을 찾느라 애쓰는 것 보다는 나은 해결책이 될 수 있습니다.

이 전략들 가운데 어떤 것이 가장 명상에 가깝다고 생각하십니까? 명상은 원인이 되는 문제와 반감의 감정을 분리하여 갈등을 해결하려는 방법이 아닌지요? 만일 그렇다면 명상은 수도원이나 그와 비슷한 이상적 상황으로 잘 보호된 환경에서만 고려할 수 있는 방법처럼 느껴집니다.

반감과 매력 외에, 제3의 상태가 있는데 저는 그것을 비활성상태라고 부릅니다. 이는 긍정적 감정에도 부정적 감정에도 연관되지 않은 상태입니다. 뇌는 망설이는 상태로 특정한 목적의 행동에 뛰어들 준비가 되어 있지만 완전하게 행동에 들어간 것은 아닙니다.

**마티유** 우리는 그것을 중립적 상태 혹은 불확정상태라고도 부릅니다. 긍정적이지도 부정적이지도 않은 상태지만 정신적 혼란의 영향을 받는 상태죠.

**볼프** 모든 인간은 긍정적, 중립적, 혹은 부정적이라는 3가지 상태를 경험합니다. 우리의 뇌가 이렇게 편성되기 때문이죠. 우리는 이미 부정적 감정을 피하고 앞의 2가지, 즉 긍정적이거나 중립적 상태에 가능한 오래 머물기 위한 전략들을 충분히 개발했습니다. 제 생각에는 복잡하고 불확실한 세상에서 인류가 생존할 수 있도록, 진화의 과정에서 이렇게 편성이 된 것 같습니다. 하지만 스님은 정신수양을 해나감으로써 우리의 뇌를 재편성할 수 있고, 이를 통해 긍정적 상태를 연장시킬 수 있다고 말씀하셨습니다.

이 가능성은 2가지 효과가 있습니다. 한편으로 이 능력은 기분이 나아지게 만들 수 있고 또 한편으로 외부 세계와 우리의 상호관계에서 오는 갈등을 줄이는 방법이 될 수 있겠습니다. 만일 그렇다면 지상 천국의 열쇠가 될 텐데요. 하지만 너무 이상적이어서 실현가능성이 없어 보입니다. 완전한 행복에 이르는 왕도에 한계는 없습니까?

# 자비심이나 선의 같은 인간의 자질에
# 한계가 있는가?

_____마티유  우리의 신체적 능력에는 분명 한계가 있습니다. 어느 속도까지 달릴 수 있는지, 어떤 높이까지 뛰어오를 수 있는지처럼 말이죠. 정신적 능력에 있어서 이러한 한계는, 단기적으로 기억에 저장할 수 있는 정보의 수, 오랜 시간 하나의 과업에 완전한 주의를 기울이는 능력, 여러 다른 자극에 직면할 때 동시에 처리할 수 있는 정보의 양 등으로 정의할 수 있습니다.

하지만 이러한 능력의 범위는 확장될 수 있는데, 숙련되지 않은 대상자들은 생각하지 못할 정도입니다. 사실 양보다는 감각질(퀄리아Qualia, 지각의 특성이자 더 넓게는 감각적 경험의 특성들이다. 이는 정신적이고 주관적이며, 정신의 여러 상태들을 구성하는 현상들을 가리킨다. 보통 지각적 경험, 배고픔, 목마름, 피곤함 같은 신체적 감각, 기분이나 감정 같은 정서 등과 구분된다.- 역주)에 가까운 자비심이나 선의처럼 인간의 자질에도 한계가 있을까요?

우리의 정신이 도달할 수 있는 자비심의 수준이 어디까지든, 저는 자비심을 키우고 그것을 더 명확하게 하는 것을 계속하지 못할 이유는 없다고 생각합니다. 저는 그것이 이러한 발전을 막을 수 있다고 보지 않습니다. 더 넓고 더 깊으며 더 강한 자비심은 언제나 합당한 것입니다. 이것이 바로 정신수양의 중요한 점입니다. 달라이 라마는 정보의 측면에서는 배움에 한계가 있지만 자비심 함양에는 한계가 없다고 자주 말했습니다.

볼프  흥미로운 이야기군요. 저는 오히려 그 반대로 생각했었습니다.

자비는 감정의 상태이므로, 그 편차는 이 상태를 조절하는 신경세포의 활동 안에 코드화될 것입니다. 앞에서 얘기한 것처럼, 정보를 저장하는 뇌의 용량은 매우 큽니다. 널리 알려진 '천재적 자폐증 환자'의 경우 이처럼 능력을 잘 보여줍니다.

추상적인 관계를 개념화하는 데 어려움이 있는 이들은 세상에 적응하기 위해 '기억의 무차별 대입'의 도움을 받습니다. 기억의 무차별 대입은 어떤 상황에 대해 세세하게 기억하는 능력임을 상기해봅시다. 학습에 의해 발생하는 변화가 뇌에서 서로 다른 상태들을 수없이 만들어내게 하는 신경결합을 훨씬 더 많이 만들어내는 것과 마찬가지로, 정보를 저장하는 이 놀라운 뇌의 능력은 신경세포의 엄청난 증가로 설명됩니다.

특정한 상태, 더 정확하게 말하면, 특정한 기억이 100개의 신경세포가 끊임없이 활동하는 가운데 특정 활성화 작용에 의해 촉발된다면, 수학적으로 우주의 원자수보다 훨씬 더 많은 상태들을 얻을 수 있습니다.

<u>마티유</u> 100개의 신경세포가 다른 모든 것에 연관이 있다고요?

<u>볼프</u> 아뇨. 뇌에 있는 수천억 개의 신경세포를 생각해보세요. 뇌의 어떤 상태를 형성하기 위해, 가령 100개의 신경세포가 필요하다고 할 경우, 1,000억의 신경세포의 공간에 들어 있는 100개 단위의 신경세포 묶음을 많이 획득하려 할 것입니다. 게다가, 이 100개 단위의 각각의 묶음은 다른 수많은 상태들의 바탕이 될 수 있습니다. 따라서 스님은 상상을 초월하는 많은 수의 서로 다른 뇌상태들을 가질 수 있게 됩

니다.

하지만 이 놀라운 저장공간은, 앞에서 수평과 수직의 패턴 예에서 다루었듯이 중첩의 문제로 인해 완전히 활용될 수는 없습니다. 대상자가 분명한 표시를 통해서 그 상태에 도달할 수 있도록, 엔그램들이 각각 잘 구분되어야 합니다.

**마티유** 그렇다면 우리에게 천재적 자폐증 환자처럼 놀라운 기억력과 계산능력이 없는 것은 어찌 된 일일까요?

**볼프** 사실 우리 모두 이러한 능력을 갖고 있습니다. 하지만 그것을 의식하지 못할 뿐이죠. 시각적 기억을 예로 들어보겠습니다. 20년 동안 다시 찾아가본 적이 없는 어떤 장소에 도착했다고 합시다. 그곳에서 경험했던 기억이 떠오르고 어떤 위치에 있던 집이 사라진 것도 알아볼 수 있을 것입니다.

**마티유** 혹은 오랫동안 가지 못했던 집에 돌아가는 것과도 같습니다. 문의 손잡이 모양이나 주전자 모양처럼 세부적인 것들을 금방 알아볼 것입니다. 하지만 그곳에 들어가기 5분 전만 해도, 그것을 묘사할 수는 없었을 것입니다. 목숨이 달린 일이라 해도 말이죠!

**볼프** 우리는 이러한 인식의 과정을 기정사실로 여깁니다. 왜냐하면 누구나 경험할 수 있기 때문이죠. 우리가 인생에서 경험한 모든 장면들을 기억하는 데 필요한 기억의 용량을 생각해보세요. 정말 엄청나죠! 디지털 카메라에 사진 1장을 저장하는 데 필요한 메모리의 양을 잘 아실 겁니다.

우리는 세상을 누비며 인식하는 모든 장면들을 저장합니다. 그것을 하나하나 늘 기억하는 것은 불가능합니다. 하지만 그것에 관련된 적당한 지표가 주어진다면, 기억 속에 잘 저장되어 있는 내용을 확인할 수 있습니다. 우리는 이처럼 기억력을 모두 동원할 수 있지만, 어떤 문제를 해결하기 위해 오로지 무차별적 대입을 통해 저장된 모든 기억들을 되살린다면, 그것은 경제적인 해결책이 아닐 것입니다.

규칙을 세우거나 기억의 원칙을 세우고 그것을 되살리는 것이 훨씬 더 효율적입니다. 주어진 상황에 대해 추상적이고 요약된 표현을 저장하여 개념화하는 것이 더 쉽습니다. 사실 간단한 기호나 단어 하나로 표현할 수 있다면, 복잡한 상황을 세부적인 내용까지 모두 저장할 이유가 어디 있겠습니까? 어린 아이들은 이 경제적 전략을 덜 사용하는 데, 이는 추상적인 설명을 이해하는 능력이나 기호를 사용하는 능력을 아직 습득하지 못했기 때문입니다. 따라서 아이들은 기억을 무차별 대입으로 저장하는 전략에 더 의지합니다. 아이들이 '메모리 게임' 같은 기억력 게임에서 어른들을 이기는 이유도 바로 이것입니다.

개념이나 상징의 도움을 받는 전략을 습득할 때 뇌손상이나 유전적 변이로 문제가 생기면, 대상자는 무차별 대입의 전략을 발전시킵니다. 조금 전에 살펴본 이 전략은 천재적인 자폐증 환자들이 어느 정도 의연하게 생활해나가는 데 도움을 줍니다. 하지만 이 가운데 다수가 현실에 대응하는 것에는 어려움을 느낍니다. 왜냐하면 이들에게는 복잡한 상황에 대처하는 것이 어렵기 때문이죠.

**마티유** 이들은 감정에 대해 어떻게 대처하나요?

**볼프** '기억력 천재'들 중에 일부는 감정을 인식하는 데 어려움이 있습니다. 예를 들어 자폐아동의 경우 상대방의 얼굴 표정에 담긴 의미를 알아차리지 못하거나 그것을 감정과 연관시키는 데 어려움을 겪습니다. 간호사의 얼굴 표정을 보고도 그의 기분이 좋은지 나쁜지 모른다는 것입니다. 이러한 능력이 없을 경우 사회성 발달이 방해를 받습니다.

자폐아동들이 하나의 과제를 실행할 때, 아이들은 늘 자신의 행동이 맞는지 아닌지를 확인하기 위해서 함께 온 보호자를 쳐다봅니다. 그런데 아이들이 보호자들의 표정을 제대로 해석하지 못하면, 아이들의 인지기능을 개발하거나 세상과 소통하도록 만드는 일이 매우 어렵습니다. 이렇게 해서 아이들은 점점 고립되는 것이죠.

이러한 고립은 일부 자폐아동의 방대한 기억력에 대한 또 다른 이유이기도 합니다. 사회적 관계에 집중할 수 없으므로, 이들은 매우 열악한 상태에 놓입니다. 따라서 이들은 시간표나 달력 등을 외우고 되뇌며 기억하는 것처럼, 자신의 관심을 다른 정보의 원천으로 돌리게 됩니다. 솔직히 이 방면의 전문가는 아니므로 방금 말씀드린 부분은 조심스럽군요.


**마티유** 얼마 전 천재성 자폐증 환자인 다니엘 타멧Danniel Tammet의 자서전을 읽어봤는데, 그는 파이π 숫자를 2만 2,514자리 소수까지 차례로 암송할 수 있는 능력이 있습니다. 그는 5시간 동안 한 번도 틀리지 않고 이 숫자들을 열거했습니다. 이렇게 많은 숫자를 외우는 것에 대해서는 걱정이 없지만, 사람들 앞에서 그것을 말하는 것은 매우 불안하다고 했습니다. 그는 불안감이 느껴질 때마다 숫자에 대해 생각하기만 하면 마음이 차분히 가라앉고 안심이 된다고도 덧붙였습니다.[43]

**볼프**  이러한 예는 우리의 뇌가 상상을 뛰어넘는 여러 과제들을 달성할 수 있고, 얼핏 보기에 불가능할 거라고 판단했던 것들을 실현해낼 수 있음을 보여줍니다. 1인칭의 관점에서만 존재하는 현상들을 정확히 측정하기는 어렵지만, 강도 높은 정신수련을 통해 도달할 수 있는 성취에도 이러한 내용은 그대로 적용됩니다.

자비심이나 선의와 같은 인간의 자질에 한계가 있는지를 묻는 질문에 대답하는 것은 쉽지 않습니다. 우선 간단하게 이러한 감정이 신경반응의 세기에 따라 기호화된다고 가정해봅시다. 일반적으로 신경반응의 세기를 높이는 방법은 3가지가 있습니다.

첫째는 신경세포의 방전율을 증가시키는 것입니다. 이는 감각자극의 기호화 과정에서 적용되는 전략입니다. 두 번째는 신경세포를 더 많이 모으는 것입니다. 자극이 강할수록, 반응하는 신경세포의 수가 더 많아지는 것이죠. 자극에 잘 반응하지 않는 신경세포들도 결국 활성화되기 때문입니다. 세 번째 전략은 신경세포 방전의 동시성을 높이는 것입니다. 관계된 신경세포의 활동의 효율성은 동시화에 의해 증대되지만, 동기화된 활동이 뿔뿔이 흩어지면 감소되기 때문입니다. 이렇게 해서 동기식 활동이 신경망 내부에서 더 쉽고 빠르게 퍼집니다.

뇌는 이 3가지 전략 가운데 하나를 바꾸어가며 사용할 수 있습니다. 이는 최근 잡지 〈뉴런Neuron〉에 발표된 연구에서 분석한 것과 같은 내용입니다.[44] 이들은 '대비 증가accroissement des contrastes'라고 부르는 시각현상을 사용했습니다. 이 실험에 의하면 신경세포의 활동성이 증가하는 데는 한계가 있는 것이 분명합니다. 관련된 구조의 모든 신경세포들이 최대 진동수에 완벽한 동시성으로 방전시키면, 어떤 세기의 증가도 일어날 수 없습니다. 따라서 저는 감정의 세기에도 한계가 있다고 생각합니다.

마티유  더 풍부하고 더 깊은 자비심을 품는 것이 가능하다고 말할 때, 저는 이 자질의 감정적 측면에 대해서만 가리키는 것이 아니란 점을 덧붙이고 싶습니다. 타인이 느끼는 고통의 원인을 깊이 이해하고 그것을 덜어주기 위한 결정을 하는 것도 지혜와 '인지적인' 자비심에서 비롯됩니다.

인지적 자비심이란 고통의 가장 근본적인 원인을 이해하는 것과 관련이 있습니다. 불교적 관점에서 고통의 근본원인은 무지입니다. 무지는 현실을 왜곡시키고 정신을 어지럽히고, 증오나 강박적인 욕구처럼 고통스러운 감정을 일으키는 속임수입니다. 따라서 자비심의 인지적 측면은 무지에서 오는 고통에 빠진 수많은 사람들을 아우릅니다. 인지적 자비심이 뇌의 용량을 고갈시킬 정도로 늘어나는 것을 지나치게 걱정할 필요는 없다고 생각합니다.

## 더 나은 세상으로 변화시키기 위해
## 자신을 변화시켜라

마티유  초반에 질문하신 것으로 돌아가서, 은둔자와 명상자들에 반대하며 사람들이 가끔 비난하는 이기주의와 무관심에 대해 답해보고자 합니다. 이런 의견들을 피력하는 것은 불교가 추구하는 바를 깊이 이해하지 못했다는 점을 보여줍니다. 왜냐하면 자기중심성과 자아에 대한 집착에서 자유로워지는 것은 바로 다른 사람에게 더 주의를 기울이고 세상에 대해 덜 무관심해지는 것이기 때문입니다. 명상은 이타적 사랑과 자비심을 발전시키고 더 강화하는 데 중요한 과정입니다.

은둔자들이 다른 사람을 도우려면 은둔생활을 그만두는 게 낫지 않나요? 무엇으로 사회의 안녕에 기여할 수 있나요? 은둔처에 혼자 있으면서 인간관계에 대해 무엇을 알까요? 이런 질문들은 우선 듣기에 타당한 듯합니다. 하지만 여기에 간단하게 답할 수 있습니다. 어떤 능력이든 개발하는 데 시간과 집중력이 필요하다는 것입니다.

만일 우리가 자주 분주해지거나 정신없는 환경에 놓인다면, 우리는 '너무 연약해서 강인해질 수 없는' 위험에 빠집니다. 다른 사람을 돕거나 자기 스스로를 챙기기에는 너무 취약한 상태가 될 수 있는 것이죠. 게다가 그렇게 할 수 있도록 해줄 수련에 필요한 에너지, 집중력, 시간 등을 마음대로 사용할 수 없게 됩니다. 따라서 다른 사람들이 보기에는 언뜻 불필요하게 보일지라도, 자기 내면의 발전을 위한 과정이 반드시 필요합니다.

수개월 혹은 수년에 걸쳐 병원을 짓는다고 생각해봅시다. 배관작업이나 전기공사가 사람을 치료하지는 않죠. 하지만 건물이 완성되고 나면 더 효과적으로 환자들을 치료할 수 있게 됩니다. "왜 기다려야 하죠? 복도에서 수술합시다!" 하고 소리치는 대신, 먼저 병원을 세우기 위해 시간을 들이는 것이 중요합니다. 이런 이유에서 정신수양에 좋은 환경에서 이러한 능력을 개발하는 착상이 나왔고, 이를 통해 충분히 강력하게 진정한 이타심과 자비심을 넓히고 유지할 수 있게 되는 것입니다. 비록 우리가 이타심을 보이기 가장 힘든 순간, 즉 아주 고통스럽고 견디기 힘든 상황에서조차 말이죠.

저는 오래전부터 인도주의적 세상에 대해 심취해 있습니다. 이 부분에 타격을 주는 주요 문제점(부패, 자아의 충돌, 공감능력의 약화, 실망)들은 인격의 미성숙에서 비롯된다고 늘 주장해왔습니다. 따라서 이러한 인격을 발전시키는 데 시간을 들이는 것이 중요합니다. 내면의 힘을 얻고 자비심을 개발하며 타인에게 도움이 되는 일에 뛰어들기 전에 내면의 적절한 균형을 기르는 것이 필수적입니다.

올바른 동기를 갖는 것이 우리가 시작하는 모든 활동의 기본이 되는 중요한 요소입니다. 티베트의 유명한 성인이자 시인인 미라레파Mi-la ras-pa가 티베트 고원의 광활한 사막과 같은 곳에서 혼자 은둔생활을 한 12년 동안 다른 사람들에 대한 생각들이 그의 모든 명상의 순간에 스며들었습니다. 그는 진정으로 타인의 행복을 이루기 위해 필요한 품성들을 개발하는 데 자신의 인생을 바친 것이지요.

불교에 따르면 제대로 된 보살의 근본동기는 "모든 고통받는 존재들을 자유롭게 해줄 능력을 갖기 위해 깨달음에 이르는 것"입니다. 만일 어떤 열망이 우리의 정신에 진정으로 존재한다면, 그때 정신수행은 우리가 타인의 행복을 위해 할 수 있는 가장 좋은 투자가 될 것입니다. 따라서 무관심의 결과와는 거리가 멀고, 반대로 인류에 도움이 되는 존재가 되기 위해 필요한 힘을 얻는 준비를 하는 일인 건전한 사유라 할 수 있습니다.

**볼프** 그렇다면 이러한 참여는 은둔생활을 통해 정신적 개발을 위한 시간을 지나 타인과 상호작용을 하는 데 이르는 수행자의 삶에서 일부분이 되는 것이군요. 그것이 수도원의 보호된 환경이나 은둔처에 계속 머무는 것이 아니고요. 영적인 대가의 경우 자신의 지혜를 제자들에게 전파하기 위해서 수도원에 머물러야 할 것 같습니다만. 어떤 사람들은 거기에 잠시 머문 뒤에 자신의 발전을 완성하기 위해 세상으로 나가야 한다고 생각합니다.

**마티유** 사람들은 오랫동안 혼란스러운 상태에 빠져 있었기 때문에, 여기저기 분주하게 쫓아다니는 것은 주변 사람들의 인생을 더 혼란스럽게 할 뿐만 아니라 소용없는 일이라는 것을 인식해야 합니다. 그 사람들이 바로 우리입니다. 다른 사람을 진정으로 돕기 위해서는 충분히 성숙해져야 한다는 사실을 인정하는 지혜에까지 도달해야 합니다. 그렇지 않으면 이러한 개입은 결국 여물지 않은 밀을 베어버리는 것과 같기 때문입니다. 거기서 이득을 얻는 사람은 아무도 없습니다.

**볼프** 그렇다면 누군가에게 도움이 될 준비가 되지 않았다고 판단된다면, 생계를 꾸리기 위해 일하느라 이러한 성숙의 시간을 누릴 기회가 없는 다른 사람들의 지원을 받을 필요가 있겠네요. 이러한 정신수행을 하는 사람들이 전혀 없는 사회도 존재합니다. 그럼에도 불구하고 이러한 인종들은 집단형성에 성공했습니다. 이들은 하나의 윤리, 사회적 규범, 도덕성을 발전시켰습니다. 이들은 영속하였으며 구성원들은 잘 융화되어 발전했습니다. 정신을 수련한다는 것이 유일한 접근법은 아닙니다. 비록 그것이 가장 좋은 방법임이 분명하더라도 말입니다. 잘은 모르겠습니다만 인간을 발전시키고 안정적인 사회를 이룩하기 위한 다른 방법들도 분명이 있을 것입니다.

**마티유** 물론입니다. 그렇고말고요. 하지만 언젠가 한번은 자신을 돌아보며 더 좋은 사람이 되기 위해 진지하게 고민해야 하는 순간이 옵니다.

**볼프** 이런 상황에서, 기존의 방식으로 양육되고 교육받는 서구사회에서, 우리의 감정을 정확하게 구분하는 능력을 갖고, 타인에 공감하고, 좋은 부모가 되는 일 등은 불가능한 것 아닙니까? 지금까지 나눈 이야기에 따르면, 아주 출중한 스승의 제자가 될 기회가 있었던 사람이 아니면, 이 훌륭한 능력을 모두 개발할 기회를 가진 사람은 거의 없습니다.

교육은 인간의 성품을 향상시키는 데 효과적이고 보완적인 전략 중 하나가 아닐까요? 교육은 어쩌면 명상만큼 인지적 제어를 요하지 않는 장점이 있고, 따라서 어려서부터 적용할 수 있는 것입니다. 뇌가 아직 완전히 발전하지 않아서 매우 유연하고 적응력이 뛰어날 때니까요. 우리가 자신의 내면의 발전을 위해 집중할 수 있는 시간과 세상의 상황들을 향상시키는 일에 뛰어들어 기여할 수 있는 시간 사이에는 타협점이 있다고 생각합니다.

제가 권하는 전략은 자신을 더 잘 이해하고 더욱 균형 잡힌 인간이 되기 위해 평생 동안 활용할 수 있도록, 정신수양의 실천법을 청소년기에 배우는 것입니다. 그러나 뇌의 기능을 가장 잘 변화시킬 수 있는 가장 효과적인 방법은 아이들에 대한 부모의 바람직한 태도와 교육적 환경에 있다고 생각합니다. 아이들이 정서적으로 친밀한 관계를 가진 부모와 선생님들에게서 배우는 것은 바로 동화과정 덕분입니다. 따라서 서구사회는 교육 프로그램에 정신수양을 도입하여, 이 동화과정을 강화해야 할 것입니다.

**마티유** 물론 재능이 많은 학생들은 주의산만에서 벗어나 다른 활동에 몰두하면서도 이런 자질들을 개발시킬 수 있을 것입니다. 하지만 대부분의 학생들이 규칙적인 방법으로 자신의 모든 에너지를 집중하여 확고한 의지를 가지고 인간으로서의 품성을 개발하는 데 집중하는 것은 매우 유용할 것입니다. 한편 천성적으로 아주 착한 마음을 가진 사람은, 이기적이고 불평이 많은 정신으로 그 길을 가는 수행자보다는 어쨌든 다른 사람을 더 잘 도울 수 있을 것입니다! 하지만 여기서 중요한 것은 두 사람 모두 인격의 향상을 위해 노력을 계속한다는 점입니다. 이러한 발전은 세상과 인류 전체를 위해 헤아릴 수 없이 소중한 도움을 뜻하기 때문입니다.

우리는 정신의 변화가 지닌 능력을 과소평가해서는 안 됩니다. 그저 무관심으로 이를 실천하지 않는 것은 정말 슬픈 일입니다. 그것은 보물섬에서 빈손으로 돌아오는 것과 같습니다. 더 나은 인간이 되기 위해, 또 우리 자신과 타인의 행복을 위해, 길지 않은 인생의 시간을 유익하게 활용할 줄 안다면, 인간의 존재는 헤아릴 수 없는 가치를 가집니다. 이 목적을 달성하기 위해서는 노력이 필요합니다. 세상에 노력이 필요하지 않은 일이 어디 있겠습니까? 따라서 희망과 격려에 관한 문장으로, 이 논쟁은 끝내도록 하겠습니다. "더 나은 세상으로 변화시키기 위해 자신을 변화시켜라."

선생께서는 정식으로 명상과 명상 사이의 기간에 대해서도 말씀하신 바 있습니다. 우리는 이 시간들을 '명상 후 기간'이라고 부릅니다. 이 2가지 단계, 즉 명상과 명상 후 기간은 서로를 강화시키는 것 같습니다. 사실 이러한 강화는 폴 콘던Paul Condon과 가엘 데보르드Gaëlle Desbor-des가 8주 동안 3그룹의 대상자들과 진행한 연구에서 볼 수 있습니다.

첫 번째 그룹은 선에 대해, 두 번째 그룹은 주의력에 대해 명상하는 수련을 했고, 세 번째 그룹은 대조군으로 아무런 수련도 하지 않았습니다. 8주가 지나 수련이 끝난 후 참가자들의 이타적 태도를 테스트했습니다. 즉 대기실에서 목발을 짚은 한 사람이 벽에 기대 서 있고 누가 보아도 건강이 좋지 않은 상황일 때, 그 사람에게 자신의 의자를 양보하는지 여부를 관찰한 실험이었습니다. 장애인이 대기실로 들어오기 전, 참가자는 긴 의자 양쪽에 '환자'로 가장한 실험 도우미들 사이에 앉아 있게 했습니다. 실험 도우미들은 장애인이 들어와 벽에 기대어 서 있어도 조금도 관심을 두지 않고, '방관자 효과'를 강화했습니다. 선과 주의력에 대해 수련을 받았던 대상자들은 대조군의 사람들보다 평균 5배 더 많이 자신의 의자를 양보했다는 사실이 매우 놀라웠습니다.[45]

명상 후 행동과 태도는 우리가 명상을 통해 개발한 자질을 반영하고 표현하는 것이 분명합니다. 우리가 명상상태에서 나오자마자 거기에 대해 아무 생각도 하지 않는 것이라면, 명상을 통해 명료함과 안정감의 훌륭한 상태에 도달하는 것은 의미가 없을 것입니다. 이론적으로 어떤 성숙함의 경지에 이른다면, 명상자의 능력과 경험은 명상과 명상 후가 더 이상 구분되지 않는 수준에까지 이를 것입니다.

볼프 우리의 논의와 같은 내용이네요. 잠시 쉬면서 우리 뇌도 배운 것들을 재조직할 수 있도록 시간을 줍시다. 내일 대화를 이어가도록 하죠.

# 2.
# 무의식과 감정의
# 실체

─────── 무의식이란 무엇일까? 불교 승려에게 의식의 가장 심오한 측면은 깨어 있는 실존이다. 정신분석학에서 무의식이라고 부르는 것은 정신적 작업의 부수적 난제일 뿐이다. 신경과학에서는 의식과 무의식의 과정을 구분할 수 있는 정확한 기준들이 있으며, 의식적 인지과정을 진행하면서 뇌에서 모든 일을 밝히는 것을 중요하게 다룬다. 또한 감정에 대해서도 질문을 던진다. 어떻게 하면 갈등을 유발하는 상황을 줄일 수 있을까? 이타적 사랑과 열정적 사랑을 구분하는 기준은 무엇일까? 사랑은 여러 감정들 중에 최고일까? 이 모든 시각들은 인지치료의 효과에 대해서 의견일치를 보인다.

# 무의식의 본질은 무엇인가?

_____ 마티유 신경과학과 명상이라는 2가지 관점에서, 무의식의 개념을 잠시 생각해보죠. 대체로 무의식에 대해서 이야기할 때, 사람들은 우리의 정신현상에서 매우 깊숙이 감춰져 있어서 보통 의식으로는 접근할 수 없는 어떤 상태를 빗대어 말합니다.

불교는 '습관적 경향'의 개념을 발전시켰는데, 이는 의식이 알아차리기 힘든 성향을 가리킵니다. 이 성향은 무의식적으로 생겨나든, 어떤 외부상황으로 인해 유발되든, 다양한 사고의 패턴을 결정짓습니다. 가끔 우리는 특정한 것을 생각하지 않더라도 어떤 사람, 어떤 사건, 특정 상황 등에 대한 생각이 어디서 시작되는지도 모르게 갑자기 불쑥 떠오릅니다. 이때부터 모든 사고의 연쇄반응이 이어지며 우리는 쉽게 곁길로 접어들 위험에 빠집니다.

일반 대중, 심리학자, 신경과학자들은 무의식에 대해 서로 다른 의견을 갖고 있습니다. 정신분석학에서, '무의식의 심연'이라고 부르는 것은, 명상학자들에게 있어서 깨끗한 하늘과 구름 뒤에 빛나는 태양을 보지 못하게 막는 구름과 같습니다. 정신의 혼란으로 이루어진 구름은 일시적으로 우리가 정신의 본질에서 더 중요한 부분들을 경험하지 못하게 막습니다.

무의식이 무엇이든, 어떻게 하면 깨어 있는 순수한 의식상태로 살아갈 수 있을까요? 태양의 가운데에는 한 점의 어둠도 존재하지 않습니다. 불교에 따르면 의식의 가장 깊은 상태, 가장 근원적인 상태는 어둡고 뿌연 무의식이 아니라, 태양처럼 밝게 깨어 있는 실존입니다. 물론 이러한 개념은 1인칭 시점으로 표현되는데, 이 개념을 3인칭 시점으로 연구하는 신경과학 연구자는 또 다른 견해를 가질 거라고 생각합니다.

**볼프** 네, 저는 무의식에 대해 스님과 좀 다른 견해를 갖고 있습니다. 말씀드린 바와 같이, 상당한 양의 데이터가 뇌구조에 저장되어 있는데, 여기에 포함된 추정, 개념, 가설 등의 정보 대부분을 우리는 의식하지 못합니다. 우리가 의식하지 못하는 이 '루틴' 혹은 습득된 규칙성은 인지과정의 결과를 결정짓고, 그 결과를 우리가 의식하게 되는 것이죠.

이 루틴은 우리의 무의식에 대기 중이지만 그렇다고 해서 감지되는 것은 아닙니다. 보통 우리는 감각신호의 해석과 지각대상에 대한 작업, 혹은 학습, 의사결정, 연상, 행동 등을 책임지는 논리 등을 의식하지 못합니다.

우리가 아무리 주의력을 집중한다 해도 이러한 암묵적 법칙과 가설들을 의식적 작업공간에 접근하도록 하는 것은 불가능합니다. 예를 들어 모든 의식적 경험들을 내용으로 저장한 기억, 즉 서술기억에 저장된 내용들이라면 가능할 테지만 말이죠. 이 기억의 내용들이 의식에 접근하는 것을 통제하는 데 있어서, 결정적인 역할을 하는 것이 '주의력 메커니즘'이라는 사실을 보여주는 증거들은 많은 것 같습니다. 실제로 충분한 주의를 기울인다면, 우리의 감각에서 온 대부분의 신호는 의식수준에 접근할 수 있습니다.

그런데 의식이 감지할 수 없는 특정 하부체계가 취급하는 페로몬처럼, 어떤 향기들은 이러한 규칙에서 제외됩니다. 혈압의 세기, 혈당의 수위 등에 따른 메시지처럼, 몸에서 나오는 수많은 신호들은 의식적 처리에 속하지 않습니다. 우리가 주의를 기울이지 않는 감각자극들처럼, 일시적으로 의식에 접근할 수 있는 신호들과 마찬가지로, 의식에 접근할 수 없는 신호들도 행동에 상당한 영향을 미친다는 사실은 아무리 강조해도 지나치지 않습니다.

덧붙이자면 이러한 무의식적 신호들이 주의력 메커니즘을 통제할 수 있으며, 따라서 저장된 기억 중에 어떤 것을 혹은 어떤 감각신호들을 주의의 대상으로 삼을지 그리고 의식적 처리과정으로 넘길지를 결정할 수 있습니다.

의식은 용량이 제한된 작업공간을 사용하는데, 이는 또 다른 제약입니다. 의식이 한꺼번에 처리할 수 있는 기억의 내용에 한계가 있는 것이죠. 이 한계가 대량의 신호를 동시에 처리하지 못하는 불능으로 설명되든, 작동기억을 축소시키는 원인이 되든, 혹은 2가지 모두에 해당하든 이 3가지 가설은 여전히 과학적 연구의 대상입니다.

의식적 작업공간의 용량은 동시에 4~8가지 다른 정보들을 처리할 수 있는 정도로 제한됩니다. 이는 작동기억에 동시에 저장될 수 있는 기억할 내용물의 수에 해당합니다. '변화맹시Change Blindness' 현상, 빠른 속도로 연속 제시된 2가지 이미지에 대해 대상자가 특별한 변화를 알아차리지 못하는 불능현상은 우리가 하나의 이미지가 가진 모든 디테일에 주의를 기울이지 못하고, 동시에 의식적으로 2개의 이미지를 처리하지 못한다는 것을 잘 보여줍니다.

사실 지각은 보기보다 전체적인 과정이 아닙니다. 우리는 순차적인 스캐닝으로 복잡한 장면들을 파악합니다. 즉 우리가 인식했다고 느끼는 요소들은 대부분 기억으로 재구성됩니다. 우리가 인식한 수많은 신호들 중에 어떤 것들을 의식에 도달하게 할지 결정하는 것은, 수많은 의식적, 무의식적 요소들입니다. 우리는 누구나 어떤 사건, 이름 등을 일시적으로 기억하지 못하다가 갑자기 그 기억의 내용이 떠오르는 경험들을 합니다. 따라서 우리가 항상 뇌에 들어오는 모든 내용들을 통제할 수 있는 것은 아닙니다.

저는 주의력에 의해 접근이 통제되는 의식적 작업공간이 뇌기능의 가장 상위단계이자 가장 통합적 차원이라고 봅니다. 게다가 이유를 알고 내리는 결정처럼, 숙고의 과정에 영향을 미치는 법칙은 무의식적 과정과는 다를 것입니다. 숙고는 주로 이성적, 논리적, 통사적 법칙에 바탕을 두고, 순차적 방식으로 해결책을 모색해나갑니다. 논거와 사실들을 하나씩 분석하고, 가능성 있는 결과들을 검토해나가는 것이죠.

의식적 처리에는 시간이 필요합니다. 따라서 이 메커니즘은 너무 많은 변수를 고려하지 않아도 되고, 변수들이 합리적 분석의 대상이 될 만큼 정확하게 정의되어 있고, 그 대상자가 시간의 제약을 받지 않을 때에 완벽하게 적용이 됩니다. 무의식적 과정은 아주 빠른 대응이 필요한 상황이나, 수많은 불확실한 변수들을 동시에 고려해야 할 때, 혹은 내재적 지식의 총체나 모호하고 체험적인 감정, 숨겨진 의도나 충동과 같이 의식적 처리에 접근이 어렵거나 제한적인 다른 변수들에 따라서 판단해야 하는 영역들과 관련이 있습니다. 무의식의 메커니즘은 각각이 하나의 해결책을 뜻하는 수많은 신경세포군이 서로 경쟁하도록 하는 평행적 처리과정에 더 많이 의존하는 것 같습니다. 그 경쟁에서 '승리한' 알고리즘은 신경세포군이 현재의 상황에 가장 잘 맞는 위치에 안정화되도록 합니다.

이러한 무의식적 과정의 결과는 즉각적인 행동으로 반응하든, 우리가 '본능적 감정' 혹은 '내적 확인'이라고 부르는 것으로 드러나게 됩니다. 보통 어떤 사람이 왜 이런 상황에서 이렇게 반응했는지, 왜 어떤 것에 대해서 좋은 혹은 나쁜 느낌이 들었는지 이성적 논거로 설명하기 어려울 때가 자주 있습니다. 실험 차원에서는, 대상자가 특정 반응을 정당화하거나 반박하기 위해 했던 이성적 논거가 그 '실제' 원인과 항상 일치하지는 않는다는 것을 보여줄 수 있습니다.

실제로 수많은 변수들이 얽힌 복잡한 문제의 경우, 무의식적 과정이 의식적 숙고보다 더 나은 해결책을 제시한다는 사실이 드러났습니다. 왜냐하면 무의식적 과정은 이용가능한 해결책을 찾는 데 도움이 되는 다양한 탐색경로를 활용하기 때문입니다. 의식이 접근할 수 없는 혹은 제한적 접근만 가능한 엄청난 양의 내재적 지식과 정보들, 그리고 의사결정과 행동방향에 작용하는 무의식적 탐색경로의 중요성을 고려한다면, 무의식의 소리에 귀를 닫는 훈련을 하는 것은 그다지 유용하지도, 적절하지도 않은 전략일 것입니다.

**마티유** 방금 말씀하신 내용은 대니얼 카너먼Daniel kahneman 교수가 자신의 저서 《생각에 관한 생각》에서 설명한 바와 같습니다.[46] 우리는 대체로 자신이 이성적 존재라고 믿고 있지만, 우리가 내리는 결정들이 비이성적인 경우도 아주 많습니다. 이는 외부환경이나 우리가 직전에 접한 정보와 지각, 즉각적 직관 등에 의해 크게 영향받기 때문입니다. 직관은 복잡한 상황에서 매우 빠르게 결정을 할 수 있게 해주는 매우 적응성 있는 능력입니다. 하지만 우리가 이성적 선택, 즉 숙고를 위해 더 많은 시간이 필요한 선택을 할 때 잘못 생각하게 만들 수 있다는 점에서 우리를 착각하게 할 수 있습니다.

일관성 있는 기억과 제대로 기능하는 지각을 가질 수 있도록, 우리 뇌에는 수많은 복잡한 메커니즘이 작동합니다. 하지만 저는 갈등을 일으키는 정신상태와 고통스러운 감정의 원인이 되는 특정 경향들을 다스리는 것을 포함하는 실용적 측면에 대해 더 많이 생각했습니다. 제가 말씀드리고 싶은 것은, 혼란스러운 감정이 일어날 때, 우리가 깨어 있는 실존에 연결되어 이 순수한 의식의 공간에 머무르는 법을 알게 된다면, 그 감정들은 나타남과 동시에 사라지며 고통을 일으키지 않는다는 것입니다.

이 과정을 완전히 숙달하면, 무의식에서 일어나는 일에 공연히 걱정할 필요가 없습니다. 이것은 오히려 방법의 문제입니다. 정신분석은 우리의 억압된 충동에 접근하여 그것을 식별하기 위해 무의식의 심연을 샅샅이 파헤치는 것이 필수적인 것처럼 주장합니다. 반면 불교의 접근법은 생각들이 일어날 때 그것에서 자유로워지는 법을 배우는 것입니다.

'현재'라는 순간의 명료함을 유지하는 것은 우리를 모든 반추와 고통스러운 감정, 실망감, 다른 모든 갈등 등에서 벗어나게 합니다. 순간순간 일어나는 생각들이 조용히 빠져나가도록 두는 법을 배운다면, 우리는 내면의 자유를 그대로 지킬 수 있을 것입니다. 이것이 바로 정신수행의 목표입니다.

# 부정적인 감정을 중화시키는 법

_____ **볼프** 그 점에 대해서는 뚜렷한 견해 차이가 있는 것 같습니다. 이 문제에 관해 중요한 점을 하나 지적할 수밖에 없는데, 그것은 바로 명상의 부작용입니다. 갈등이 생겼을 때 눈을 감도록 하고, 문제를 풀기보다 문제에서 벗어나도록 하는 것은 최상의 전략이 아니라고 지적하고 싶습니다.

어떤 사람의 무의식 속에 갈등이 있고, 거기서 시작된 반추가 갈등을 인식하고 해결하게 해준다고 가정해봅시다. 이러한 갈등은 유년기에 아이와 엄마 사이의 모호한 관계에서 나올 수도 있고, 양육 초기에 정신구조에 새겨진 대립적 요구에 의해 생길 수도 있습니다. 이런 문제의 원인은 쉽게 의식의 표면에 나타나지 않습니다. 왜냐하면 서술기억이 완성되기 전에 생긴 암묵적인 기억에 속하기 때문입니다.

이러한 내면의 갈등은 육체적, 정신적 건강에 위협이 됩니다. 그동안의 역사에서, 인류는 마약에 의지하거나, 최근에는 내면의 긴장감에 작용하도록 특별히 고안된 치료법 등의 도움으로 이러한 문제에서 벗어나고자 노력해왔습니다. 특별한 치료법은 대부분 문제에 직면하여 처리할 것을 요구합니다. 인지 및 행동 치료법에 적용된 또 다른 전략은 재조정 기법을 통해 습관적인 부분들을 와해시켜서 이러한 긴장감을 해소시키고자 합니다. 환자가 특정한 공포증에 시달린다면, 위협이 될 만한 상황에 환자를 노출시켜 그 자체는 위험하지 않다는 사실을 깨닫게 하는 것입니다. 일정 시간이 지나면 환자는 자신이 위협적이라고 생각했던 것에 익숙해지면서, 문제가 해결됩니다.

**마티유**  맞습니다. 문제의 중심으로 들어가야죠. 하지만 결국 중요한 것은 어떤 방식으로든, 내면의 갈등에서 벗어나는 것 아닐까요? 그래서 치료사와 함께하든 그렇지 않든 과거를 자세하게 깊이 파헤치고, 그렇게 발견한 문제나 트라우마를 해결하고자 노력하는 접근법이 있습니다.

하지만 또 다른 방법들도 있습니다. 불교에서 사용하는 방법도 포함되는데, 그것은 문제를 피하는 것이 아니라, 갈등을 일으키는 생각들이 떠오르는 순간 그것을 정신에서 비워내고자 하는 것입니다. 이것이 끝이 아닙니다. 이 방법을 반복적으로 연습함으로써, 고통스러운 생각들이 떠오를 때마다 성공적으로 처리할 수 있고, 그런 생각들이 떠오르게 하는 성향들도 점차 약화시킬 수 있습니다. 이러한 수행을 거듭하다 보면 시간이 지나 결국에는 갈등에서 벗어나게 됩니다.

현대 서구의 치료법 가운데, 인지 및 행동 치료법은 일정한 상황에서 어떤 사람을 불안하게 만드는 감정을 정확하게 다루기 위해 다양한 방법들을 제시합니다. 이 치료법은 이성과 실천을 통해 감정을 처리하는 것으로, 불교식 접근법과도 유사한 부분이 있습니다.

**볼프**  의식적인 처리로는 접근할 수 없는 수준에서 일어나는 갈등을 해결하는 데 명상이 어떻게 기여하는지 살펴보도록 하죠. 저는 비판적 시각으로, 현실에서 영감을 얻은 예를 들어 보겠습니다. 부부 사이에 어떤 갈등이 일어나서, 두 사람에게 불안한 감정과 반추가 일어났다고 합시다. 《누가 버지니아 울프를 두려워하랴?》에서처럼, 두 자아가 충돌합니다. 부부가 서로에게 느끼는 사랑과 열정은 제어하기 어렵습니다. 왜냐하면 그것은 무의식 수준에 깊이 뿌리내린 것이기 때문입니다.

이들이 명상수련을 결심한다고 가정해봅시다. 이들은 보호된 환경에서 혼자 명상을 하는 동안에는 기분이 좋아질 것입니다. 하지만 그 상황이 문제를 해결해줄까요? 일단 집으로 돌아가면, 단둘이 있을 때 같은 문제에 또 부딪히게 되면, 다시는 싸우지 않을까요?

**마티유** 서로의 차이점을 열린 마음으로 진지하게 대면하는 것은 하나의 해법입니다. 하지만 갈등을 진정시키는 유일한 방법은 아닌 것이 분명합니다. 갈등이 존재한다는 것은 주인공이 2명이라는 뜻입니다. 손뼉도 마주쳐야 소리가 나죠…. 실제로 2명 중 1명이 자신을 괴롭히고 갈등을 일으키는 정신상태를 잘 다스리게 되면, 그 내면의 무장해제 상태가 갈등을 해결하는 데 큰 도움을 줄 것입니다.

저희는 버클리대에서 폴 에크만과 로버트 레벤슨과 함께 갈등해결을 위한 연구에 참여한 적이 있습니다. 이들은 제가 두 사람과 전혀 다른 의견을 가진 대립된 주제에 대해 토론하기를 원했습니다. 당시 대화의 주제는, 한때 유명한 파스퇴르 연구소에서 일한 분자생물학자였던 제가 어쩌다 불교 승려가 되기로 했는지, 게다가 어쩌다 윤회설처럼 비이성적인 것을 믿게 되었는지에 관한 것이었습니다.

우리는 심박수, 혈압, 호흡, 피부전도율, 땀, 신체 움직임 등을 측정하는 기계들을 붙이고 있었습니다. 얼굴의 미세한 표정변화까지 알아차릴 수 있도록, 자세한 분석을 위해 비디오카메라로 녹화를 했습니다. 저의 첫 번째 상대는 노벨물리학상 수상자이자, 그사이 신경생물학 연구로 전향했던 도널드 글레이저Donald Glaser 교수였습니다. 매우 친절하고 꽤 개방적인 분이었습니다. 우리의 토론은 아주 잘 진행되었고 10분 후 대담을 마칠 즈음에는 두 사람 모두 대화를 계속 이어가지 못한다는 사실에 아쉬워했습니다. 우리 두 사람의 생리학적 지수는 매우 안정적이고 아무런 갈등이 없는 상태를 나타냈습니다.

그래서 연구자들은 그다음으로 당사자들 모르게, 아주 까다로운 성격으로 유명한 두 번째 대상자를 들여보냈습니다. 이 사람은 우리가 격렬한 토론을 해야 한다는 것을 알고 있었고, 단숨에 주제의 핵심으로 들어갔습니다. 그의 생리학적 지수는 즉시 급상승했습니다. 저는 평정을 유지하면서 친절한 목소리로 적절한 답변을 하고자 최선을 다했습니다.

사실 저는 그 상황을 즐겼습니다. 그의 태도는 곧 누그러졌고, 10분이 지나자 그는 연구자들에게 외쳤습니다. "이분과는 말싸움을 못하겠어요. 이치에 맞는 말만 하고 항상 미소를 띠고 있으니까요." 그래서 티베트 속담을 다시 들자면 "손뼉도 마주쳐야 소리가 난다."고 하는 것입니다.

내면에서 일어나는 갈등에 대해, 감정을 누그러뜨리고 일시적으로 보류시키고자 명상을 '기적의 수단'으로 이용하는 것은, 지속적인 차원에서 긴장감을 해결하는 방법이 아닙니다. 그렇게 되면 선생께서 강조하신 것처럼, 문제의 근원을 해결하지 않고 표면적 변화만을 다루게 되는 것입니다. 잠시 문제를 보류시키는 데 만족하거나 강렬한 감정들을 단호하게 억제하는 것에 그친다면 아무런 도움이 되지 않습니다. 그저 정신의 한쪽 구석에 시한폭탄을 밀어두는 것과 같습니다.

진정한 명상은 문제에 대해 잠시 눈을 감는 것이 아닙니다. 선생께서 언급하셨던 부부의 예를 든다면, 무엇보다 강박적인 집착의 파괴적 측면과 갈등을 일으키는 정신의 상태들을 모두 인식해야 합니다. 이러한 것들은 자기 자신과 타인의 행복을 모두 무너뜨린다는 점에서 파괴적인 요소입니다. 이런 감정들을 거부하기 위해서는 단순히 신경안정제 그 이상이 필요합니다. 명상수련은 다양한 종류의 치유책을 제시합니다.

냉기와 온기가 반대인 것처럼, 직접적인 치유책은 우리가 극복하고자 하는 갈등의 감정과 완전히 반대되는 정신상태입니다. 예를 들어, 선의는 악의의 반대이고 따라서 우리는 누군가의 행복을 바라면서 동시에 그를 해치고자 할 수는 없습니다. 이런 종류의 치유책을 사용하면 우리를 괴롭히는 부정적인 감정들을 중화시킬 수 있습니다.


욕구의 예를 들어보죠. 모든 사람들은 욕구가 자연스러운 것이고 우리의 열망을 현실화하는 데 중요한 역할을 한다는 점에 동의합니다. 하지만 욕구 그 자체는 득도 실도 아닙니다. 모든 것은 그것이 우리에게 미치는 영향력이 어떤가에 달려 있습니다. 욕구는 인생에서 열망의 원천이자, 동시에 인생을 고달프게 만드는 모든 것이기도 합니다. 욕구는 우리에게 건설적인 방식으로 행동하게 만들 수 있지만, 또한 혹독한 고통을 겪게 만들기도 합니다.

이처럼 깊은 고통은 욕구가 해소되지 않는 갈증이나 탐욕으로 이어질 때 생겨납니다. 그러면 욕구는 우리를 고통의 원인에 얽매이게 만듭니다. 이 경우 욕구는 불행의 근원이 되고, 계속 그 장난에 놀아난다면 우리는 모든 것을 잃게 됩니다. 고통의 근원이 되는 이런 종류의 욕구에 대한 치유책으로서, 우리는 내면의 자유를 사용할 수 있습니다. 우리를 진정시키고 위로해주는 내면의 자유에서 오는 장점들을 정신에 받아들여서, 우리 속에 이러한 자유로운 감정이 생겨나고 확대되기까지 천천히 스며들도록 하는 것입니다.

욕망은 그것이 절대적으로 필요하다는 인상을 심어줌으로써 현실을 왜곡하는 경향이 있기 때문에, 만일 우리가 사물에 대해 더 정확하게 해석한다면, 먼저 우리가 원하는 대상에 대해 모든 측면을 살펴보고, 우리의 정신이 어떤 점에서 그것에 대한 자신만의 투사를 했는지 확인하는 시간을 가져야 합니다. 따라서 우리는 현재라는 순간의 명료함을 즐기면서, 욕망이라는 화상을 진정시키는 연고를 바르듯, 우리의 정신을 깨어 있는 현재의 상태에 두고, 희망과 두려움으로부터 자유로운 상태에 두어야 합니다. 만일 우리가 인내심(이것이 가장 중요합니다)을 가지고 이러한 연습을 반복한다면, 사람들과 세상을 경험하는 방식에서 점차 진정한 변화를 맛보게 될 것입니다.

또 다른 방법이자 가장 강력한 방법은, 갈등을 일으키는 감정을 대면하는 것으로, 그 감정과 자신을 동일시하는 것을 중단하는 것입니다. 우리는 욕구가 아니며, 갈등이나 분노 그 자체도 아닙니다. 보통 우리는 자신의 감정과 자신을 완전히 동일시합니다. 욕구, 불안 혹은 끓어오르는 분노에 휩싸인다면 우리는 이 고통과 하나가 될 뿐입니다. 이 고통들은 우리의 정신을 온통 사로잡아, 내면의 평화, 인내, 이성적 사유와 같이 우리의 고통을 잠재울 수 있는 정신의 상태에 자리를 전혀 내주지 않게 됩니다.

치유책에는 욕구나 분노를 자신과 완전히 동일시하는 대신, 그것을 '의식하는 것'이 포함됩니다. 분노에 대해 의식하는 우리 정신의 의식수준은 분노에 차 있지 않고, 다만 그것을 의식하는 것입니다. 다른 말로 하면, 의식은 그것이 지켜보는 감정에 의해서 영향을 받지 않습니다. 이 사실을 이해함으로써 우리는 한발 물러나 실제로는 그 감정에 지속성이 없다는 것을 이해하게 됩니다. 따라서 우리는 내면의 갈등이 저절로 사라질 수 있도록, 내면의 자유를 위한 공간을 열어두기만 하면 됩니다.

감정에 대해 이렇게 반응하는 것은 비효율적인 양극단을 피하게 해줍니다. 하나는 우리의 감정을 억눌러 이전보다 더 강렬해지도록 두는 것이고, 또 하나는 감정을 폭발시켜 주변 사람들과 자신의 내면에 피해를 주는 경우입니다. 감정을 자신과 동일시하지 않는 것은 상황이 어떻든 모든 감정에 적용할 수 있는 중요한 치유책입니다.

이 방법이 처음에는, 특히 갑작스러운 상황에서는, 어렵게 느껴지겠지만, 연습을 하다 보면 정신의 평정을 유지하고 일상 속에서 갈등을 일으키는 감정들을 대하는 것이 더 쉬워질 것입니다.


## 집착으로 얼룩진 사랑


_____ **볼프** 그렇다면 기쁨의 원천이자 고통의 근원이기도 한 최고의 힘, 사랑은 어떻습니까? 이 놀라운 힘도 마찬가지로 사라지고, 우리를 무미건조하고 열정이 없는 존재로 바꾸나요?


**마티유** 전혀 그렇지 않습니다. 적어도 이타적 사랑이나 심리학자 바버라 프레드릭슨Barbara Fredrickson이 '긍정적 공명Positivity Resonance'이라고 부른 감정에 있어서, 사랑의 건설적인 측면은 사라져야 할 이유가 없습니다. 사실 정신의 모든 혼란에서 벗어나기만 하면, 사랑은 더욱 강해지고 더 넓어지며 더 풍요로워집니다.

열정적인 사랑은 강한 집착, 강박적인 욕구, 자기중심성이라는 요소가 내포되어 있습니다. 이는 대개 고통의 원천으로 변질됩니다. 누군가를 사랑한다는 구실을 대지만, 실제로는 열정적 사랑이 그 무엇보다 아끼는 것은 바로 자기 자신입니다. 진정한 사랑은 이타적이어서 서로의 행복을 위하게 됩니다. 물론 우리가 혼자서는 행복할 수 없다는 뜻은 아닙니다. 이기적 사랑은 머지않아 상대를 결국 패배자로 만드는 상황을 만들지만, 이타적 사랑에서는 모두가 승리자입니다.

**볼프** 집착의 요소를 없앨 수 있나요?

**마티유** 물론입니다. 왜냐하면 대개 사람들은 소유욕의 요소를 고통과 갈등의 원천으로 느끼기 때문입니다. 따라서 집착에서 벗어나면 고통이 줄어듭니다. 지배욕에서 벗어난 즐거움을 느끼게 되죠. 탐욕스러운 욕구와 소유욕은 마치 이렇게 말하는 것과 같습니다. "내가 원하는 만큼 나를 사랑해준다면 나는 널 사랑해." 이것은 매우 곤란한 상황입니다. 누구든 내 마음에 맞추도록 어떻게 요구할 수 있겠습니까? 이것은 매우 어리석고 부당한 요구죠. 반면 이타적 사랑과 자비심은 누구에게나 적용될 수 있고, 모든 사람에게로 확대될 수 있습니다.

**볼프** 이 감정들은 어느 정도까지 그 대상에 집중될 수 있나요?

마티유  이타심이 보편성을 지닌다고 해서, 그것이 현실과 단절된 모호하고 추상적인 감정이 된다는 뜻은 아닙니다. 우리의 주의력 범위에 무엇이 들어오든, 그것에 대해 자연스럽고 지속적으로 적용되어야 하죠. 또 원래는 가깝지 않았던 사람들에게 더 강도 높게 집중할 수도 있습니다. 태양은 모든 이에게 똑같은 방식으로, 똑같은 밝기로, 어디에서든 똑같은 온도로 비춥니다. 하지만 우리의 삶에는 가족과 친구 등 사람들이 있습니다. 이들은 우리의 주의력, 사랑, 자비심의 태양에 더 가까이 있으며, 이로 인해 빛과 열기를 더 많이 받죠. 자비심의 태양이 그 빛을 오로지 '이들에게만' 차별적인 방식으로 집중되고 다른 사람들에게는 덜 비춘다는 뜻은 아닙니다.

볼프  실제로는 현실화되지 못했던 꿈인 히피운동의 이상과 무엇이 다른가요? 그들도 스님과 비슷한 가설에 바탕을 두고 있습니다. 공유, 사랑, 자비, 그리고 모든 사람이 행복해지는 것 말입니다. 하지만 성공하지 못했죠. 청소년들은 그사이 혼자 살거나 독립하여 성숙해질 기회도 없이, 부모님과의 가정에서 공동체라는 가족으로 곧장 옮겨갔습니다. 그리하여 사랑과 애정을 나누고 책임과 물질적 소유를 나누는 것은 자기중심성을 없애는 방편으로 간주되었습니다. 이것은 불교계가 동의하는 견해 아닙니까?

마티유  히피운동의 진정한 이념이 무엇이었는지 저는 잘 모르겠습니다. 더 많은 사람들에게 사랑을 베푸는 것에 대해 말할 때, 그것이 성적인 문란을 뜻하는 것은 분명 아닙니다. 여기서 말하는 것은 이타적 사랑과 자비심의 확대로, 이는 전혀 다른 것이지 않습니까? 불교적 차원에서 모든 존재에 대한 이타적 사랑을 개발하는 것은 분명 자기 아이들을 희생시키면서 이루어지는 것은 아닙니다. 우리는 가까이에 있는 사람들, 우리가 책임져야 할 사람들에게 주로 아낌없이 사랑을 베풀지만, 길에서 만나는 누구에게도 이타심을 널리 베풀 수 있는 열린 마음과 유연성을 갖고 있습니다. 이러한 태도는 개인적인 인간관계에서의 실패나 자유분방한 성생활과는 연관이 없습니다. 그런 것은 채워지지 않는 욕구와 더 큰 혼란을 불러일으킬 위험이 있죠. 무조건적인 이타심은 모든 중생을 향한 친절이며, 거기에는 증오를 위한 자리가 없습니다.

**볼프** 사랑하는 사람의 부재는 상처를 만듭니다. 이것 역시 사랑의 특징 가운데 하나죠. 사랑하는 사람과 경험을 공유할 수 없다면, 자신의 즐거움을 추구하는 것이 슬픔으로 이어집니다.

**마티유** 장엄한 풍경을 바라볼 때 우리가 바라는 것은 단순히 누군가 곁에 있기를 바라는 것이라기보다, 우리가 경험하는 그 심오한 기쁨과 고요함을 함께 느끼고 나누고 싶어 하는 것입니다. 이것은 보살 bodhisattva의 염원을 다시 생각나게 합니다. "모든 이들을 고통에서 벗어날 수 있게 하도록, 내가 변화되어 깨달음에 이를 수 있다면." 이는 아름다운 석양을 바라보기 위해 곁에 소중한 존재가 있기를 바라는 것보다 훨씬 더 넓고 깊은 차원의 열망일 것입니다.

**볼프** 물론, 그것은 이치에 맞고 자비로우며 매우 성숙한 목표로 느껴집니다. 하지만 인간의 능력이 거기까지 미칠 수 있을까요? 인류는 타인과 관계를 맺을 수 있는 고유한 능력이 있습니다. 하지만 관계가 소원해져서 끊어지게 될 때, 그로 인해 고통을 느낍니다. 그 점은 우리 인간성에 깊이 뿌리를 둔 특성인 것 같습니다. 저는 스님의 이야기를 들으며, 일종의 초연함을 추구하는 수련을 지지하신다는 인상을 받았습니다. 이타적 태도는 증오, 복수심, 시기, 탐욕, 질투, 공격성 등의 부정적 감정과 고통을 분명히 줄여주지만, 이것이 인생의 우여곡절에 뒤따르는 즐겁고도 소중하며 강렬한 다른 감정들의 풍요로움을 가로막는 것은 아닙니까? 우리의 자비심을 개인적인 관계 그 이상으로 확대시킬 수 있다고 정말 생각하시나요? 결국 진화는 구성원들이 서로를 아는 작은 규모의 그룹 안에서 사회적 상호작용을 가장 잘할 수 있도록, 우리의 인지능력과 정서적 능력을 선택해왔습니다. 초연함으로 강렬함을 대체하고 계신 것은 아닌가요?

## 동네마다 '자비 훈련소'가 있다면?

<u>마티유</u> 그렇지 않습니다. 내면의 평화와 초연함을 맛보는 것이 세상의 진면목을 깊이 있게 경험하지 않겠다는 뜻은 아닙니다. 우리의 사랑, 애정, 명료성, 타인에 대한 유연성 혹은 기쁨과 같은 장점들마저 줄이겠다는 뜻은 더더욱 아닙니다.

사실, 불안한 생각에 사로잡히는 대신, 현재 이 순간의 신선함을 유지한다는 것 자체가 타인과 세상에 훨씬 더 의욕적이게 만듭니다. '인생의 우여곡절'이라고 부르신 것은 대양의 표면과 같습니다. 거기에는 태풍과 고요함이 엇갈리죠. 이 '오르막 내리막'의 효과는 얕은 해안에서 더 두드러집니다. 사람들은 파도의 절정에서 행복감에 도취되어

서핑을 하다가, 잠시 후 모래나 자갈에 거칠게 내던져져 괴로워합니다. 하지만 깊은 바다에서는 거대한 파도가 일든 바다의 표면이 거울처럼 반짝이든, 대해의 심연은 한결같습니다. 이 비유에 대해 부연설명하기 위해 달리 표현하면, 사람들은 기쁨과 고통의 경험을 계속해나갑니다. 하지만 이 경험들은 더 깊고 넓은 정신의 배경에서 펼쳐지게 됩니다.

심리학과 신경과학의 연구는 무조건적 자비심, 이타적 사랑과 같은 상태가 우리가 경험할 수 있는 가장 긍정적인 감정이라는 사실을 보여줍니다. 자비명상은 가장 강력하게 신경을 활성화시키는 정신의 상태입니다. 바버라 프레드릭슨처럼 긍정 심리학을 연구하는 사람들까지 이에 대해서 사랑은 '최고의 감정'이라고 결론지을 정도입니다.[47] 사실 다른 모든 정신의 상태 이상으로, 사랑은 우리의 마음을 열고 더 넓은 시선으로 상황을 바라보게 해주고, 타인에 대해 더 수용적인 태도로 만들며 더 온유하고 혁신적인 태도와 행동을 취하게 합니다. 건설적인 정신상태의 상향식 연쇄상승을 불러일으킵니다. 사랑은 우리가 시련에 더욱 잘 맞서게 해주어, 충격에 더 잘 견디게 만듭니다. 이러한 상태들은 무료함이나 무심함과는 거리가 멀죠.

조화로운 관계는 서로 간에 선의의 감정을 증대시키는 가장 좋은 기회를 줄 수 있습니다. 하지만 이 사랑이 누군가에게 느끼는 매력을 넘어서기 위해서는, 또 이 사랑이 우리에게 주는 감정에 대한 자신의 집착보다 더 강해지기 위해서는, 진정한 내면의 힘을 기르는 것이 필수적입니다. 진화는 우리에게 소중한 한 사람에게 사랑을 느끼는 능력을 물려주었습니다. 부모의 사랑, 특히 모성애가 여기에 해당합니다. 따라서 우리는 이러한 능력을 사용하여, 우리가 친절을 베푸는 대상이 되는 사람들의 범위를 더 확대시킬 수 있습니다.

조금 전 부부관계에서 부딪히는 어려움들에 대해 말씀하셨습니다. 이런 종류의 관계는 강한 고통으로 이어질 수 있음이 분명합니다. 우리는 비탄에 잠길 때, 그 상태의 본질을 살펴보아야 합니다. 이 절망이 나의 자기중심적 사랑으로 인한 격동에서 생긴 것인가? 이 깊은 고통의 감정이 다른 사람과 사랑을 주고받는 일을 방해하고 있는가? 사실, 우리가 내면의 평화와 깊은 만족감을 느끼면 느낄수록, 우리는 이기적인 열정이 아니라 너그러운 사랑을 유지하면서 우리의 책임을 더 잘 감당할 수 있게 됩니다.

**볼프** 그렇다면 쉽게 고통에 빠지는 연약함을 줄이는 것은 수행자의 삶에서나 가능한 것이 아닌가요?

**마티유** 그것은 또다시 내면의 힘을 사용하는 것을 심각하게 제한하는 말이군요! 우리는 모두 이 내면의 힘이라는 잠재력을 갖고 있습니다. 그것은 정신의 기능에 대해 올바르게 이해하게 하고, 내면의 만족감과 자비심을 발전시키기 때문입니다.

**볼프** 군복무 대신, 혹은 결혼 전에 명상수련을 2년간 하게 하는 것도 좋겠네요.

**마티유** 참 좋은 생각입니다! 사실 어떤 것이든 새로운 길로 들어서기 전에 하면 좋습니다. 제가 활동하는 인도주의 분야에서, 대형 프로젝트들이 정상궤도에서 벗어나는 이유가 부패나 자아의 충돌처럼 인간의 약점 때문인 경우가 잦습니다. NGO단체들에게 가장 좋은 교육은 모든 종사자들에게 3개월간 사랑과 자비명상을 위한 수행을 하게 하는 것 같습니다. 어느 날 폴 에크만이 저에게 "동네마다 '자비 훈련소'가 있어야 한다."고 말했어요. 앞에서 살펴보았듯이, 정신수행은 인간 성품의 잠재력을 증대시킬 수 있는 다양한 방법들을 제시합니다.

제 스승 중에 한 분은 무조건적 자비심을 느끼려면, 용기가 있어야 하고 두려움이 없어야 한다고 가르치셨습니다. 만일 자신에게 지나치게 집중하면, 우리는 불안감을 느끼고 주위의 모든 것들을 위협으로 느낍니다. 하지만 우리가 자신에게 집착하는 대신 무엇보다 다른 사람들에게 마음을 쓴다면, 두려워할 것이 무엇이겠습니까? 이러한 장점들은 학교에서 종교와 무관하게 가르칠 수 있을 것입니다. 용기와 정서적 균형을 개발하는 것을 목표로 프로그램을 구성할 수 있겠지요. 하지만 이러한 프로그램을 현실화하기 위해서는 정서의 작용을 잘 알고 있는 교육자가 필요할 것입니다.

**볼프** 거의 모든 사람들이 스님께서 말씀하신 그 불만상태로 고통받고 있습니다. 불만의 원인이 되는 내면의 갈등을 그대로 품은 채 우리는 일터로 향합니다. 주의력을 더 긴급한 다른 문제로 돌리고, 자신의 감정을 억누른 채 근근이 업무를 해나갑니다. 그러다가 필연적으로 내면의 갈등이 다시 불쑥 나타나는 순간이 오고, 그때 그 갈등을 다시 숨기거나 무시하려면 2배의 노력이 필요합니다. 물론 이 어두운 그림자의 본질을 파악하기 위해 처음부터 시간과 노력을 기울인다면, 이러한 악순환의 고리를 끊을 수 있겠지요.

# 정신을 자유롭고 명료하며
# 안정된 상태로 만드는 것

_____ **마티유** 지난번에 말씀드린 바와 같이, 저는 인지치료와 불교가 놀라운 공통점을 가졌다고 생각합니다. 인지행동 치료의 창시자인 아론 벡Aaron Beck을 만났을 때, 그는 불교식 접근법이 상당 부분 일치하는 것에 매우 놀랐다고 털어놓았습니다.[48]

그중에서도 특히 불교에서 말하는 '6가지 정신적 번뇌', 즉 집착·분노·적의·교만·정신적 혼란을 없애야 한다는 필요성을 첫 번째 유사점으로 꼽았습니다. 사실 평정과 자비, 내면의 자유로 그 자리를 점차 채워가는 법을 배우는 것이 중요합니다. 두 번째로 그는 부정적 감정을 포함한 정신적 구조물을 줄이고자 하는 명상법에서 유사점을 강조했습니다. 이는 주로 대상자가 고집스러운 자기중심주의에 빠지게 하는 병적인 경향을 줄이는 것을 다룹니다.

사실 인지치료의 목표 가운데 하나는, 환자들이 흔히 어떤 사건들과 상황들을 중첩시키는 비현실적 과장이 동반된 정신구조를 이해하도록 하는 것입니다. 인지치료와 불교의 또 다른 공통점은 사람들이 절대적인 가치 외에, 정신적 건강과 같은 자신의 행복과 타인의 행복을 희생시켜가며 자신의 목표와 욕구에 지나치게 큰 의미를 부여하는 성향을 줄이는 것입니다. 벡은 정신적 문제로 고통을 겪는 사람들이 자신에 대해 지나치게 집중하는 모습을 보인다고 상기시켰습니다. 이들은 모든 것을 자기 자신과 연관시키며, 특히 자신의 필요와 욕구의 충족에 몰두합니다. '정상적인' 사람들도 자주 이 같은 자기중심성을 보이지만,

빈도가 낮고 더 유연한 방식으로 일어납니다. 행동치료와 마찬가지로 불교도 이러한 정신기능장애를 완화시키는 것을 지향합니다.

우리의 정신에 나타나는 현상들을 파악하고 그것을 현명하게 풀어나가는 것이 중요합니다. 우리를 괴롭히는 문제의 대부분은, 우리가 현실과 중첩시켜 생각하여 쉽게 분해할 수 있는 정신적 구조입니다. 따라서 자신의 생각이라는 굴레에서 벗어나기 위해, 우리의 정신에 떠오르는 모든 미묘한 정서적, 인지적 변화들을 고도의 주의력으로 살펴보아야 합니다. 이를 통해 내면의 자유에 도달할 수 있습니다.

우리는 삶의 외부 조건들을 개선시키기 위해 엄청난 노력을 기울입니다. 하지만 결국 세상을 경험하고 외부상황들을 행복 혹은 고통으로 해석하는 것은 우리의 정신입니다. 만일 우리가 사물을 인식하는 방법을 변화시킬 수 있다면, 마찬가지로 우리의 삶의 질도 변화시킬 수 있습니다. 보통의 상태에서 정신은 대체로 혼돈스럽고 흔들리며 반항적이고, 수없이 많은 생각이 이어지게 됩니다. 우리의 목표는 정신을 침묵하게 만들거나 식물상태로 만드는 것이 아니라, 자유롭고 명료하며 안정된 상태로 만드는 것입니다.

**볼프** 스님의 의견에 전적으로 동의합니다. 하지만 그 목표를 이루기 위한 방법에는 여러 가지가 있다는 말을 덧붙이고 싶습니다. 계몽주의 이념에 바탕을 둔 인본주의적 입장, 혁신적 교육 프로그램, 임상치료 등을 거쳐, 《대화편》의 소크라테스가 말한 사물의 본질부터 대부분의 종교 시스템에 기반을 둔 수많은 영적훈련법까지…, 서로 다른 문화마다 각기 고유한 전략들이 있습니다. 그 가운데 가장 효과적이고 실용적인 전략을 알아내는 데 노력을 기울이는 것이 바람직하지 않을까요?

마티유　제가 말씀드린 내면의 평화에 이르는 길은 분명 여러 가지가 있습니다. 불교에서도 자유에 이르는 문이 8만 4,000개라고 이야기하죠. 중요한 것은 자신의 정신적 기질, 인생의 상황, 성향과 능력 등에 따라 자신에게 알맞은 방법이 무엇인지를 알아내는 것입니다. 문을 열기 위해서는 꼭 맞는 열쇠가 필요합니다. 그 문에 맞는 열쇠가 쇠로 된 낡고 녹슨 열쇠라면, 황금열쇠를 선택하는 것은 아무 소용없습니다.

볼프　제가 알기로 지금까지 가장 효과적인 전략은 현대 민주주의 헌법에서 인간의 권리를 법전화하고, 사회규범을 위반하는 경우 제재를 가하도록 한 것입니다. 이러한 조치는 개인의 자유를 수호하고 최대한의 평등을 가져오는 정치·경제적 시스템의 발전으로 이어집니다. 이러한 수단이 최대한 효과를 가지도록 하려면, 그 시스템을 구성하는 개인의 변화가 수반되어야 합니다. 만일 외부적 고통요인을 줄일 수 있다면, 그래서 사회와 정부의 구조가 자비심, 이타심, 정의감, 책임감 등의 가치를 인정하고 보상할 수 있도록 노력한다면, 인류는 분명 이러한 가치들을 체득하게 될 것입니다.

마티유　사회와 제도는 개인의 삶에 영향을 주고 조건을 결정짓지만, 그 대신 개인은 사회와 제도를 진화시킬 수 있습니다. 세대를 이어 이런 상호작용이 이어지기는 하지만, 문화와 개인은 계속해서 서로를 닮아가게 됩니다. 어떤 점에서는 개인의 생존가능성을 더 높여준다는 점에서, 문화적 진화는 도덕적 가치와 더불어(어떤 가치들은 다른 사람에게 더 쉽게 전해집니다) 일반적 신념과도 관계가 있습니다.

만일 우리가 더 이타적이고 더 인간적인 사회의 발전을 북돋우고자 한다면, 개인의 변화능력과 사회 자체의 변화역량을 평가하는 것이 중요합니다. 만일 사람들의 변화능력이 매우 적다면, 우리는 개인의 변화를 격려하기 위해 허송세월을 하기보다 제도와 사회를 변모시키는 데 모든 노력을 집중하는 편이 낫습니다. 하지만 모든 신경가소성과 후생유전학 관련 연구에서 보듯이, 명상 경험이 개인을 변화시킬 수 있습니다.

**볼프** 물론입니다. 그렇지 않다면 교육이 개인의 고통을 덜어주고 평화롭게 살 수 있는 사회의 안정성에 기여하는 성격적 특징을 강화하고 발전시킬 수 있다는 데에 그토록 큰 희망을 가질 수 없을 것입니다. 스님의 말씀처럼 정신수행으로 얻게 되는 태도들의 가치만큼이나, 교육의 실효성에는 이론의 여지가 없습니다. 명상이 스님께서 주장하신 것처럼 개인을 변화시키는 힘을 갖고 있는지, 명상수련이 널리 퍼져 있는 사회는 더 큰 평화를 누리고 있는지, 또 그 사회구성원들은 명상수련법 등에 제한적으로만 접근이 가능한 다른 사회구성원들보다 고통에 덜 시달리는지 등을 연구해보아야 합니다.

# 3.
# 우리는 우리가 아는 것을
# 어떻게 아는가?

─────── 우리는 현실을 있는 그대로 파악할 수 있을까? 일반적인 인식의 차원에서, 신경과학자와 불교 사상가의 대답은 부정적이다. 우리는 부단히 감각신호를 해석하여 '우리의' 현실을 구성하기 때문이다. 이러한 해석작업의 장점과 단점은 무엇일까? 실험적이고 지적인 연구들로 이러한 현상의 본질적 특성을 밝혀낼 수 있을까? 우리는 어떻게 지식을 습득하는 걸까? 우리의 지각에서 독립된 객관적 현실이 존재할까? 이번 장에서는 1인칭 시점의 접근과 2인칭, 3인칭 시점의 외부접근을 살펴보게 될 것이다. 우리는 현실왜곡을 바로잡고 고통의 원인을 없애기 위해, 자기성찰을 통한 내면의 현미경을 발전시켜나갈 수 있을까?

# 우리는 어떤 현실을 인식하는가?

_____ **볼프** 인식론에 관한 매력적인 질문이 몇 가지 있습니다. 우리는 세상에 대한 지식을 어떻게 얻는가? 이 지식은 어디까지 신뢰할 만한가? 우리의 지각은 현실을 그대로 반영하는가, 아니면 우리가 해석한 결과만을 인식하는가? 우리는 우리를 둘러싼 사물에 대해 '진정한' 본질을 인식할 수 있는가, 아니면 그 겉모습만 파악할 수 있는가?

우리는 서로 다른 2가지 인식의 근원을 갖고 있습니다. 가장 중요하고 핵심적인 것은 '주관적 경험'으로, 이것은 자기성찰이나 외부환경과의 상호작용에서 비롯됩니다. 두 번째 근원은 세상과 인간의 조건을 이해하고자 노력하는 '과학'입니다. 과학은 관찰된 현상들을 해석하고 예측 가능한 표본을 개발하며 과학적 실험에 의해 우리의 예측을 증명하기 위해서, 우리의 감각을 확장시키는 방법을 이용하고 이성적 추론의 도구들을 총동원합니다. 하지만 이 2가지 지식의 원천은 우리 뇌의 인지능력이 실제로 제한적이어서, 이로 인한 제약을 받습니다. 우리 지식의 한계가 어디까지인지 모르는 것도 바로 인지능력의 한계 때문입니다. 다만 그러한 한계들이 있을 것이라 가정할 수밖에 없는 것이죠.

저는 그것이 불가피한 결론이라 생각합니다. 몇 가지 예를 들어 설명해보죠. 뇌는 인간의 전체 기관이나 조직들과 마찬가지로 진화과정의 산물입니다. 또한 '방향성 없는 진화'(허버트 스펜서Herbert Spencer 등 일부 다윈 학자들과 후계자들이, 진화는 방향성 혹은 지향성이 있어서 필연적으로 발전을 목표로 삼으며, 그 가장 완성된 형태가 인간이라고 했는데 이를 인유한 것이다. - 역주)

과정의 산물이기도 합니다. 그 과정에서 다양성과 선택이 발생하여 생존과 번식에 알맞은 능력을 갖춘 유기체들이 등장할 수 있었고, 이렇게 해서 유기체들이 진화가 이루어지는 세상에 적응하게 된 것이죠.

생물체는 매우 좁은 차원의 세계, 즉 중시계Mesoscopic 차원에서 발전했습니다. 크기는 단 몇 미크론에 불과하고, 독립적으로 구조적 통합성을 유지하고 번식할 수 있는 가장 작은 유기체들은 상호작용하는 분자들의 조합으로 이루어져 있으며 막으로 덮여 있습니다. 박테리아는 이러한 미생물의 예입니다. 식물과 동물 가운데 다세포 생물은 수미터에 달하는 크기를 갖고 있습니다. 이 모든 생물체는 생존과 번식에 필수적인 신호들을 감지하는 감각수용기를 발달시켰습니다. 그 결과, 이 수용기들은 매우 한정된 폭의 신호만 감지할 수 있게 되었습니다. 집계된 신호들을 평가하도록 발달된 감각처리 시스템은 다양한 종류의 유기체의 특정한 필요에 맞게 조절되었습니다. 따라서 이 유기체들의 인지기능은 고도로 특화되었고 매우 제한적 차원에서 진화가 이루어지도록 조절되었습니다.

인간의 경우, 중시계 차원은 오감으로 인식할 수 있는 세계입니다. 따라서 그것을 우리의 '일상 세계'와 동일시하는 경향이 있습니다. 이는 고전물리학 법칙이 우세하는 차원으로, 왜 이 법칙이 양자물리학 법칙보다 먼저 발견되었는지 분명하게 설명해줍니다.

그 속에서 우리의 신경시스템은 잘 적응된 하나의 행동을 생성하는 차원의 세상을 가리킵니다. 우리의 감각은 지각의 범주를 정의하고, 우리의 이성적 사고는 대상의 본질과 그 상호작용을 통제하는 법칙들에 대해 그럴듯하고 유용한 해석을 낳습니다.

이러한 견해에서, 인간의 인지체계가, 우리가 지각하는 현상들의

'진정한 본질'을 이해하는 데 적합한 방식으로 조절되지는 않았을 것이라는 칸트파의 주장이 나왔습니다. 임마누엘 칸트Emmanuel Kant는 '사물자체Ding an sich'설(즉 더 축소시킬 수 없는 인식대상의 핵심)과 우리의 감각으로 접근할 수 있는 대상의 현상학적 외양을 구분했습니다. 우리의 감각기관과 그 신호들을 평가하는 신경구조는 생존과 번식에 관련된 정보뿐만 아니라, 이러한 기능에 맞추어진 경험적·실용적 접근으로부터 생성된 행동의 반응들을 야기하기 위한 정보들을 모으는 방식으로 진화했습니다. 지각의 객관성, 즉 가설의 '사물 자체'를 인식하는 능력은 종의 선택기준이 전혀 아니었습니다.

이제 우리는 세상의 물리적·화학적 특성들에 대해 아주 작은 일부만을 지각한다는 사실을 알고 있습니다. 우리의 지각을 생성하기 위해 몇 가지 지각신호들을 사용하고, 우리의 타고난 지각은 이 신호들이 세상에 대해 철저하고 논리적인 이해를 제공한다고 말해줍니다. 우리는 자신의 인지능력을 신뢰하여, 우리의 지각이 현실의 반영인 것으로 경험합니다. 다른 방식으로는 현실을 이해할 수 없습니다. 달리 말하면, 상호작용이나 감각경험의 영향을 받는 우리의 평상시 지각이 확신의 지위를 얻는 것입니다.

**마티유** 우리는 자신이 현실을 어느 정도로 해석하고 왜곡하는지 모르는 채, 현실을 있는 그대로 경험한다고 생각합니다. 사실 사물이 우리에게 보이는 것과 실제로 어떠한지 사이에는 상당한 격차가 있습니다.

**볼프** 그렇습니다. 우리가 생존에 필요한 현상들에 대해 우리의 지식을 선택적으로 적응시켜나가는 것에 대해 수많은 예가 있습니다. 예를 들면, 우리가 양자물리학에 의해 정의되는 현상들과 이 소우주에서 지배적인 조건들을 직관적으로 이해하지 못하는 것이 그 예입니다.

**마티유** 관찰방식에 따라 위치가 정해지지 않은 파동이나 특정한 위치를 가진 입자로 보이는 어떤 것을 상상하는 것 역시 우리로서는 매우 어려운 일입니다.

**볼프** 우주의 차원에서도 마찬가지입니다. 상대성 이론을 생각해보면, 우리의 선입견은 공간과 시간의 차원이 상대적이고 서로 영향을 준다는 개념과 충돌합니다. 왜냐하면 우리는 우리에게 익숙한 중시계에서 공간과 시간을 서로 뚜렷이 구분되는 다른 차원으로 경험하기 때문입니다.

하지만 우리는 자기성찰이나 일상적 경험이라는 간접적 수단으로는 접근할 수 없지만, 우리의 감각기관의 능력을 확장시키는 수단을 동원하여 세상의 다양한 차원들을 탐구할 수 있습니다. 이렇게 망원경과 현미경의 도움을 얻지만, 우리는 또한 분석적이고 귀납적인 이성의 능력에도 의지합니다. 우리는 추론을 전제로 하고, 실험에 의해 유효성이 입증되는 예측을 이끌어냅니다. 하지만 이러한 작업은 과학적 추론의 폐쇄된 시스템에서 생기며, 우리가 얻은 결과들이 부인할 수 없는, 확실한 것임을 보장하지 않습니다.

**마티유** 하지만 여기서 선생께서 우리의 일반적인 감각인식에 기초한 현실에 대한 이해만을 언급하셨습니다. 불교에서는 '있는 그대로'의 현실을 이해하는 것에 대해 말할 때, 그것은 단순히 지각을 가리키는 것이 아니라 현실에 대한 궁극적 본질의 탐구를 가리킵니다. 우리가 현실이 물질적인 실존을 지닌 독립적 개체의 집합으로 이루어져 있는지를 알아보고자 하고, 그에 따라 정확한 논리적 검토를 할 때, 우리는 실존을 가진 것처럼 보이는 개체들이 사실은 '확고한 실존이 없는 상호의존적 현상들의 집합'이라고 결론을 내립니다. 만일 우리가 이 사실을 지적으로 이해할 수 있다면, 이는 우리의 '감각'이 어떤 왜곡도 없이 있는 그대로 외부현상들을 지각할 수 있다는 것을 뜻하지 않습니다. 부처는 이렇게 이야기했습니다.

"눈, 귀, 코는 믿을 만한 인식의 요소가 아니다. 말과 몸도 마찬가지다. 감각능력이 믿을 만한 인식의 요소라면, 숭고한 길이 무엇으로 존재에 유익하겠는가?"[49]

여기서 '숭고한 길'이란 현실의 궁극적 본질을 정확하게 탐구하는 것을 가리킵니다.


**볼프** 관조적 명상에 속하는 이러한 견해를 언급하기 전에, 인지체계의 진화, 특히 생물학적 진화와 문화적 진화 사이에 일어난 이행에 대해 몇 가지 내용을 덧붙이고 싶습니다. 우선 우리의 인지기능은 전사회적pre-social 세계의 생활환경에 맞서는 데 도움을 얻기 위해 선택된 것입니다.

생물학적 진화의 마지막 단계에서, 사회적 환경의 등장과 우리의 뇌 사이에 일종의 공진화coevolution가 일어난 것 같습니다. 이는 우리 뇌에 몇 가지 사회적 능력들, 즉 사회적 신호들을 지각하고 발신하고 해석하는 능력을 부여해준 수평적 이중진화입니다. 유전적으로 대물림되는 이 능력은 경험과 교육의 영향으로 진화의 과정에서 생긴 뇌구조의 후성적 변화의 영향으로 발전되고 다듬어졌습니다.

**마티유** 후성학은 우리가 일평생 만나게 되는 영향들에 의해 그 발현이 바뀔 수 있는 유전자의 조합을 물려받았다는 사실을 가리킵니다. 이는 사랑받거나 냉대 받는 외부적 영향력과, 그리고 불안하거나 마음의 평화를 느끼는 내부적 영향력과도 관련이 있을 수 있습니다. 어떤 변화들은 자궁 내에서 이루어질 수도 있습니다. 최근 연구에 따르면 명상은 스트레스와 관련된 상당수의 유전자 발현에 중요한 영향을 미친다는 사실을 보여줍니다.[50]

**볼프** 그렇습니다. 뇌기능의 추가적 변화는 학습과 후성적 지문화 과정에서 생겨납니다. 이는 사회·문화적 진화의 주요한 전달 메커니즘의 구실을 합니다. 따라서 우리의 뇌는 생물학적 진화와 사회적 진화의 산물입니다. 이는 두 차원에 따라 존재하는 것입니다. 우리가 비물질적 개체라고 이름을 붙인 현실, 특히 심리적·정신적·영적 현상들처럼 현실의 서로 다른 수준들이 등장하는 문화적 차원입니다.

이러한 현상들은 인간에게 고유한 인지능력, 즉 우리가 신념이나 가치체계와 같은 사회적 현실을 창조할 수 있고 우리가 자신과 타인에게서 관찰한 감정·정서·신념·행동 등에 대해 개념화할 수 있는 능력 덕분에 나타나는 것입니다. 이러한 현상들이 뇌의 구조물이라면(제 생각에는 가장 그럴듯한 가설로) 그것의 존재론적 지위, '현실'과의 관계는 인식론적 한계에 종속되는 것 같습니다. 그것은 더 깊은 차원에 위치한 세상의 본질을 인식할 때, 우리의 뇌를 제한하는 한계와 같은 것입니다.

따라서 지각·동기·행동에 관한 반응뿐만 아니라, 우리의 이성적 사유와 추론의 방식들이 우리가 진화하고 있는 세상의 조건들에 맞춰 조절되었다는 가능성을 생각해보아야 합니다. 여기에는 문화적 진화 에서 나온 사회적 현실의 차원도 포함됩니다.

## 지식은 어떻게 습득되는가?

**마티유**　인식론은 인식에 관한 이론, 즉 단순한 의견에 대한 타당한 인식과 기초 지식을 구별하고 지식을 습득하기 위해 사용된 방법들을 분석하고 질문하는 철학적 규범에 관한 이론입니다.

**볼프**　신경생물학적 관점에서, '타당한 인식'과 '기초 지식'의 차이는 분명하지 않습니다. 우리는 지각이 구조적이고 능동적인 과정이며, 그 덕분에 뇌가 감각기관을 통해 받아들인 신호들을 해석하기 위해 세상에 대한 '선험적 지식'(선험적 지식은 어떤 인식이 경험에 선행하거나 경험으로부터 독립적이라는 사실을 가리킨다. 선험적 지식들은 뇌에 의해 통합되기 전의 지식이며 새로운 정보에 대한 지각과 동화의 배경막으로 이용된다. 선험적 지식은 경험에 의해 증명되는 경험적·사실적 인식인 후험적 인식과 대비를 이룬다. – 역주)을 사용한다고 간주합니다.

우리는 뇌가 세상에 대해 총망라된 지식을 지니고 있다는 사실을 잊지 말아야 합니다. 프로그램과 자료들을 저장할 뿐 아니라 다양한 과제들을 실행하기 위해 서로 다른 여러 요소들을 담고 있는 컴퓨터와 달리, 뇌에서는 이 모든 기능들이 신경망의 기능적 구조에 따라 결정되고 실행됩니다.

제가 말하고자 하는 것은 '기능적 구조'에 의해 신경세포가 서로 연결된 방식입니다. 즉 어떤 종류의 신경세포가 하나의 신경세포군에 특별히 연관되었는지, 이러한 결합이 자극제인지 억제제인지, 또 강한지 약한지 등에 관한 것입니다. 뇌가 새로운 지식을 습득할 때, 뇌기능의 구조는 변화됩니다. 어떤 신경결합은 강화되고, 또 어떤 결합은 약화됩니다. 따라서 뇌가 이용할 수 있는 지식 전체는, 그 지식을 이용하여 감각신호를 해석하고 행동반응을 결정하도록 만드는 프로그램과 함께 신경구조의 특정한 조직에 존재합니다. 지식의 원천을 연구하는 것은 뇌의 기능적 구조를 결정짓고 변화시키는 요소들을 가려내는 문제로 이어집니다.

우리가 사용할 수 있는 지식의 주요 원천으로는 3가지가 있습니다. 첫 번째(분명 가장 중요한)는 진화로, 이는 뇌의 기능적 구조에서 상당부분이 유전자에 의해 결정되기 때문입니다. 전문화적pre-cultural 사회에서 우세하고, 진화의 적응과정에서 얻어진 조건들과 주로 연관된 이러한 지식은 유전자에 저장됩니다. 이는 갓난아기의 뇌의 기능적 구조에서도 이미 발견됩니다.

이 지식은 내재적인 것으로, 우리가 그것에 대해 의식하지 못한다는 사실을 뜻합니다. 왜냐하면 우리는 그것을 습득하는 시점에 존재하지 않았기 때문입니다. 하지만 우리는 감각기관이 받아들인 신호들을 해석하기 위해 이것을 사용합니다. 이 선험적 지식에 의해 제공된 거대한 양의 정보가 바탕이 되지 않았다면, 우리의 지각을 이해할 수 없었을 것입니다. 왜냐하면 우리는 감각신호들을 어떻게 해석하는지 몰랐을 것이기 때문입니다. 이 타고난 지식에 뇌의 신경구조에 대한 광범위한 후성적 구조화가 추가됩니다. 이 구조화는 뇌의 발달과정에서 개인이 진화하는 현재의 조건에 적응하게 해줍니다.

인간의 뇌는 태어난 이후에 대부분의 신경세포 결합이 발달되는데, 이 과정은 20~25세까지 지속됩니다. 이 기간 동안 수많은 새로운 결합들이 생성되고 또 사라지기도 합니다. 이 결합의 생성과 사멸을 결정하는 것은 신경활동 그 자체입니다. 태어난 후, 신경의 활동은 환경과의 상호작용을 통해 변화합니다. 따라서 뇌구조의 발달은 사회적·환경적 차원에서 비롯된 수많은 후성적 요소들에 의해 결정됩니다.

아이들의 건망증 현상, 즉 성장기에 습득한 이 지식의 상당 부분이 내재적, 즉 비의식적 상태에 머뭅니다. 4세 이전의 아이들은 자신이 경험하고 어떤 정보들을 소화한 맥락을 기억하는 데 있어서 한정된 능력만을 갖고 있습니다. 이는 저장기능을 완성하는 뇌의 중심부가 아직 충분히 발달하지 않았기 때문입니다. 우리는 이 저장기능을 일화기억 episodic memory, 자전적 기억, 서술기억 등이라고 부릅니다.

어린 아이들은 아주 능동적으로 배우고 매우 효과적으로 습득하며, 뇌구조의 구조적 변화 덕분에 정보들을 지속적으로 저장하지만, 이들은 이러한 시초에 대해서는 대부분 아무것도 기억하지 못합니다. 이처럼 인과관계가 뚜렷하게 보이지 않기 때문에, 이러한 지식들은 진화에서 비롯된 지식과 마찬가지로 내재적이며, 확신의 지위, 즉 모두가 당연한 것으로 여기는 진리의 지위를 갖게 됩니다.

모든 선천적 지식과 마찬가지로, 이 후천적 지식도 인지과정을 형성하고 우리의 지각을 구조화하는 데 사용됩니다. 하지만 실제로 우리가 지각하는 것에 후천적 지식이 상당한 영향력을 지니며, 그것을 바탕으로 한 해석의 결과라는 것을 의식하지 못합니다. 즉 유전적 자질

뿐 아니라 그보다 더 후성적인 자질들(다양한 뇌를 형성하는 특정한 문화)이 개인 간의 커다란 다양성을 초래합니다.

따라서 서로 다른 사람들, 특히 서로 다른 문화적 배경에서 자란 사람들이, 같은 현실을 다른 방식으로 이해한다는 사실은 전혀 놀라운 것이 아닙니다. 우리는 우리의 지각이 정신적 구조물이라는 사실을 의식하지 못하기 때문에, 우리가 인식한 것을 현실 그 자체라고 여기게 되고, 따라서 현실에 대한 객관적 지위를 검토하지 않게 됩니다. 타당한 인식과 기초 지식, 혹은 보통의 지식을 구분하기 어렵습니다. 왜냐하면 지각은 그 자체로 하나의 정신적 구조물이기 때문입니다.

**마티유** 확실히 그렇습니다. 하지만 논리적 추론과 연구는 정신적 구조의 작용을 밝힐 수 있게 해줍니다. 특히 미국의 두 학자, 로버트 보이드Robert Boyd와 피터 리처슨Peter Richerson에 의해 활발하게 이루어진 문화적 진화에 대한 연구는, 지난 30년간 놀라운 발전을 한 새로운 학문입니다. 이 두 사람에 따르면, 매우 느린 유전적 진화와 상대적으로 더 빠른 문화의 진화, 이 2가지 진화는 함께 이루어졌습니다. 문화적 진화는 유전자의 영향력만으로는 절대 발전할 수 없었을 심리적 능력들이 등장하도록 도왔습니다. 그래서 이들의 책 제목도 《유전자만이 아니다》[51]입니다.

보이드와 리처슨은, 문화란 여러 이념·지식·신념·가치·교육에 의해 습득된 능력과 행동, 사회에 의해 전달된 모든 종류의 정보와 모방 등의 총체로 해석했습니다.[52] 인간의 계승과 문화적 진화는 축적되는데, 이는 각 세대가 처음부터 이전 세대에 의해 습득된 지식과 기술적 경험을 소유하기 때문입니다.[53]

대부분의 사람들은 우위에 있는 태도·관습·신념 등에 자신을 맞추는 경향이 있습니다. 공동체의 삶과 조화를 이루기 위해, 문화적 진화는 행동규범을 정하고 이를 준수할 때 보상하며 일탈할 때 징벌하는 사회적 제도의 설립을 돕습니다. 하지만 이러한 규범은 이때 결정적으로 고정되는 것은 아닙니다. 문화처럼, 이 규범들도 새로운 지식을 습득함에 따라 진화됩니다.

**볼프** 선험적 지식, 즉 인지적 스키마가 우리의 지각과 그 작용을 결정하는 방식에 대한 예를 들어보겠습니다. 어떤 역동적인 과정을 인식하고 그것에서 파생된 예측들이 선형 혹은 비선형의 역학에 속하는지 판단하는 것은 관찰자의 몫입니다. 기계식 시계는 선형역학의 좋은 예입니다. 만일 최고급의 시계라면, 시계바늘이 움직이는 방식과 어떤 순간에 어느 지점에 있을지 기간의 제한 없이 예측할 수 있습니다.

비선형역학에 대한 예도 있습니다. 그것은 3개의 자석이 삼각형으로 놓인 그 위에서 진동운동을 하는 추시계입니다. 추시계가 모든 면에서 자유롭게 진동한다고 가정해봅시다. 이 경우 추의 움직임은 중력과 운동에너지에 의해 결정될 뿐 아니라, 3개의 자기장이 결합되어 끌어당기는 힘의 영향을 받습니다. 추를 움직이면 그것은 3개 가운데 하나의 자기장 위에 안정화되기 전, 매우 복잡한 궤도로 움직이게 됩니다.

하지만 그 결과는 완전히 예측할 수 없습니다. 추의 운동이 항상 같은 자리에서 시작한다 하더라도, 그것이 어디서 멈출지 예측하는 것은 불가능합니다. 추가 동일한 확률로 왼쪽 혹은 오른쪽으로 진동운동을 할 수 있는 지점은 수없이 많습니다. 아주 작은 힘들이 진동운동의 방향을 결정합니다. 하나의 진동력이 그것을 계속 움직이게 하더라도,

추시계의 궤도는 마찬가지로 예측할 수 없을 것입니다. 이 경우, 추시계는 3개의 자석 주위를 돌게 될 것입니다. 추가 3개의 자석 가운데 하나의 자기장 내부에 위치할 것인지, 평균적인 확률은 계산할 수 있을 것입니다. 하지만 어떤 순간에 어느 지점에 있을지를 정확하게 예측할 수는 없을 것입니다. 만일 '불규칙한' 추로 시계를 조절해야 한다면, 사람들은 전혀 예측이 불가능한 바늘의 움직임을 관찰하게 될 것입니다.

인간의 지각이라는 측면에서, 2가지 원인은 선형성이 매우 적합한 전략이라는 추론을 가능하게 합니다. 우선, 우리를 둘러싸고 있는 다수의 적절한 과정들이 선형적 모델로 파악될 수 있습니다. 다음으로, 비선형적 시스템의 역학이 매우 예측 불가능하기 때문에, 그 궤도의 역학을 계산하려는 것은 큰 의미가 없습니다. 주로 비선형적 과정의 진화를 예측할 수 있게 해줄 직관을 개발하는 것이, 특별히 유익할 게 없는 이유이기도 합니다.

그 예로 우리는 직관적으로 모든 시스템이 선형적으로 통제된다는 것을 가정하기 때문에, 우리는 경제적·생태적 시스템의 복합적인 역학을 정확하게 이해하는 데 어려움이 있습니다. 우리는 이 시스템들의 궤도를 예측하고 통제할 수 있다는 환상을 갖고 있어서, 우리의 개입이 우리의 기대와는 철저하게 다른 결과들을 대할 때 매우 놀랍니다. 인지능력과 직관의 진화에 관한 이 한계들을 고려하면, 우리는 조심스러운 질문을 하나 던지게 됩니다. 신뢰할 만한 지식의 근원은 무엇인가? 우리의 직관과 보통의 지각, 집단적으로 습득한 과학적 명제와 사회적 신념들 사이에 모순이 발견될 때, 이 질문은 더욱 첨예해집니다.

마티유 불교는 현상계를 정확히 이해하려면 모든 현상들이 서로 영향을 주고받는 상호의존적 원인과 조건들의 영향을 받으며, 선형적 인과관계에 제한되지 않는다는 사실을 인정해야 한다고 말합니다.

## 현실에 대한 타당한 인식이 존재할 수 있는가?

마티유 불교에 따르면, 사물은 겉으로 보이는 것과 실제 사이에 분명 차이가 있다고 합니다. 그렇다면 이 격차는 어떻게 채울 수 있을까요?

사막에서 목마른 사람이 신기루를 본다면, 그는 물을 마시려고 달려갈 것입니다. 하지만 그것은 엄연한 환상일 뿐이죠. 이처럼 보이는 것과 현실이 꼭 일치하는 것은 아님을 보여주는 예는 얼마든지 많습니다. 신기루에서 물을 마실 수 없듯, 그 지각이 부적절할 때 티베트 불교에서는 이 잘못된 인식을 '부적절한 인식'이라고 합니다. 만일 우리의 지각방식이 제대로 작동한다면, 그것은 '타당한 인식'이라고 불립니다.

불교에서 '궁극적 논리'라고 부르는 더 깊은 차원의 분석에 따라, 만일 우리가 물을 독립적이고 실존을 지닌 현상으로 인식한다면, 이 지각은 부적절한 인식으로 간주됩니다. 반대로 물이 본질적 실체가 없는 최종의 단계로, 다양한 원인과 조건들로 생긴 일시적이고 상호의존적 현상으로 인식한다면, 이 지각은 타당한 인식이 됩니다.

2,000년 전부터 주석자들이 논의해온 지각에 관한 불교이론에 따르면, 지각을 하는 첫 순간에 우리의 감각은 하나의 대상을 파악합니

다. 이어서 가식이 없고 관념적이지 않은 정신적 이미지, 즉 심상이 생겨납니다(형태·소리·맛·향기·촉감 등). 지각의 세 번째 단계로, 개념적 과정이 시작됩니다. 기억들과 습관적 스키마가 이 심상에 겹쳐지는데, 우리의 의식이 과거 경험에 의해서 형성된 방식에 따라 이루어집니다.

이 지각의 과정은 다양한 개념들을 탄생시킵니다. 꽃을 예로 들어봅시다. 우리는 그 꽃에 대해 예쁘다 혹은 추하다고 생각하게 되는 판단을 거기에 중첩시킵니다. 그리고 그것에 관한 긍정적, 부정적 혹은 중립적 감정을 발전시켜나가죠. 이 감정들은 차례로 매력·반감·무관심을 불러일으킵니다. 이 시간 동안, 모든 사물의 일시적 속성으로 인해 외부현상은 이미 변화되어 있습니다.

우리는 감각적 경험과 관련된 의식이 현실을 있는 그대로 지각하지 못한다는 것을 알 수 있습니다. 우리는 궁극적 단계에서 그 어떤 본질적 특성도 없는 이미지, 즉 어떤 현상의 이전 상태에 대한 이미지만을 지각합니다. 거시계 차원에서 우리가 별을 바라보는 것은, 사실 수년 전에 존재했던 것을 바라보고 있는 것입니다. 왜냐하면 그 별에서 방출된 빛이 우리에게 도달하려면 수년씩 걸리기 때문입니다. 다른 모든 지각들도 마찬가지입니다. 우리는 하나의 현상을 실시간으로 직접 보지 않고, 이런저런 방식으로 항상 그것을 왜곡시킵니다.

게다가 꽃(혹은 다른 모든 대상)에 대한 심상도 착각을 일으키는 허상으로, 우리가 그것을 독립적 개체로 지각하여 아름다움 혹은 추함 등을 그 자체의 고유한 특징으로 평가하기 때문입니다. 이렇게 잘못된 지각방식은 불교에서 무지 혹은 정신적 혼동이라고 부르는 것에 속합니다. 이러한 종류의 근본적 무지는 꽃의 이름을 모르거나, 그 치료적 효과나 해로운 영향을 모르거나, 그것의 성장과 번식에 대해 모르는 것처럼 단순히 정보가 없는 것이 아닙니다. 여기서 문제가 되는 '무지' 란 더 깊은 차원에서 잘못되고 거짓된 현실을 이해하는 방식에 관한 것입니다.

제가 '내 세상'으로 지각하는 것이 저의 인간적 의식과 비선형적으로 상호작용하는 외부현상들의 광범위한 전개가 만나 생긴 결정체라는 사실을 이해하는 것이 중요합니다. 이 만남이 일어날 때, 현상들에 대한 특정한 지각이 이루어집니다. 예리한 시각(여기서 예리한 시각은 현상들의 진정한 속성, 즉 고유한 존재의 공허를 이해하고 구체화시키는 능력을 가리킨다. - 역주)을 타고난 사람은 우리가 지각하는 세상이 관찰자의 의식과 여러 현상들 사이에 일어나는 이성적 처리과정에 의해 결정된다는 사실을 이해합니다. 따라서 외부현상에 본질적인 특성, 즉 미와 추, 매력과 반감 등의 특징을 부여하는 것은 잘못된 일입니다. 이 예리한 시각은 치료의 효과가 있습니다. 즉 결국에는 고통을 불러일으키게 되는 강박적인 매혹과 반감의 메커니즘을 막아주기 때문입니다.

다시 처음의 질문으로 돌아가보죠. 그래요, 잘못된 지각을 뛰어넘어서 고유하고 독립적인 실존이 없는 비영속적 대상으로서의 꽃에 대한 진정한 본질에 대해 정확하게 이해하는 것이 가능합니다. 이러한 이해에 도달하는 것은 우리의 감각인식이나, 과거의 습관에 달린 것이 아니라, 현상계의 본질에 대해 정확한 분석적 탐구에 달려 있습니다. 이는 불교에서 '분별력 있는 지혜'라고 부르는 통합에 의해 그 정점에 도달하는 것으로, 이 심오한 통찰력은 현상들을 심상에 중첩시키지 않고, 그 궁극적 본질을 이해합니다.

**볼프**  이 개념은 현대 신경과학의 견해와도 일치합니다. 직관에 대한 정신적-물리적psycho-physique 연구와 인식의 바탕을 이루는 신경과정에 대한 신경생리학 연구 덕분에, '인식'하는 것이 주로 '재구성'하는 것이라는 증거를 얻었습니다. 뇌는 우리의 감각기관에서 송신된 다양한 신호들을 자신이 가진 세상에 대한 지식과 뇌구조에 저장된 방대한 데이터베이스와 비교하여 우리에게 현실에 대한 '지각대상'(하나의 지각은 외부자극을 지각한 형태이다. 이것은 일관성 있는 전체로서 서로 다른 방향으로 연결된 지각들을 조직한다. - 역주)으로 여겨지는 것을 만들어냅니다.

외부세계를 인식할 때, 우리는 먼저 감각신호와 우리가 가진 지식 사이에 대략적인 합일점을 찾습니다. 그리고 이 근사치는 반복과정을 통해 점점 최적의 해답으로 수렴되어 나갑니다. 즉 해결되지 않은 모호성이 최소화된 상태가 되는 것입니다. 이 적극적인 탐구와 합일의 과정에는 우리의 주의력이 동원되는데, 이는 시간이 걸리고 해석적인 성격을 지닙니다. 사실 우리는 그 비교과정의 결과만을 인식하는 것이죠. 지각에 관한 이 신경과학의 시나리오가 스님의 분석과 일치하는 것 같습니다! 제가 '선험적 지식'이라고 부르는 것은 스님께서 '의식'이라고 하신 것으로 대체하면 됩니다.


**마티유**  지각에 대한 이 개념을 보여주는 2가지 방식이 있습니다. 하나는 신경과학이 사용하는 3인칭 시점을 취하는 것이고, 또 하나는 주관적 경험에 바탕을 둔 1인칭 시점을 취하는 것입니다. 방금 세상에 대한 우리의 지각이 신경체계의 증대된 복잡성과 진화에 의해 형성된 방식에 대해 말씀하셨습니다. 불교의 관점에 따르면, '우리의 세상', 적어도 '우리'가 지각하는 세상은 의식의 작용방식과 복잡하게 얽혀 있습니다. 인간의 것이든 아니든, 서로 다른 의식의 흐름들이 외형이나 과거 역사에 따라서 세상을 전혀 다른 방식으로 인식하는 것이 분명합니다. 우리로서는 개미나 박쥐가 인식한 세상이 어떤 모습일지 상상조차 할 수 없습니다. 우리가 아는 유일한 세상은 우리 방식의 특정한 의식과 현상계 사이의 관계의 산물입니다.

우리가 '바다'라고 부르는 것을 예로 들어봅시다. 고요하고 날씨가 좋은 날, 바다는 물로 된 거울처럼 보입니다. 하지만 또 어떤 날은 거센 폭풍우가 치는 광경을 보여줍니다. 어떤 경우든 2가지 상태를 모두 바다라고 부릅니다.

하지만 박쥐는 완벽한 상태의 잔잔한 바다에서 나오는 초음파와 다음 날 맹위를 떨치는 바다에서 나오는 초음파를 어떻게 해석할까요? 이것은 양자물리학이 우리의 일상적 표시를 뛰어넘는 것과 마찬가지로, 우리의 상상을 뛰어넘는 것입니다. 불교에서 우리가 유일하게 지각하는 현상계는 의식의 특정한 외형에 달려 있으며, 그것은 경험과 과거습관에 의해 형성된다고 말하는 이유도 이 때문입니다.

**볼프**  이 개념은 서구의 관점과 완전히 일치합니다. 철학자 토마스 네이젤Thomas Nagel은 우리가 박쥐라면 느꼈을 것을 상상하는 것은 불가능하다고 주장했습니다.[54] 주관적 경험의 감각질qualia이 늘 간단하게 해석되는 것은 아닙니다. 우리가 고도로 정밀한 커뮤니케이션 시스템과, '다른' 인간의 정신적 과정을 상상할 수 있는 능력과 언어를 갖고 있다고 해도, 우리가 타인이 자신과 자신을 둘러싼 세상을 어떻게 경험하는지를 정확하게 알 수 있는 것은 여전히 매우 어렵거나 혹은 불가능합니다.

**마티유** 사물이 겉으로 보이는 방식과 그것이 실제로 어떤지, 특히 그것이 시각적 착각을 일으키는 경우처럼 모든 상황에서 어떤지, 그 사이의 격차를 줄이는 것은 우리에게 분명 매우 어려운 일입니다. 그러나 단순한 시각적 착각보다 훨씬 더 근본적인 다른 격차들을 메우는 것은 가능한 일입니다. 불교에 따르면, 사물이 보이는 방식과 실존하는 방식 사이의 차이를 줄이는 데는 매우 실용적인 목표가 있습니다. 바로 '고통에서 자유로워지는 것'입니다. 왜냐하면 고통은 세상에 대한 우리의 인식이 잘못되어 실제와 차이가 있을 때, 끊임없이 나타나기 때문입니다.

## 인지적 착각은 불가피한가?

**볼프** 스님께서는 이 인식의 격차가 일정한 조건에서 채워질 수 있다고 주장하시는 것 같습니다만, 저는 좀 반대하는 입장입니다. 사실 지각하는 것은 항상 해석으로 이어지고, 그에 따라 감각 신호에 속성을 부여하게 됩니다. 따라서 지각은 항상 정신적 구조물인 것이죠.

**마티유** 감각적 지각에 대해서는 그 말씀에 전적으로 동의합니다. 하지만 현실의 궁극적 본질에 대한 탐구는 또 다른 문제입니다. 사물의 외양과 실존 방식 사이의 차이를 줄일 수 있는 영역인지 아닌지를 진단하는 것이 중요한 이유죠. '이거 정말 예쁘다.' 혹은 '이거 탐나는데.' 혹은 '이건 정말 싫어.'라고 생각할 때, 이 개념들을 외부현상에 투사하는 것을 우리는 의식하지 못합니다. 이러한 태도는 결국 현실과 일치하지 않아서 실망하게 만들 뿐이며, 온갖 정신적 반응과 감정들을 불러일으키죠.

막 피어난 장미 한 송이를 생각해보세요. 시인은 그것을 매우 아름답다고 여깁니다. 이제 당신이 그 꽃잎들 중 하나를 갉아먹고 있는 작은 곤충이라고 상상해보세요. 그것은 정말 맛있는 것일 테죠! 하지만 당신이 호랑이라면, 장미는 그저 지푸라기 한 움큼만큼의 관심도 불러일으키지 않을 것입니다.

원자보다 작은 아원자亞原子 차원에서 당신이 장미라고 상상해보세요. 그러면 당신은 사실 빈 공간을 가로지르는 소립자들의 소용돌이일 것입니다. 양자물리학 전문가는 이 소립자가 '사물'이 아니라 양자물리학적 공간에 펼쳐지는 '가능성의 파도'라고 말할 것입니다. 장미로서, 장미에게 남은 것은 무엇일까요?

불교는 현상들을 '사건'이라고 부릅니다. '사물', '결집체'를 뜻하는 산스크리트어 삼스카라samskara의 문자적 의미는 '사건' 혹은 '행동'입니다. 양자물리학에 따르면, 사물의 개념은 우리가 그것을 이해하는 방식, 특히 어떤 수단을 통해 그것을 이해하고, 그것을 통해 하나의 사건을 구성하는 방식과도 연관이 있습니다. 양자물리학에 대한 새로운 예를 들자면, 지각의 대상물들이 고유한 특성과 독립적 실존을 가졌다고 생각하는 것은, 조밀하게 뒤얽히고, 전체적인 현실에 속한 소립자에 대해 제한된 특성을 잘못 부여하는 것입니다.

따라서 불교철학은 정확한 연구방법을 사용하여 이성적 사유와 경험을 통해 현상의 진정한 본질을 꿰뚫고, 현실에 대한 잘못된 이해

(사물화되고 이원론적인)에서 벗어날 수 있다고 생각합니다. 우리에게 오류를 초래하는 메커니즘을 정확하게 알아보고, 현상의 진정한 본질에 더 부합하는 시각을 갖는 것은 지혜에 바탕을 둔 해방의 과정입니다. 이는 우리가 시각적 착각에 절대 속지 않게 된다는 뜻은 아니지만, 현상들이 독립적이고 지속적인 개체로 존재한다고 생각하게 할 정도는 아닙니다.

**볼프** 스님께서 착각에 대해 말씀하실 때, '싫은' 혹은 '아름다운', '매력적인' 혹은 '혐오스러운' 등의 감정적 특징과 특성들을 부여하신 것이 흥미롭습니다. 그것은 우리의 인식에 추가된 정보, 즉 특정한 측정도구를 통해 얻은 객관적 데이터를 가진 지각적 착각을 떠올리게 합니다. 상호의존적인 측정이 없다면, 어떤 착각을 있는 그대로 밝힐 수 없을 것입니다. 때문에 과학은 착각을 가려내고 뇌가 잘못된 해석을 하는 이유를 찾으려고 노력합니다.

지각의 착각이나 왜곡에 대한 대부분의 연구에 따르면, 이는 사물의 불변하는 특성들을 지각하게 해주는 해석이나 추론의 결과라는 사실이 밝혀졌습니다. 이러한 메커니즘 없이는, 어떤 빛 아래에서든 꽃한 송이의 색깔도 제대로 지각할 수 없습니다. 태양광의 스펙트럼은 끊임없이 바뀌고, 사물을 비추는 빛의 스펙트럼도 마찬가지입니다. '정확한' 해석 없이, 우리가 지각하는 장미의 색깔은 새벽과 황혼 무렵에 똑같지 않을 것입니다.

뇌가 이 문제를 바로잡는 것이죠. 뇌는 대상에 의해 반영되는 빛깔의 스펙트럼과 본래 색에 대한 선험적 지식 사이에 존재하는 '관계'에서, 대상을 비추는 빛의 스펙트럼 구성을 추론해냅니다. 그리고 이 데이터를 바탕으로, 대상에 대해 실제로 지각한 색을 결론내립니다. 그러므로 상황에 따라 서로 다른 물리적 신호가 동일하게 지각될 수 있고, 반대로 물리적으로 동일한 신호가 서로 다른 지각을 불러일으킬 수 있습니다.

이와 같은 추론의 메커니즘은 착각으로 이어질 수 있지만, 이 착각은 생존에 유리한 역할을 합니다. 사실 이는 끊임없이 변화하는 세상에서 지속적인 특성들을 이끌어내는 것입니다. 예를 들어 먹을 수 있는 베리와 독이 있는 베리가 있다고 칩시다. 독이 있는 베리는 조금 더 보랏빛을 띠는데, 이 2가지를 구분하기 위해 색에 대한 지각에 의존하는 동물의 경우, 그 순간의 빛에 따라 보이는 대로 과일의 '진짜' 색을 분석할 수는 없습니다. 우선 빛의 원천인 태양의 스펙트럼 구성을 측정해야 하고, 이어서 자신이 인식한 색을 재구성해야 합니다. 우리는 끊임없이 변화하는 세상에서 불변성을 보장하고, 또 우리의 생존을 보장해주는 이러한 재조정 작업의 복잡한 과정을 의식하지 못합니다.

이 모든 작업들은 주로 다양한 감각자극과 우리의 뇌가 그것을 다루는 방식 사이의 관계에 대한 평가에 바탕을 두고 있습니다. 우리는 자신의 신체적 측정수단으로 측정하기 때문에, 자극의 강도, 음파의 길이, 광파, 혹은 화학적 농도 등에 대한 절대적 수치는 거의 인식하지 못합니다. 우리는 이러한 변수를 주로 다른 변수들과의 관계, 즉 차이, 증가, 상대적 대비 등을 통해 인식합니다. 우리가 시간과 공간 사이에 확립한 비교 덕분에, 차이점을 강조하고 그 강도의 넓은 폭을 아우르며, 우리가 이미 얘기한 것처럼, 인식의 불변성을 확립하는 점에서, 이것은 매우 경제적이고 효과적인 전략입니다. 아주 잘 조절된 이 발견적 탐색과정의 장점을 고려하면 우리는 '착각'을 일으킨 지각들을 규정하는 것이 정당한지 아닌지 자문할 수 있습니다.

**마티유** 저는 사물의 특성에 대한 지각을 이야기한 것이 아니라, 우리가 보고 있는 대상에 대해 '추함'이 그 본질적 특성이라고 믿는 것 같은 '인지적 착각'을 해소하는 능력에 대해 말한 것입니다. 선생께서 강조하신 바와 같이 일부 착각들은 우리가 세상에 적응하는 데 도움이 됩니다. 비록 사건들이 지속적이거나 각자가 단일한 독립적 자아를 갖고 있다고 생각할 때는 그렇지 않지만 말입니다.

**볼프** 그렇다면 스님께서는 혹은 불교철학에서는, 착각이나 현실의 왜곡이 무엇이라고 보십니까? 객관적인 측정도구가 없더라도 주관적인 경험과 지각에만 의존하여 착각과 현실의 차이를 구별하는 것이 가능하다고 주장하셨습니다. 저는 그게 어떻게 가능한지 모르겠습니다.

**마티유** 선생께서 말씀하신 지각적 착각은, 강조하신 것처럼, 세상에서 기능을 수행하는 데 유용합니다. 하지만 이것은 행복과 고통에 대한 주관적 경험에 대해 아주 제한된 영향력만을 가집니다. 제가 설명드렸던 '인지적 착각'은 그 반대의 결과를 낳습니다. 즉 우리로 하여금 고통을 유발할 수 있는 잘못된 행동을 선택하게 만들죠.

선생께서 말씀하신 착각은 자연의 진정한 경이로움이라고 할 만큼 완벽한 적응을 완수하게 합니다. 정신은 어쩌면 믿을 만한 측정도구가 아니고 신뢰할 만한 지각의 보증도 아니지만, 매우 강력한 '분석' 도구 중 하나입니다. 예를 들면, 아인슈타인의 '사고의 경험'(사고의 경험은 오로지 상상력의 힘을 빌려 문제를 해결하려는 시도의 일종이다. 이러한 형태의 심사숙고는 철학자·수학자·물리학자들이 많이 이용한다. – 역주)은 불교 특유의 현상들이 지닌 영속성이 없고 상호의존적인 본질에 대한 심오한 탐색과 마찬가지로, 사실입니다.

**볼프** 하지만 이 개념을 어떻게 모든 인지적 기능과, 사회적 현실 및 사회적 관계에 대한 지각, 그리고 가치에 대한 신뢰와 시스템에 이르기까지 제대로 확장시킬 수 있을까요? 제가 조금 전 언급했던 정신물리학의 예는 우리가 지각한 것을 구성하고 현실에 대한 결과에서 경험을 얻는 경향이 있다는 것을 우리에게 가르쳐준다고 생각합니다. 또한 우리가 시각적·청각적 지각뿐 아니라 사회적 현실의 경우에도 마찬가지라고 생각합니다. 여러 사람이 하나의 동일한 상황을 서로 다르게 지각할 경우, 우리는 있는 그대로 사실을 어떻게 식별할 수 있을까요?

**마티유** 바로 그 때문에 이성적 사고와 지혜를 사용해야 합니다. 제가 아무도 고통받기를 원하지 않는다고 주장한다면, 타인에게 증오를 느끼는 것과 다른 사람이 당신에게 하지 않았으면 하는 일을 강요하는 것은 바람직하지 않다고 결론내리는 것이 합리적일 것입니다. 어떤 부분들은 사회적 현실을 초월하죠.

**볼프** 그렇습니다. 하지만 지각만큼이나 우리의 직관이 신경과정에 의존한다면(저는 '내면의 눈'이 그 자체로 신경의 상호작용 기능이 아니라고 생각할 수는 없다고 봅니다) 우리가 인지하는 내용들은 뇌가 기능하는 방식, 그리고 결국에는 유전자와 후천적 경험에 의해 결정이 됩니다. 모든 인간은 상당히 유사한 유전적 유산을 갖고 있습니다. 따라서 우리는 지각과 해석에 있어서 상당한 합의점을 공유합니다. 하지만 우리는 다양한 경험을 하게 되며, 특히 서로 다른 문화에서 성장할 때 더욱 그렇습니다. 하나의 동일한 사회적 상황을 목격한 두 사람이 그 상황을 서로 다르게 인식할 수 있으며, 자신의 경험이 단 하나의 타당한 현실이라고 생각할 수 있습니다. 따라서 상대가 틀렸다는 것을 설득시키기가 불가능하므로, 윤리적·도덕적 판단이 서로 상당히 어긋날 위험이 있습니다.

사회적 현실에 대한 지각의 경우, '객관적' 측정도구는 존재하지 않습니다. 다만 서로 다른 지각이 존재할 뿐, 그 자체로 진실 혹은 거짓은 없습니다. 이러한 상황은 관용에 대한 우리의 생각에 깊은 반향을 일으킵니다. 이러한 문제를 다수결로 푸는 것은 공정한 해결책이 분명 아닐 것입니다.

자신의 의견이 옳다고 전제하면서도, 우리를 방해하지 않는 한 그들이 '잘못된' 지각을 간직할 권리를 갖게 두는 것은, 창피스럽고 무례한 일입니다. 하지만 이러한 것이 '관용적인' 행동으로 여겨지는 것이 사실입니다. 오히려 우리가 해야만 하는 것은 다른 사람의 지각 역시 우리의 지각만큼 옳다고 여기고, 이러한 고려들을 서로 해야 한다는 것입니다. 이 상호성에 대한 합의가 깨지는 순간부터 상대편은 제재를 가할 권리를 갖게 될 것입니다.

말씀하신 것에 대한 결론을 내리자면, 스님께서는 이러한 상황들에 대응할 수 있는 방법을 갖고 있으며, 그것은 다양한 의견을 불러일으키는 갈등을 해결하는 데 분명 매우 중요한 사항이 될 것입니다. 불교철학에 의해 발전한 명상법들이 다양한 지각 사이의 갈등과 인지적 다양성의 경우에 도움이 될 수 있다고 생각하십니까?

**마티유** 사람들의 도덕적 가치와 뿌리 깊은 신념들을 완전하게 인식하는 것이 좋습니다. 이는 사회적·문화적 지각이 인지적 착각만큼이나 오류가 있을 수 있으며 2가지 모두 유사한 방식으로 형성되기 때문입니다. 우리는 때때로 다른 민족이나 종교, '우' 혹은 '열'의 사회적 지위에 속하는 사람들을 지각합니다. 어느 날 우리가 '친구'로 느낀 사람이, 다음 날 '원수'가 되기도 합니다. 히말라야 출신의 어떤 사람은 현대 서구의 예술작품들 대부분이 의미가 없다고 생각할 것입니다. 이러한 모든 견해들은 인간에 의해 생기는 수많은 문제들의 원인이 되는 정신적 생산물입니다.

불교식 접근은 우리가 우위라고 생각하는 다른 이념들을 강요하면서 사람들을 대하는 것이 아니라, '모든' 의견들은 잘못된 것일 수도 있으며 그것을 당연한 것으로 여겨서는 안 된다는 것을 이해하도록 돕는 것이 목적입니다. 우리가 자아의 실존에 대한 신념에 반박할 때, 그 말을 듣고 싶어 하는 사람에게 '자아는 없다.'라고 주장하는 것에 그친다면 아무 도움이 되지 않습니다. 대신 우리가 먼저 자아라고 일컬어지는 특징들을 주의 깊게 연구하고, 그것이 구별된 개체로 존재하지 않는다고 결론을 내린 후, 다른 사람도 동일한 분석을 통해 스스로 답을 찾을 수 있도록 초대하는 것이죠.

타인이 우리와 같은 시각으로 사물을 판단하게 하거나, 우리의 의견과 도덕적 혹은 미학적 가치를 받아들이도록 강요하려는 생각은 조금도 없습니다. 그보다 이들이, 본질적인 현실이 없는 것처럼, 사물의 속성에 대해 정확한 시각을 가질 수 있도록 돕고자 하는 것입니다.

사실 그들이 어떤 문화에 속했든지, 사람들은 '모두' 자신의 고유한 정신의 구조들을 현실과 중첩시킵니다. 이 문제는 논리적 사고의 과정을 거치고, 자신이 현실을 왜곡했다는 사실을 인식하면서 검토할 때에만 해결될 수 있습니다. 그것이 지각의 대상이든, 지각하는 주체이든 명백한 실존을 지닌 독립적 개체로 존재하는 것은 아닙니다.

참과 거짓의 문제나 도덕적 판단의 문제에 대해, 다양한 형태의 조정 혹은 불교식 용어로 말하면 '착각'들이 서로 다른 개념들과 윤리적 시스템으로 표출됩니다. 따라서 어떤 사람들은 살인까지 무릅쓰고라도 복수하는 것이 도덕적이라고 판단합니다. 이러한 논리라면 사람을 죽이는 것이 잘못된 일이라는 것을 증명하기 위해 누군가를 죽여야 할까요? 선의와 자비에 바탕을 둔 몇 가지 보편적 원칙들을 분별하는 것은 분명 가능합니다. 선의와 자비는 타인에 대한 염려, 정신의 개방성, 정직성 등과 같이 근본적인 가치들에 대한 합의에 이르는 데 유용합니다.

불교의 목표가 고통의 근본원인을 없애는 데 있다는 것을 떠올려 보기 바랍니다. 불교는 다양한 수준의 고통을 깊이 있게 연구합니다. 어떤 종류의 고통은 모든 사람에게 분명한 것으로, 치통이나 혹은 더 분명하지만 비극적인 예로 학살 등이 있습니다. 하지만 고통은 변화와 비영속성에도 뿌리를 두고 있습니다. 즐겁게 피크닉을 갔다가 갑자기 아이가 뱀에 물리기도 하고, 맛있는 음식을 먹다가 식중독에 걸리는 일도 있죠. 수많은 유쾌한 경험들은 결국 중립적이거나 불쾌한 경험이 될 수도 있습니다.

그 자체로는 도무지 파악할 수 없는 훨씬 더 깊은 수준의 고통이 모든 고뇌의 근본원인입니다. 정신이 증오, 갈망, 질투 등의 고통스러운 정신적 상태와 착각들로 영향을 받고 있는 한, 고통은 어떤 순간에든 나타날 수 있습니다.

세상이 견고하고 뚜렷한 개체로 구성되지는 않았지만, 수많은 유동적 현상들 사이에 역동적인 상호작용의 흐름으로 이루어진다는 사실을 인정함으로써, 비영속성을 정확하게 이해할 수 있습니다.


## 정신으로부터 완전히 독립된 현실은
## 존재할 수 없다

**볼프**  그렇다면 무엇이 현실일까요? 하나의 동일한 것을 서로 다른 각도에서 보는 것 아닐까요?

**마티유**  그 점에 대해 어떻게 확신할 수 있을까요? 외양이라는 장막 뒤에, 우리나 세상과 독립되어 스스로 존재하는 현실이 있다는 것을 증명하기란 불가능합니다. 외양 뒤에 분명한 기층이 존재한다고 가정하는 것은 논리적인 것처럼 보일 수 있지만, 이러한 가설은 검토가 필요합니다. 양자물리학이 등장하기 전에도, 수학자 앙리 푸앵카레Henri Poincaré는 "그 현실을 인식하고 바라보고 느끼는 정신으로부터 완전히 독립된 현실은 존재할 수 없다. 만일 존재한다고 해도 외부세계 역시 우리에게는 언제나 접근이 불가능하다."고 말했습니다.[55] 이 세상에서 우리가 파악할 수 있는 모든 현상들을 측정하는 것은, 어떤 경우에든 우리가 관찰하는 것이 그 자체로 존재하고 본질적 특성을 갖고 있다는 것을 증명할 뿐입니다. 지각·외양·측정 등은 그 자체로 사건들에 불과합니다. 우리가 달을 볼 때 손으로 한쪽씩 번갈아 눈을 가리면, 2개의 달을 보게 됩니다. 두 번째 달은 더 이상 실제가 아니지만, 우리는 이

동작을 몇 번이고 반복할 수 있습니다. 하지만 첫 번째 달이 결과적으로 동일한 실제인지도 의문을 품어야 합니다.

이것은 여러 현상들에 부여된 특징들에 적용이 됩니다. 예를 들면 미술품처럼 하나의 사물이 관찰자와는 별개로 본질적으로 아름답다면, 세련된 파리지엥이든 오랫동안 현대문명과 담쌓은 채 산골에서 살아온 은둔자든, 모든 사람이 그 아름다움에 감동을 받을 것입니다.

**볼프** 그러면 스님께서는 구성주의적 접근을 하시는 거군요. 사람들은 저마다의 방식으로 세상을 구성한다고 생각하시는 거죠.

**마티유** 그렇습니다. 하지만 잘못된 구성일 때가 많죠. 왜냐하면 우리는 정신적 작업에 진실이라는 요소를 계속해서 부여하기 때문입니다. 불교는 우리의 일상적인 지각의 본질을 심도 있게 분석함으로써, 우리의 지각을 '해체'합니다. 이는 우리가 모든 현실을 이런저런 식으로 왜곡한다는 것을 이해하기 위한 것입니다.

**볼프** 왜곡에 대해서는 말씀드리지 않겠습니다. 객관성이 없다면, 아무것도 왜곡시킬 수 없기 때문입니다. 객관적으로, 우리가 바꿀 수 있는 것은 아무것도 없습니다. 사람들은 서로 다른 해석을 할 수 있을 뿐입니다.

# 본질적 현실의 부재와 비영속성

_____ **마티유** 객관성은 단순히 우리가 인식하는 것의 다양한 측면 가운데 하나가 아니라, '모든' 현상들이 비영속적이고 고유한 특징이 없다는 사실을 이해하는 것입니다. 이러한 이해는 모든 외양과 모든 지각에 적용됩니다. 따라서 현실의 왜곡은 스스로 존재하는 진정한 현실에 따라 정의되는 것이 아닙니다. 이미 말했다시피, 이 왜곡은 현상들에 대해 일종의 고유한 현실성과 영속성, 독립성을 부여하는 데 있습니다.

왜곡으로부터 자유로운 현실이라는 견해는, 우리에게 평범하게 보이는 다양한 양상들 가운데 하나를 중시하는 것이 아닙니다. 그보다 착각이 일어나는 과정을 이해하고, 현상계가 상호의존적이고 역동적인 사건들의 흐름이라는 사실을 완전히 받아들이며, 우리가 인식하는 것은 현상들과 의식이 상호작용한 결과임을 아는 것이 중요합니다. 이러한 견해는 모든 상황에 부합하는 것입니다.

불경에서는 물컵을 예로 들어 물을 지각하는 수많은 방법들이 있다는 것을 보여주죠. 우리는 물을 마시는 음료로 인식할 수도 있고, 몸을 씻는 물질로 인식할 수도 있습니다. 반면 물고기에게 물은 공간의 개념일 것입니다. 과학자의 눈에는 수많은 분자로 이루어진 형태로 보이겠지만, 공수병에 걸린 사람에게는 공포를 불러일으키는 것이죠. 불교의 우주론에 따르면 지각이 있는 어떤 존재는 물을 불처럼 지각하며, 또 어떤 존재들은 향기로운 신들의 음료처럼 지각합니다. 하지만 이 모든 지각들 이상으로, 한 잔의 물은 그 자체로 존재하는 것일까요?

불교식 답변은 '아니다.'입니다.

복잡한 현상들의 총체가 우리의 감각 및 의식과 상호작용을 할 때, 특정한 대상이 우리의 정신 속에서 명확하게 구체화됩니다. 우리는 이 대상을 음료로 볼 수도 있고, 공수병에 걸렸다면 두려운 것으로 지각할 수 있습니다. 어떤 시간과 장소에서든, 독립적인 대상물과 스스로 존재하는 주체를 찾기란 불가능합니다.

그 물컵은 유일하고 명백한 현실을 지닌 견고한 개체로 존재한 것이 아닙니다. 단지 상호의존적인 관계의 체계 속에서만 존재하는 것이죠. 따라서 불교에서 '현실'이라고 부르는 것은 스스로 존재하는 현상들로 존재하는 것이 아니라, 반대로 본질적 현실의 부재와 비영속성에 대한 의미내포를 가리킵니다.

**볼프** 그것은 현대 신경생물학의 구조주의적 입장과도 상당히 일치하는 것입니다. 하지만 세계는 몇 가지 특성들을 갖고 있고 동물들은 대상물과 그 특징을 정의하기 위해 동일한 기준들을 공유하는 것 같습니다. 일반적 세계인 중시계 차원에서, 우리가 '바위'라고 부르는 견고하고 불투명한 물체가 있습니다. 그 뒤에 동물들이 숨기도 하고, 누군가가 산 정상으로 밀어 올리면 내리막으로 굴러 떨어지는 물체죠. 모든 포유류가 형태를 파악하기 위해 유사한 원리를 사용한다는 것, 즉 포유류는 자신의 지각을 구성하기 위해 동일한 규칙과 가설을 이용한다는 증거가 있습니다.

**마티유** 그렇습니다. 그 형태는 다양하지만 그 속에 충분한 유사성이 있는 인식들(인류와 일부 동물, 즉 유인원·돌고래·코끼리·새 등 사이의 유사성)

은 그 각각의 인식수준에 따라 세상에 대해 어느 정도 비슷한 지각을 갖게 할 것입니다. 인식들의 구조가 서로 다를수록, 그것이 인식하는 세계 또한 그만큼 달라집니다.

중요한 점은 이것입니다. 만일 우리가 분석적 연구를 통해 내포된 의미를 통합하여 나름의 방식대로 세상과 우리를 연결시킴으로써, 인지적 착각에서 벗어난다면 착각에서 비롯된 매력과 반감에서도 점차 자유로워질 수 있을 것입니다. 현상의 진정한 본질에 익숙해질수록, 우리는 고통의 근본원인들에 대해 이해하고 거기에서 벗어나는 법에 더 다가갈 것입니다. 이러한 자유는 우리로 하여금 쉽게 고통에 빠지지 않는, 최적의 방식으로 살게 해줄 것입니다.

볼프  흥미로운 이야기군요. 우선 스님께서는 구조주의적 관점을 택하고, 이어서 정신적 작업에 대한 유효성을 다시 검토하셨습니다. 그리고 이러한 방향전환이 고통의 감소로 이어진다고 결론내리셨습니다.

마티유  그것이 불도佛道가 추구하는 바입니다.

볼프  죄송하지만 이 흐름을 이해하기 위해 되짚어보겠습니다. 계몽주의 정신 속에 자란 사람들은, 우리의 상황을 개선시키기 위해 사물의 작용과 그것을 변화시키는 방식을 발견함으로써, 고통을 줄일 수 있다고 생각하는 것 같습니다. 이러한 목적에서, 착각·잘못된 신념·미신들과 타당한 해석들을 따로 구분해야 합니다.

의학에서, 우리는 병원체를 알아내고 치료법을 발전시키기 위한 목적으로, 여러 사건들 사이의 인과관계를 찾아내고자 노력합니다. 하지만 경쟁관계에 있는 견해들이 존재합니다. 대증요법 의학을 지지하는 사람들은, 효과적인 치료를 위해 어느 정도 항생제를 사용해야 한다는 것에 동의합니다. 반대로 동종요법 의사들은 그것이 너무 희석되어서 약국에서 사온 병에 담긴 활성물질의 분자가 하나도 제대로 남아있지 않더라도, 희석하는 것이 중요하다고 주장합니다.

우리는 여기서, 둘 중 어떤 치료법이 가장 효과적인지 결정하려고 애쓰지 않을 수도 있습니다. 아니면 더블 블라인드 테스트[56]를 실시하여 비록 항생제 요법이 훨씬 더 강력하지만, 플라시보도 효과적이라는 사실을 알아낼 수도 있습니다. 우리는 이러한 연구를 하면서, 약제들에 일정한 특성을 부여하고, 실험에 의해 이 특성들이 효과가 있는지 여부를 밝혀냅니다. 이 실험들을 반복함으로써 인과관계를 찾아내고 그 약의 유효성분이 지속성을 띠는지 확인할 수 있습니다. 그런데 제가 잘 이해한 것이라면, 스님께서는 이 약이 하나의 불변의 특성을 가진다는 것은 부정하시거나, 특정한 실험조건에서만 일정한 특성을 갖는다고 말씀하실 것 같습니다.


**마티유** 제가 말하려고 하는 것과 정확히 맞아떨어지진 않습니다. 선생께서 말씀하신 것은 불교에서 '정확한 상대적 진실'과 '잘못된 상대적 진실'이라고 부르는 것 사이의 차이라고 할 수 있습니다.


**볼프** 그 점에 대해 설명해주시겠습니까?

# 상대적 진리는 있어도
# 본질적인 실존은 없다

_____마티유   불교에 따르면, '절대적 진리'는 모든 현상들이 궁극적 차원에서 본질적인 실존이 없다는 것을 인식하는 것입니다. '상대적 진리'란 이러한 현상들이 우연히 일어나는 것이 아니라 인과 법칙에 따라 일어난다는 것을 이해하는 것입니다.

불교는 인과법칙을 반박하기는커녕, 그 위에 바탕을 두고 있습니다. 불교는 또한 이 법칙들이 필연적이며, 만일 사람들이 고통에서 벗어나고자 한다면 이를 이해하고 작용을 관찰하는 것이 좋다고 주장합니다. 현상들은 상대적인 특성을 갖고 있어서 다른 현상에 영향을 끼칠 수 있으며, 상호적인 인과법칙에 따라 순서대로 그 후자에 영향을 주는 것이 사실입니다. 불교에 따르면, 페니실린이 모든 경우에 '본질적으로' 좋은 것이라고 평가하는 것은 부정확한 관점입니다. 페니실린에 알레르기 반응을 일으키는 사람들도 있습니다. 따라서 페니실린은 대부분의 경우 훌륭한 약이지만, 그 자체가 유익한 것은 아닙니다. 페니실린에 알레르기가 있는 사람에게는 독이 될 수도 있기 때문이죠.

불교는 현상계의 본질을 분석한 뒤, 사물은 현상들 사이의 특정한 관계에 따라 저절로 드러나는 본질적 특성이 없다고 결론 내렸습니다. 사람들은 다만 추위와 비교하여 더위를 정의하고, 낮음에 따라 높음을, 부분에 따라 전체를, 그것이 가리키는 사물과의 관계에 따라 정신적 개념을 정의합니다. 하나의 동일한 물질이 어떤 사람에게는 약이 될 수 있고 다른 사람에게는 독이 될 수도 있으며, 심장병 치료에 쓰이는 디기탈린Digitaline의 경우 적은 양을 쓰면 약이지만 많은 양은 치명적인 경우도 있습니다. 양자물리학에서도 마찬가지입니다. 기본 입자에 정해진 위치라는 특성이 없다는 것을 증명한 양자물리학은, 이로 인해 아인슈타인을 큰 혼란에 빠뜨렸으나 정확한 사실로 드러났습니다.

'아름다운', '추한', '매력적인', '혐오스러운'처럼 가치판단의 경우 더욱 그렇습니다. 하지만 우리를 둘러싼 모든 것에 본질적인 특성을 부여하며 우리는 세상을 사물화하고, 이는 부적절한 반응을 일으킴으로써 필연적으로 고통에 이르게 합니다. 바로 이 점을 말씀드리고자 한 것입니다. 하나의 타당한 인식은 가장 체계적이고 심도 깊은 분석을 통과해야 합니다. 현상들의 명백한 특성의 경우에는 그렇지 않습니다. 명백하게 드러나고 상대적이며 조건이 제약된 특성과 본질적 특성 사이에는 차이가 있지만, 일반적으로 우리는 그 차이를 잘 알아차리지 못합니다. 하지만 단순한 지적 구분을 뜻하는 것이 아니어서, 이 근본적 사실을 모른다면 우리는 현실과 모순되는 태도들을 취하게 됩니다.

**볼프** '체계적인 분석과 심도 깊은 분석'을 할 때, 그것은 실험을 전제로 하는 것입니까?

**마티유** 물론 그럴지도 모릅니다. 말씀하신 예에서, 실험은 페니실린의 효과를 평가하기 위해 폭넓은 모집단을 대상으로 더블 블라인드 테스트를 하고, 마찬가지로 동종요법의 약으로도 같은 테스트를 한 것입니다. 이 실험은 페니실린이 효과적인 물질이며 동종요법 치료제는 플라시보 효과 그 이상도 이하도 아니라는 결론에 이르게 합니다. 불교는 이러한 평가를 '정확한 상대적 진리', 즉 현상계에 대한 타당한 지식에 속하는 것으로 간주합니다. 하지만 그것이 무엇이든, '궁극적인 차원에서', 페니실린이 여전히 비영속적인 현상으로 그 특성은 상황에 따라 달라집니다.

**볼프**  그렇다면 우리는 윤리와 도덕적 가치체계의 사회적 현실이 포함된, 우리가 지각하는 현실에서 벗어나야 합니까? 지속적이고 신뢰할 만한 무언가에 대한 신뢰를 포기하고, 관조적인 지각에만 만족해야 합니까? 사물이 불변하는 특성을 가지고 있어서 우리가 그것을 알아볼 수 있고 분류할 수 있다는 생각을 버림으로써 사람들은 무엇을 얻을 수 있습니까? 현상들에 특성을 부여하지 않는 것은 참과 거짓에 대한 개념이 그 모순을 사라지게 한다는 것을 앎으로써 왜곡을 피할 수 있게 하는 전략입니다. 다시 말하면, 왜 이 상대주의가 잘못된 이해와 고통을 줄이는지 이해할 수 없습니다.

**마티유**  그러한 추론은 극단적인 허무주의 관점과 비슷합니다. 불교는 인과법칙의 메커니즘을 아주 잘 알고 있으며, 일부 현상들의 특성이나 속성들이 일정 기간 동안 지속되며 그 결과 우리 일상생활에 일관성을 확보하기 위해 이러한 특징들을 이용할 수 있다는 견해를 받아들입니다.

돌과 나무는 집을 짓는 데 사용될 정도로 꽤 오랜 시간 동안 견고함을 유지합니다. 하지만 이 물질들이 본질적으로 비영속적이라는 데는 변함이 없습니다. 안락의자를 만들 때 사용된 나무조각이 흰 개미에게는 훌륭한 양식입니다. 시간이 흐르면서 나무는 결국 가루가 되고 말 것입니다. 우리가 말하는 그 시점에 나무는 근본적으로 '나무'가 아닌 입자 혹은 쿼크(quark, 우주 물질의 기초를 이루는 소립자 중의 하나)로 이루어집니다. 혹은 양자물리학의 관점에서 본다면 그것은 지각할 수 없는 양자물리학적 현상의 결과입니다. 나무로 만든 숟가락은 수년 동안 사용될 수 있지만, 결국에는 고유한 존재성이 사라집니다. 이처럼 '상대적' 혹은 '관습적' 진리는 현상들의 본질에 대한 '궁극적 진리'와 결코 모순되지 않습니다. 후자는 다만 전자의 궁극적 본질에 불과하죠.

정확하고 논리적인 연구결과만이 현상들에 대해 비영속적이며 상호의존적이라는 결론을 내릴 수 있게 합니다. 소립자, 미美의 개념 혹은 창조주의 존재 등과 관련하여, 영속성을 가지고 본질적 특성을 가진 개체의 존재를 긍정하는 모든 주장은, 이 심도 깊은 분석을 통과할 수 없습니다.

왜 이것이 고통을 줄여줄 수 있을까요? 만일 보이는 그대로 사물을 받아들이는 것이 현실이라고 생각한다면, 우리는 이 현실과의 격차로 인해 일종의 불균형에 직면하게 됩니다. 불교에서는 이를 '최소한의 조사나 분석 없이 당연하게 받아들이는 것'이라고 부릅니다. 만일 당신이 어떤 대상에 집착하여, 그것이 앞으로도 지속되고 '자기만의' 소유일 거라 여기며 그 자체가 완전히 매력적인 것으로 받아들인다면, 당신은 불안정한 상황에 처할 뿐 아니라 상처받기 쉬운 상태가 됩니다. 왜냐하면 당신이 그 애착대상과 유지하는 관계가 잘못된 것이기 때문입니다. 그 대상이 실제로는 비영속적이고, 파괴되거나 잃어버릴 수 있으며, 실제로 '당신의 것'이 아니라는 사실을 깨닫는 순간, 혼란과 고통이 뒤따르게 될 것입니다. 따라서 당신이 그 대상에 투사했던 생각들이 완전히 달라졌다는 이유만으로, 그것이 당신에게 '혐오스러운' 것이 될 수도 있습니다.

반대로 만일 현상들이 상호의존적이고, 특성과 실존이 없는 사건들로 생각한다면, 이러한 접근법은 오히려 현실에 부합하기 때문에, 그 대상과의 관계가 실망과 고통으로 이어질 수 있는 위험을 훨씬 줄여줍니다.

## 현실의 구성과 해체

**볼프** 말씀드렸다시피 저에게는 스님의 인식론적 접근법이 급진적 구성주의(인간의 정신, 특히 의식을 기본적인 감각과 느낌이라는 구성요소로 쪼개어 분석하는 방법 - 역주)와 비슷하게 느껴집니다. 뇌는 타고난 이해력과 습득된 지식을 바탕으로 세상에 대한 개념을 구성합니다. 또 이러한 지식의 토대는 뇌에 따라 서로 다르기 때문에, 다양한 의견들이 나올 수 있죠. 우리가 지각하는 대로 세상을 인식한다면, 이는 우리의 뇌가 특정한 구성을 가졌기 때문입니다. 그리고 유전적·문화적으로 전달된 기존의 인지 스키마가 매우 유사하기 때문에, 세상을 지각하는 동일한 방식을 공유하게 됩니다.

하지만 스님께서는 한 걸음 더 나아가, 고통의 주요 원인 가운데 하나로 우리가 '지각을 현실의 반영이라고 믿기 때문'이라고 하셨습니다. 따라서 서로의 지각이 다를 때, 우리에게 '잘못된' 것으로 보이는 상대방의 지각을 바로잡아주려는 시도는, 양쪽 모두에게 고통을 가져오게 됩니다. 갈등은 관념적 특성에 관한 것일 뿐, 애초부터 일어나지 않았어야 했고, 논쟁을 통해 상대를 설득하고자 하는 것도 무의미한 관념적 성격으로 보는 불교의 입장에서라면, 진실도 거짓도 없는 것 아닌가요?

**마티유** 그렇지는 않습니다. 서로 다른 의견과 인식을 가진 사람들이 각자 자신의 오해들을 해체해본다면, 그제야 현상의 본질을 정확히 이해하는 데 합일점을 찾을 수 있을 것입니다.

**볼프** 맞습니다. 하지만 이들은 자신의 지각을 해체할 수 없을 것입니다. 계속해서 자기가 인식한 것이 진실이라고 믿을 테니까요. 이들은 더 높은 수준에서, 그 어떤 개인적 지각이든지 지각 가능한 세상의 사물들이 비영속적이고, 본질적 특성이 없으며, 관계를 통해서만 정의 내릴 수 있다고 받아들일 것입니다.

**마티유** 어떤 사람들은 시각적 착각에 불과한 것을 여전히 사실이라고 인식할 것입니다. 비록 그 지각한 대상의 진정한 속성과 부합하지 않는 착각이라는 것을 지적으로 동의하더라도 말이죠. 목표는 감각지각에 대한 합의에 도달하는 것이 아니라, 그것이 허구의 현실을 구성한 데서 비롯된다는 것을 이해하는 것입니다. 선생의 예에서 두 사람은 모두 현실에 대한 잘못된 이해에서 벗어날 수 있습니다.

**볼프** 결국 두 사람은 그것이 유일한 지각방식이 아니라는 점을 인식하면서, 자신이 보는 것을 계속 볼 것입니다. 이러한 관점은 대부분의 서구철학 학파에 널리 퍼진 것으로, 우리가 지각에 대한 신경생물학적 토대라고 알고 있는 것과 일치합니다.

**마티유**  게다가 이 사람들은 자신의 지각방식이 정신적 구조라는 것을 인정하게 될 것입니다. 분석적 명상과 정신수행은 자신이 대상물에 특성을 부여하는 경향이 있으며, 그것이 대상물의 불변적 특성이 아니라는 점을 깨닫게 해줄 것입니다. 또한 정신수행은 더 예리한 통찰력을 갖게 하며, 이를 통해 인지과정이 본래 정신적 구조라는 사실을 이해하게 해줄 것입니다. 이러한 이해는 우리를 초연하게 하고 더 깊은 내면의 자유에 이를 수 있도록 합니다.

**볼프**  통찰력을 개발하여 우리의 정신이 스스로 인지과정의 특성을 알 수 있게 되는, 그런 정도의 메타의식에 이를 수 있다는 것이 매우 놀랍습니다. 뇌가 자신의 기능을 탐구하기 위해 인지능력을 적용하는 과정을, 메타의식을 통해 이해하는 것이죠. 인간의 뇌구조는 이러한 메타의식을 완벽하게 구현할 수 있습니다.

**마티유**  더 이상 부적절한 방식으로 반응하지 않는다는 조건으로, 우리는 어떤 대상이 일시적이라는 것을 알고도, 그것을 영속적인 것처럼 지각할 수 있습니다. 외양의 세계를 해체하는 것은 해방효과가 있습니다. 더 이상 지각의 노예가 되지 않고, 더 이상 현상계를 사물화하지 않게 됩니다. 이 새로운 태도는 우리가 주변 환경을 이해하는 방식에 깊은 영향을 주고, 그 결과 우리의 행복과 고통에 대한 경험에도 영향을 줍니다.

모든 정신적 구조의 가면이 벗겨질 때, 우리는 세계를 여러 사건으로 이루어진 하나의 역동적 흐름으로 인식하며, 잘못된 방식으로 현실을 '고정'시키는 것을 중단합니다. 물과 얼음을 예로 들어봅시다. 물이 얼 때, 사람들은 그것이 물의 본질이라고 생각합니다. 즉 물이 특정한 형태를 가진 단단한 물체라고 여기는 것이죠. 얼음으로 다양한 형태의 조각을 만들 수도 있습니다. 꽃, 성, 유명인의 동상, 신의 형상도 만들 수 있죠. 얼음으로 만든 악기로 연주하는 음악도 들어본 적이 있습니다!

하지만 약간의 온기만 있어도 얼음은 곧 무형의 액체로 변하고 맙니다. 물은 하나의 역동적인 흐름으로, 단지 일시적으로만 지속되는 외형을 가질 수 있습니다. 마찬가지로 우리가 현실을 고정시키지 않는다면, 만질 수 없는 진정한 실존을 지닌 견고한 개체로 현실을 사물화 하는 덫에 더 이상 빠지지 않게 됩니다. 더 이상 착각의 노리개가 되지 않는 것이죠.

**볼프** 강은 어떤 순간에도 동일하지 않습니다. 물에 대한 비유는, 영원히 그리고 끊임없이 변하는 세상의 경험에 대해 잘 보여줍니다. 뇌의 경우도 마찬가지라 할 수 있습니다. 뇌는 끊임없이 변화하며 절대 동일한 상태로 돌아가지 않죠. 끊임없이 변화하는 이러한 흐름은 아마도 우리가 시간을 늘 같은 방향으로 흐르는 것으로 인식하는 이유를 설명해줍니다.

그런데 스님께서는 왜 물의 '진정한' 성질에 대해 말씀하시는 건가요? 끊임없이 변하는 물이 왜 얼음이나 돌로 만든 불상보다 더 '진정한' 것인지요? 얼음, 물, 수증기 사이의 구분은 이 물질의 특성을 이해하는 데 기본적인 것입니다. 이러한 구분이 동일한 구성요소들이 서로 다른 결집상태를 이루기 때문이죠. 그러므로 '진정한'의 의미는 무엇입니까?

**마티유**  물도 얼음처럼 '진정한' 것은 아닙니다. 둘 다 본질적 존재는 아니죠. 하지만 분명한 것은 견고성, 유동성, 형태 등의 모든 양상이 비영속적이라는 것입니다. 양자물리학적 확률의 차원에서, 선생께서는 물을 분자, 미립자, 그리고 이러한 것들이 서로 연결된 사건들로 한정할 수 있으며, '아무것도' 그 자체로 존재하지 않는다는 것을 알게 될 것입니다. 이러한 이해는 우리의 정신작용에 대한 깊이 있는 분석의 결과입니다. 이때 우리의 정신은 엄밀한 자기성찰의 과정을 견뎌내고, 현실에 대한 일상적 지각을 해체하기 위해, 논리적 사고를 정확하게 활용할 수 있을 정도로 정확하고 안정적이어야만 합니다.

**볼프**  우리의 직접적 지각과 모순되는 명상법들이 세상에 본질적 진보를 가져온다는 것이 매우 놀라운 것 같습니다.

**마티유**  물리학의 영역에서, 사고의 경험과 아인슈타인의 통찰적 직관은 우리의 일상적 지각과 모순되는 상대성 이론을 탄생하게 했습니다. 양자물리학은 더욱더 놀라운 것이죠.

**볼프**  우리의 지각으로 직접 접근할 수 없는 현상들을 이해하기에, 직관과 자기성찰이 특별히 효과적인 수단인지는 밝혀지지 않았습니다. 하지만 우리 뇌의 조직이나 서로 다른 기능을 이해하는 데 효과적인 것은 분명한 사실입니다. 과학에서, 우리는 일정한 규칙이나 전략을 통해 가설을 확증합니다. 우리는 재현 가능성, 예측 가능성, 일관성, 모순의 부재 등에 의지합니다. 가끔 미에 대한 경우처럼, 미학적 기준을 적용하기도 합니다. 단순한 설명들이 복잡한 설명들보다 더 정확하거나 더 설득력이 있기 때문입니다. 저는 사람들이 자신의 정신작용을 연구함으로써 통찰력을 얻을 수 있다는 것에 전적으로 동의합니다. 하지만 그 과정과 결과물이 타당하다는 것을 어떻게 확증할 수 있을까요? 사람들이 자기성찰을 통해 얻은 것을 다른 사람에게 어떻게 증명할 수 있을까요? 그리고 자기성찰의 차원에서, '진정한' 것이란 무엇일까요?

## '내면의 눈'이 가질 수 있는 능력

_____ **마티유** 망원경을 예로 들어봅시다. 우리가 망원경을 통해 정확하게 볼 수 없는 경우는 2가지가 있습니다. 렌즈가 더럽거나 초점이 잘 맞지 않는 경우, 혹은 망원경이 불안정한 경우일 것입니다. 요즘의 카메라는 이미지의 선명도를 자동으로 조절하기 위해 이러한 기준을 적용합니다. 하지만 자기성찰의 경우 그 기준은 무엇일까요? 우리의 인지체계가 잘 맞춰져 있는지 어떻게 알 수 있을까요?

**마티유** 글쎄요, 그것도 마찬가지입니다. 정신이라는 망원경의 초점이 잘 맞춰져 있고,[57] 또렷하고 안정적이어야죠. 자기성찰은 오랫동안 그 가치를 인정받지 못했는데, 이는 실험실에서 진행되는 연구과정에서 대상자들의 정신이 대부분 산만해졌기 때문입니다. 흐트러진 주의력은 정신적 불안정을 가져옵니다.

게다가 훈련되지 않은 사람의 정신은 명쾌하고 명료한 상태를 유지하지 못할 때가 많습니다. 그럴 때는 자신에게 일어나는 일들을 제대로 볼 수가 없죠. 따라서 주의가 산만해지거나 인지가 명료하지 않을 경우, 둘 다 정확한 자기성찰에 집중할 수 없습니다.

**볼프** 그러면 안정성과 명료성이 2가지 주요 기준입니까?

**마티유** 그렇습니다. 선생의 표현대로라면, 우리의 정신이 들떠 있거나 산만하고 불명료할 때 혹은 맑은 하늘처럼 안정적이고 뚜렷할 때 서로 다르게 '느끼게' 됩니다. 명료하고 침착한 정신은 내적 평화를 가져다줄 뿐 아니라 현실의 속성과 정신 그 자체의 속성에 대해 더 깊이 이해할 수 있도록 해주죠. 이것은 가상의 효과가 아니라 우리가 경험할 수 있고, 익숙하게 적응할 수 있는 정신의 상태들과 관련된 것입니다.

**볼프** 과학적 접근법과 마찬가지로, 재현 가능성 또한 하나의 기준인가요?

**마티유** 그 정신이 사고의 소용돌이에 휩싸이지 않는 명상가는, 자기성찰을 통해 특정한 정신의 양상을 분석할 때 매번 동일한 이해에 도달하게 됩니다. 하지만 정신의 상태가 자유분방하고 혼란스러운 사람은 그럴 수 없죠.

**볼프** 과학 용어로 '소음의 감소'(과학적 맥락에서, '소음을 줄이는 것'은 정보해석에 관련이 없는 신호들을 줄이는 것을 뜻한다. - 역주), 즉 '인지체계의 안정화'와 유사한 이야기인가요?

**마티유** 맞습니다. 정신의 혼란과 동요가 없는 상태입니다. 제 친구

이자 철학자인 알렉상드르 졸리앙Alexandre Jollien은 '마음의 FM 라디오'
에 대해 말합니다.

볼프 '내면의 눈'이 가질 수 있는 능력인가요?

마티유 그렇습니다. 지속적이고 규칙적으로 연습한 결과죠. 명료하
고 안정적인 정신상태에 도달하게 하는 명상법들이 있습니다. 정신을
수련한 사람은 정신적 현상들을 더 예리하게 지각하고 이해할 수 있으
며, 정신적 사건과 외부세계 현상들 사이의 경계가 보기보다 견고하지
않다는 것을 깨닫습니다. 자신의 경험을 직접 연구하기 때문에, 이것은
현상학적 접근법이라고 할 수 있죠. 어쨌든 우리가 다른 그 무엇을 제대
로 분석할 수 있겠습니까? 우리의 경험이 우리의 세계를 이루는 걸요.

볼프 스님께서는 자기성찰에서 얻은 경험을 확고히 하고, 외부의
영향력에 휘둘리지 말라고 사람들에게 조언하시나요?

마티유 사실, 우리는 늘 외부와 내부의 현상들을 지각하지만, 안정
된 정신상태를 훈련한 사람들은 더 정확하고 깊이 있는 통찰력을 가집
니다. 왜냐하면 그런 현상들을 정신적 투사에 중첩시키지 않기 때문이
죠. 수련하지 않은 사람들에게는 불가능한 일치가 숙련된 명상가들 사
이에서는 가능한 이유도 바로 여기에 있습니다. 같은 교육을 받아서
서로 완벽하게 이해하고 같은 결론에 도달하며 같은 언어를 말하는 수
학자들과도 비교할 수 있습니다. 마찬가지로 노련한 명상가들은 정신
의 본질과 현상들이 지닌 비영속성 및 상호의존성에 대해 동일한 결론

을 내립니다. 이러한 일치는 이들의 이해가 지닌 상호주관성으로 입증될 수 있습니다.

**볼프** 수학자들은 연필을 들고 공식을 적으며 논리적 규칙들을 활용해 문제풀이 시연을 펼칠 수 있습니다. 하지만 스님께서는, 영적 스승과 더불어 올바른 방향으로 가고 있다는 것을 어떻게 알 수 있나요? 제 생각에 도구와 내면의 눈, 개인의 현미경을 가다듬기 위해 영적 스승이 필요할 것 같은데요.


## 1인칭, 2인칭, 3인칭의 경험

**마티유** 그 점에 대해서는, 프란시스코 바렐라와 클레르 프티망겡Claire Petitmengin 외에도 여러 인지과학 연구자들이 '2인칭 관점'이라고 부르는 것 덕분에 알 수 있습니다. 이는 1인칭과 3인칭 관점을 보완하는 개념이죠. 2인칭 관점은, 대상자에게 자신의 경험을 아주 자세하게 묘사하게 하고, 토론을 이끄는 전문가가 정확한 질문을 던짐으로써 대상자와 전문가 사이에 더 깊고 정확하게 구조화된 대화를 가능하게 합니다.

티베트 전통에서는, 명상가들이 가끔 영적 스승을 찾아가 자신의 명상경험을 상세하게 이야기합니다. 여기서 모든 차이를 이끌어내는 것은 바로 '2인칭' 화자가 노련한 심리학자일 뿐 아니라 명상에 대해서도 깊이 경험한 사람으로, 그 경험을 통해 정신의 본질에 대해 심도 있고 명료하며 안정적인 통찰력, 즉 '정신적 실현' 혹은 '완성'이라고 불리는 역량을 가진 사람이라는 것입니다. 자격을 갖춘 스승은 또한 제자의 명상수련의 질을 평가할 자질이 있습니다.

선생께서 이렇게 물으실지 모르겠습니다. "3인칭 관점에서, 제가 그러한 판단의 타당성을 어떻게 파악할 수 있습니까?"라고 말이죠. 실제로 선생은 그것을 스스로 입증할 수 있습니다. 하지만 명상수련이 돼야 가능한 것이죠.

과학에도 유사한 과정이 있습니다. 만일 물리학과 수학에 대한 지식이 별로 없다면, 우리는 일단 과학자들을 의지하는 데서부터 출발할 수 있습니다. 그들이 믿을 만하다고 전제하기 때문이죠. 그런데 왜 그들이 믿을 만할까요? 우선은 그들 사이에 의견일치가 있기 때문입니다. 각자 자신이 발견한 것들을 철저하게 검증한 다음 얻어진 의견의 일치이기 때문에 신뢰하는 것이죠.

하지만 이것으로 끝이 아닙니다. 우리가 그 가르침을 진지하게 배운다면, 그들이 발견했던 것을 우리 스스로도 확인할 수 있다는 것을 압니다. 따라서 맹목적으로 그들을 항상 신뢰한다는 뜻은 아닙니다. 만일 그렇다면 매우 실망스러운 결과로 이어질 테니까요.

명상이 수학적이지는 않습니다만, 그럼에도 불구하고 매우 엄격하고 꾸준하며 규칙성 있게 이루어지는 정신과학의 분야입니다.[58] 따라서 숙련된 명상가들이 정신작용에 대해 동일한 결론에 도달할 때, 이들의 축적된 경험은 숙련된 수학자들의 경험과 유사한 무게감을 갖습니다. 사람들이 정신에 관한 연구에 직접 참여하고 경험해보지 않는 한, 사람들이 말하는 것과 직접 경험으로 알게 된 것 사이에는 늘 격차가 있을 것입니다. 하지만 이러한 격차는 자신의 역량을 발전시킴으로써 채울 수 있습니다.

**볼프** 이 과정들은 특정 주제를 명확히 밝히려는 목적의 모든 전략에 적용되지 않습니까? 사람들은 기준과 절차에 대해 합의를 하고 어떤 실험을 한 뒤, 하나의 의견일치가 존재한다는 것을 입증하기 위해 협력하죠.

**마티유** 그렇습니다. 그래서 이 대목에서 '명상과학'에 대해 이야기하는 것이 좋을 것 같습니다. 왜냐하면 그것은 단순히 느낌을 바탕으로 한, 모호한 기술을 다루는 것이 아니기 때문입니다. 티베트의 명상문학은 정신분석의 다양한 단계들을 묘사하고 정신상태의 다양한 종류에 대해 상세한 분류를 제시하는 수많은 개론들을 내포합니다. 이는 또한 사고의 과정을 명백하게 밝히고 있습니다. 즉 개념이 어떻게 형성되는지, 맑게 깨어 있는 의식의 특징은 무엇인지 등을 밝히고 있죠. 이러한 개론들은 명상가들이 어떻게 하면 유동적인 일부 경험들을 진정한 실현과 혼동하지 않는지 가르쳐줍니다.

전체적인 명상경험은 자신의 정신작용에 대한 통찰력을 얻은 사람들에 의해 드러났습니다. 선생께서는 여전히 이들이 실수만 한다고 주장할 수 있습니다. 하지만 명상수련을 받지 않은 사람들이 정신작용에 대해 더 신뢰할 만한 이해를 하고, 어느 정도 자기성찰 능력을 단련하여 매우 예리한 정신을 지닌 숙련된 명상가들이, 역사적으로 서로 다른 시간과 장소에서 모두 같은 방식으로 실수를 저지르기란 매우 어려운 일일 것입니다.

붓다가 명상가들에게 규칙적인 수련을 권한 이유도 바로 그것입니다. "나는 당신들에게 길을 보여주었습니다. 이제 당신들은 그 길을 따르기만 하면 됩니다. 그저 나에 대한 존경심으로 내 말을 신뢰하지 말고, 진리를 철저하게 탐구하십시오. 마치 당신이 금조각을 평평한 돌에 대고 문지르고 두드리고 녹여서 순도 높은 금을 찾아내듯 말입니다." 우리는 그 무엇도 스스로 확증해보지 않고, 그것을 당연하게 받아들여서는 안 됩니다.

하지만 어떤 것들은 우리의 지식으로는 접근할 수 없는 것들도 있습니다. 이러한 것들은 우리의 직접적인 경험의 차원에서 늘 벗어나 있습니다. 유신론적 종교의 신자들이 '신의 신비'에 대해 이야기할 때, 이들은 자신의 제한적이고 불완전한 경험으로 신의 속성을 완전히 알 수 없다는 생각을 받아들입니다. 불교는 우리의 현실인식 능력으로 이해할 수 없는 현실의 양상들이 존재한다고 단언합니다. 그렇다고 그 양상들에 우리가 절대 접근할 수 없다는 뜻은 아닙니다.

볼프  이는 또한 수행을 하지 않는 사람들이 1인칭 관점의 직관, 즉 자신의 즉각적인 내적 판단에 의존해서는 안 된다는 뜻입니다. 왜냐하면 이들은 자신의 인지도구를 단련하지 않았기 때문입니다. 따라서 이들은 모두 잘못된 지각에 쉽게 속을 수 있는 평범한 사람들인 셈이죠.

마티유  이들은 변화를 일으킬 수 있는 잠재적 가능성을 갖고 있습니다. 오랫동안 평범하게 지내느라 이해력이 개발되지 않았던 것이죠.

볼프  대부분의 사람들은 자기성찰의 방식으로 정신을 수련하지 않았기 때문에, 상황은 다소 어두워 보입니다. 서구에서는 계몽주의 시대부터, 지식의 참조 근거로서 과학에 집중했습니다. 하지만 아주 재능 있는 사람들을 포함해서 우리 모두는 평범한데, 우리의 발견과 결론을 어떻게 신뢰할 수 있을까요?

이는 자기성찰의 진보와 과학적 연구의 발전 사이에 불일치를 보여주는 이상한 수수께끼를 생각하게 합니다. 자기성찰과 타인의 행동에 대한 연구에 기반을 두고, 뇌의 조직을 설명하는 수많은 모순적 이론들을 생각해보세요. 이러한 이론의 대부분은, 우리가 정신물리학의 계량적 방식을 이용하여 인지작용을 분석하기 시작할 때, 또 뇌를 과학적 연구의 대상으로 삼을 때 우리가 알던 것과 부조화함을 드러냅니다.

제가 아는 바로, 이러한 검증이 정확한 것으로 드러나는 경우는, 근대과학 성립 이전에 동양이든 서양이든 철학의 맥락에서 진술된 모든 뇌 관련 이론들입니다. 그렇다면 이러한 불일치는 명상훈련이 부족하기 때문에 우리의 직관이 무조건 잘못되었다는 뜻일까요?

이런 경우 사람들은 명상훈련을 경험하고 예리한 내면의 눈을 지닌 사람이, 자신들의 뇌작용에 대해 더 타당한 결론을 내려줄 것을 기대하게 됩니다. 어떤 명상훈련도 받지 않은 서구식의 순진한 직관으로 형성된 가설에 비해, 불교식 수련을 받은 사람은 자신의 뇌작용에 대해 더 '사실적인' 방식으로 경험하게 되는 것 아닐까요?

마티유　정확히 말해, 숙련된 명상가들은 수련을 받지 않은 사람들보다 자신의 정신작용에 대해 더 사실적인 경험을 갖고 있습니다. 이는 이 명상가들이 기능적 자기공명영상fMRI이 하는 것처럼, 자신의 경험을 뇌의 특정 영역과 결부시킨다는 뜻은 아닙니다. 아시다시피 숙련된 명상가든 아니든, 뇌의 다른 영역들과 신경망에서 일어나는 것은 말할 것도 없고, 자신의 뇌를 '느낀다'는 것 역시 불가능하니까요. 20년 전부터 이루어진 명상가와 뇌과학자의 협업은 이 연구분야가 서로를 더 깊이 이해하고, 1인칭과 3인칭의 관점을 연동시킬 수 있음을 분명하게 보여주었습니다.

'명상 뇌과학'이라 불리는 최근의 연구동향은, 명상을 통해 얻은 정신에 대한 지식과 숙련이 뇌의 특정 활동과 어떤 연관이 있는지, 또 명상가들이 그것을 어떻게 제어하고 변화를 감지할 수 있는지 여부를 조사하는 것입니다. 사람들은 또한 뇌의 작용, 특히 감정, 행복, 우울감, 그밖에 매우 예리한 정신에 의한 특징적 상태들에 대한 발견들을 해석하기 위해 명상경험을 이용할 수 있습니다.


## 무지와 고통을 없애기 위한 처방


_____ 마티유 이것은 대부분의 사람들이 어느 정도 혼란에 빠져 있다는 것을 보여주는 비관론적 증거는 아닙니다. 왜냐하면 혼란에서 벗어날 방법이 있기 때문이죠. 어떤 질병이나 감염을 진단하는 의사를 비관주의자라고 하지 않습니다. 그는 중대한 문제가 있다는 것을 알지만, 동시에 그 문제의 원인을 알고, 치료법이 있다는 것도 알기 때문입니다.

불경에서는 부처를 노련한 의사로, 중생은 환자로, 가르침은 의사의 처방으로, 그 가르침의 실천은 치료로 비유합니다. 정신은 착각에서 벗어나기 위해, 즉 현실을 있는 그대로 지각하기 위해 필요한 잠재적 가능성을 갖고 있습니다. 그러니 실망할 필요가 없는 것이죠.

**볼프**  스님께서 말씀하신 현실은 무엇보다 혼란과 착각이 없는 내면의 상태입니다. 그 자체로 진정한 외부의 현실은 존재하지 않기 때문이죠.

**마티유**  과학과 달리, 복잡한 속성들을 연구하여 모든 현상에 대한 상세한 정보를 모으는 데 뜻이 있는 것이 아닙니다. 그보다 이러한 현상들의 궁극적 속성을 이해함으로써, 본질적인 무지와 고통을 없애고자 하는 것입니다.

고통을 없애고자 할 때, 모든 지식이 동일한 효용을 가진 것은 아닙니다. 우주가 무한한지 혹은 유한한지와 같이, 부처에게 수많은 주제로 온갖 종류의 질문을 했던 호기심 많은 사람이 있었습니다. 부처는 그 모든 질문에 대답하는 대신 침묵했습니다. 그러다 갑자기 한 줌의 나뭇잎을 손에 쥐고 그 방문자에게 물었습니다. "제 손의 나뭇잎이 많습니까, 숲에 있는 것이 더 많습니까?" 그 호기심 가득한 사람은 조금 놀랐지만, 이렇게 대답했습니다. "당연히 선생님 손에 있는 나뭇잎이 훨씬 더 적죠." 그러자 부처는 이렇게 설명했습니다. "마찬가지입니다. 당신의 목적이 고통을 끝내고 깨달음에 이르는 것이라면, 어떤 종류의 지식은 유용하고 필요하지만 어떤 종류의 지식은 그렇지 않습니다." 별의 온도를 아는 것이나 꽃의 생식방법을 아는 것처럼, 수많은 주제들이 그 자체로는 매우 흥미롭습니다. 하지만 고통에서 벗어나려는 사람에게는 직접적인 효용이 없습니다.

모든 것은 무엇을 추구하는가 하는 목적에 좌우됩니다. 만일 우리가 강박적인 집착이나 증오에 시달리고 있다면, 인지적 착각의 과정에 대한 올바른 지식을 확립하는 것이 매우 유용합니다. 왜냐하면 이러한 지식은 우리가 겪는 고통의 근본원인을 치료하는 데 도움을 주기 때문입니다.

## 수행과 과학의 윤리

**볼프** 과학적 탐구만으로 윤리적 가치를 이끌어낼 수 없다는 데는 우리가 동의한다고 생각합니다. 과학은 관측이 가능한 세상에 대해 정확한 혹은 부정확한 해석을 결정하는 데 도움을 주지만, 도덕적 판단작업의 부담에서 벗어나게 해주지는 못합니다. 다만 도덕이 개입된다는 사실을 알게 해주는 것이 그 용도죠. 불교의 첫 번째 목적은 우리를 고통에서 벗어나게 하려는 것으로, 그 전개방식이 윤리와 밀접한 관련이 있습니다.

**마티유** 도덕적 가치를 정립하는 것이 과학의 첫 번째 목표가 아니므로 그 점은 쉽게 이해할 수 있습니다. 과학이 주는 지식이나 설명이 그 자체로 도덕적 가치가 있는 것은 아니니까요. 우리는 다만 정보들을 다양하게 활용할 수 있을 뿐이죠. 도덕이 개입되는 것은 우리가 지식을 사용하는 용도에 있습니다. 불교의 첫 번째 목표가, 우리를 고통에서 해방시키고자 한다는 점에서, 그 과정은 윤리와 밀접한 관련이 있습니다.

**볼프** 정신수행과 자아성찰에서 가치를 이끌어내는 것이 가능할까요? 제 생각에 가치관은 집단적 경험의 산물이며, 따라서 종교적 계명이나 법률적 체계에 의해 형성된 것으로 보입니다. 세대를 이어 계속된 시행착오를 통해, 인류 공동체는 고통을 줄이거나 늘이는 행동들을 규정했습니다. 이로써 인류는 행동규칙을 도출하고 전체 경험을 체계화했습니다. 이러한 규칙에 권위를 부여하고 공동체의 합의를 이끌어 내기 위해 신의 뜻을 결부시켜 내놓거나, 이 규칙들을 법체계에 통합시켰습니다. 두 경우 모두, 집단 구성원들이 이를 준수하도록 하기 위해 보상과 징벌을 공통수단으로 사용했습니다.

마티유  일부의 경우 사실입니다. 신적 권위를 내세우지 않는 불교에 따르면, 윤리는 타인과 자신에게 가해지는 고통을 막기 위해 경험과 지혜에서 비롯된 행동규칙을 모은 것입니다. 부처는 성자나 예언자, 살아 있는 신도 아닌 하나의 현자이며 '깨어 있는 자'입니다. 도덕은 실제로 행복과 고통에 대한 학문이며, 신적인 존재나 교조적 사상가에 의해 제정된 규칙의 총합이 아닙니다. 이러한 도덕은 주로 행복과 고통의 메커니즘과 인과법칙에 대해 더 잘 이해하고 지혜와 자비를 더욱 개발함으로써 타인에게 해를 끼치지 않도록 하는 것이기 때문에, 이러한 목적을 이루는 데 가장 적합한 방법과 실천을 권장합니다.

## 2,500년 동안 이루어진
## 정신연구의 경험적 실험

볼프  지금까지 우리는 불교철학의 3가지 측면을 다루었습니다. 제가 잘 이해하지 못한 부분이 있다면 바로잡아 주십시오. 첫째는 불교의 철학적, 인식론적 입장입니다. 매우 분명한 구성주의이자 상당히 급진적인 입장이죠. 우리처럼 명상수련을 하지 않은 평범한 사람들이 지각하는 외부 사물들은 대부분 잘못되었고, '제3의 눈', 즉 자기성찰을 통해 하는 경험도 대부분 잘못된 것이라고 주장합니다.

둘째, 정신과 현실을 있는 그대로 경험하기 위해서는 명상수련을 통해 내면의 눈을 예리하게 조정할 수 있다는 확신입니다.

끝으로, 제게는 가장 중요한 점이자 앞의 2가지 측면의 결과로도 여겨지는 세 번째 측면은, 지각이 더 이상 잘못된 신념 등에 물들지 않게 됨으로써, 사람들이 자신의 정신을 맑게 유지할 수 있다면 성격의 근본적 특성을 변화시킬 수 있고, 이를 통해 더 나은 인간이 되어 고통을 줄이는 데 더 효과적으로 기여할 수 있다는 것입니다.

따라서 불교는 한편으로 지식에 대한 높은 수준의 학문인 동시에, 한편으로 실용적 수련법입니다. 서구의 인식론과 달리, 불교는 정신의 수행과 훈련을 통해 우리의 다양한 인식상태를 명확하게 밝히고 현실의 본질을 알아내고자 노력하는 실험적 학문이라고 여겨집니다. 우선 자기내면의 망원경을 잘 조절한 후에 외부 세상을 이해하라는 것이죠.

서구의 과학은 과학연구에서 일말의 도덕적 가치를 도출할 수 있다거나, 행동규칙을 정할 수 있다는 생각을 거부합니다. 서구의 과학은 윤리적 선택이 신념이나 미신, 이념적 신조가 아닌 탄탄한 증거에 바탕을 두고 이성적 추론에 의해 나온 것이라면 마땅히 최상의 결과를 가져온다고 주장합니다. 게다가 과학은 고통의 원인을 알아내고 그것을 없앨 도구를 개발함으로써, 고통을 덜어줄 수 있다고 단언하죠.

불교철학은 실험적 학문의 기준을 적용할 것을 주장하는데, 수행자들이 고통을 덜기에 적합한 변화를 하는 것 이상으로 수행 자체로부터 윤리적 가치들을 정립할 수 있다고 확언합니다.

마티유 맞습니다! 불교식 접근법에 바탕을 둔 윤리적 차원이 있습니다. 지식은 고통을 덜어주는 기능이 있기 때문이죠. 이러한 목적에서, 고통을 일으키는 행동·말·사고방식으로부터 성숙함과 충만함에 이르게 하는 것들을 반드시 구별해야 합니다. 우리는 선과 악을 절대적 개체로 생각하는 것이 아니라 우리의 생각과 말, 행동이 타인과 자신에게 가져오는 행복과 고통을 해석합니다.

또한 도덕적 가치는 현실에 대한 정확한 이해에 달려 있습니다. 예를 들면 이기적인 행복은 현실과 조화를 이루지 못한다고 말합니다. 왜냐하면 이기적인 행복은 우리가 자신의 일만 돌보는 별개의 구별된 개체들로 기능한다는 것을 전제로 하기 때문입니다. 하지만 우리는 모두 상호의존적이기 때문에 이는 사실일 수 없습니다. 이러한 행복의 추구는 실패할 수밖에 없는 것이죠.

반면 모든 존재와 현상들의 상호의존성을 이해하는 것은 이타주의와 자비심을 개발하도록 하는 합리적 근거입니다.[59] 자신과 타인의 행복을 동시에 이루기 위한 노력은 성공할 확률이 훨씬 더 높습니다. 왜냐하면 그것은 현실과 조화를 이루는 태도이기 때문입니다.

이기주의는 개인주의를 악화시키고 나와 타인 사이의 간극을 더 깊게 하는 반면, 이타적 사랑은 모든 존재들과 이들의 행복이 서로 긴밀하게 연관되어 있다는 것을 이해했음을 보여줍니다.

볼프 이러한 부정적인 특징들이 실제로 현실에 대한 잘못된 인식이라는 말씀이군요. 따라서 루소처럼, 현실은 근본적으로 선하다고 주장하시는 거고요.

**마티유** 현실 그 자체는 좋은 것도 나쁜 것도 아닙니다. 하지만 그것을 이해하는 방식에 있어서 정확하거나 부정확하다는 차이가 있습니다. 이렇게 다른 이해방식은 다른 결과를 초래합니다. 즉 현실을 왜곡시키지 않는 정신은, 탐욕과 증오에 사로잡히는 대신 자연스럽게 내면의 자유를 누리고 자비심을 갖게 될 것입니다. 따라서 우리가 사물의 진정한 존재방식과 조화를 이룬다면, 우리는 고통을 덜어줄 수 있는 행동들을 실제로 선택합니다. 정신의 혼란은 사물에 대한 진정한 본질을 제대로 이해하지 못하게 하는 단순한 장막이 아닙니다. 더 실제적인 관점에서, 정신의 혼란은 우리가 행복을 찾고 고통을 피하게 해줄 행동들을 가려내는 것도 방해합니다.

**볼프** 물론, 우리가 제대로 된 세상의 작동방식에 맞춰 행동한다면 문제는 덜 일어날 것입니다. 왜냐하면 모순과 충돌이 그만큼 적어지기 때문이죠.

**마티유** 그렇습니다. 현실의 속성을 탐구하는 것이 단순한 지적 호기심에 속한 일이 아닌 이유도 바로 그것입니다. 이러한 연구는 우리의 경험에 대한 깊은 영향을 줍니다.

**볼프** 그렇기 때문에 우리는 더 정확한 현실인식을 위해, 우리의 인식도구를 연마해야 합니다.

**마티유** 현실이 상호의존적이고 비영속적이라는 것을 인정하는 사람은, 올바른 태도를 취하고 진정한 성숙에 이를 가능성이 더 클 것입니다. 만일 그렇지 않으면, 타고르Rabindranath Tagore가 말했듯, "우리가 세상을 잘못 파악하고는, 세상이 우리를 속였다고 말할 것입니다."[60]

**볼프** 이 개념은 다윈주의 용어로도 설명할 수 있습니다. 만일 세상에 대한 우리의 모델이 정확하다면, 모순과 고통에도 덜 시달리고, 잘못된 판단도 덜하게 되고, 인생에 대한 오해들에 대해 더 잘 대처할 것입니다. 따라서 우리는 세상에 대한 모델을 더 현실적으로 이해하고자 노력해야 합니다.

모든 문화는 공통적으로 세상을 이해하고자 하는 절박한 필요를 갖고 있지만, 그 동기와 전략은 다르다고 생각합니다…. 지식을 가진 사람들은 세상을 더 잘 다스리고, 다른 사람을 더 쉽게 지배하며, 더 큰 자원의 혜택을 갖게 됩니다. 세상에 대한 현실적 모델을 갖는 것은 세상에 대한 개인의 적응성을 높여줍니다.

과학은 이러한 지식을 습득하는 수단 중 하나입니다. 과학적 발견은 명확한 원인을 찾고, 메커니즘의 근거를 밝힙니다. 집단의 경험은 또 다른 지식의 원천이지만, 거기서 나온 지식은 암묵적인 경우가 많습니다. 즉 개인은 알지만, 지식의 근원에 대해서는 모호함이 남는 것이죠. 또 스님께서 설명하신 것처럼, 자신의 조건을 알기 위해서 자기 성찰과 명상훈련을 사용하는 전략도 있습니다. 결국, 실제적 진화의 체계는 세상에 대한 더 나은 표현을 가능하게 합니다. 창의적 존재로서 우리는 모델을 상상하고 검사할 수 있는 가능성을 갖고 있습니다. 따라서 우리는 자신을 위해 가장 잘 작동되는 것으로 선택할 수 있고, 우리의 고통을 덜어주는 것에 동참하고, 고통을 더하는 것들은 버릴 수 있습니다.

**마티유**  그것이 중요한 점입니다.

**볼프**  스님께서는 모델들을 최적의 조건으로 활용할 수 있습니다….

**마티유**  … 분석적 명상, 논리적 탐구, 타당한 인식을 통해서 말이죠. 내면의 이해와 외부 세계에 대한 노출에 번갈아 집중하는 것은, 내면에 대한 더 깊은 이해를 우리의 존재방식에 통합시키는 일입니다.

**볼프**  이 과정에 우리가 어떻게 참여하는지 알아보는 것은 흥미로운 일입니다. 우선 발견할 무언가가 있다는 사실을 가르쳐줄 지도자가 필요할 것 같군요. 아니면 자신을 탐구할 동기를 부여하고 개인의 발전을 북돋우는 내면의 충동이 있는지 알려주는 교사 말입니다.

**마티유**  내면의 충동은 고통에서 해방되고자 하는 강한 열망에서 나옵니다. 이러한 열망은 우리 안에 있는 변화와 성숙에 대한 잠재적 가능성을 보여줍니다. 노련한 영적 대가는 매우 중요한 역할을 합니다. 그는 우리에게 이러한 변화를 완성시킬 방법들을 보여주고 설명해주죠. 마치 노련한 항해사, 장인 혹은 음악가의 충고가 그러한 능력을 갖고자 하는 이들에게 소중한 것처럼 말입니다.
때로 사람들은 바퀴부터 새로 만들려고 하는데, 이미 기술과 비법을 완전히 통달한 이들이 축적한 풍부한 지식을 활용하지 않는 것은 어리석은 일입니다. 다른 사람의 지혜를 활용하지 않고 모든 것을 처음부터 다시 시작하는 것은 별로 좋은 전략이 아니죠. 석가모니 부처와 함께 시작된 정신연구의 경험적 실험은, 무려 2,500년 동안 이루어졌습니다. 그것을 무시하는 것은 어리석은 일입니다. 잘못된 시각을 제거하는 것이 불도의 주요 목표 가운데 하나죠.

## 현실에 대한 올바른 이해와
## 최상의 존재방식

**볼프** 우리가 나눈 이야기의 주요사항들을 다시 정리해보겠습니다. 먼저 우리는 서구와 불교의 인식의 근원을 비교함으로써, 인식에 관한 문제를 깊이 다루었습니다. 불교적 인식은 먼저 자신의 정신을 맑게 한 뒤에, 주로 자기성찰, 명상수련, 세상에 대한 관찰이라는 방법을 사용합니다.

**마티유** 현실에 대한 분석적 접근을 실행한 후에 말이죠.

**볼프** 분석적 접근을 하기 위해서는 정신적 '내면의 눈'을 재조정하고, 자신의 인식체계를 깨끗하게 해야 합니다. 제가 이해한 바로, 이 과정은 심도 있는 결과를 낳습니다. 그 결과들 가운데 하나는, 우리가 지각한 것들을 당연하게 받아들이지 않고, 현실을 일시적이고 맥락에 따라 달라질 수 있으며 명백한 특성이 없는 것으로 이해할 수 있게 해주는 것입니다. 이러한 견해는 현실에 대해 더 사실적인 모델을 구성하고, 현실 그 자체와 잘못된 표현 사이의 충돌을 줄여주어, 결과적으로 고통을 덜어줄 수 있습니다.

이러한 접근법의 중요한 측면 가운데 하나는, 감정적 집착에서 벗어나도록 이러한 조정작업에서 벗어나는 법을 배우는 것입니다. 사물이 그 자체로 특성을 가지고 있는 것이 아니라는 것을 정확하게 인식하는 것은, 우리가 그것에 부여한 불가침의 속성들에서 벗어날 수 있도록 해줍니다. 만일 제가 스님께서 말씀하신 부분을 제대로 이해했다면, 이것은 사회적 상황과 다른 중생들과 관련된 감정에 적용되는 것입니다. 갈망과 애착이 우리의 지각을 왜곡시키는 필터처럼 작동하여 우리가 '진정한' 세상을 보지 못하도록 막는 것이죠. 따라서 이 2가지 감정적 성향은 피하는 것이 좋습니다.

이 점은 저도 이해할 수 있습니다. 우리는 모두 감정의 희생자죠. 누군가 강렬한 사랑의 열정이나 맹렬한 증오에 휩싸인다면, 그 사랑의 대상이나 증오의 대상에 잘못된 특성을 부여함으로써, 분명 그 상황에 대한 잘못된 해석을 하게 될 것입니다. 만일 이러한 잘못된 해석에서 벗어나게 된다면, 그 현실에 부여한 특성들은 사라지고 우리는 더 쉽게 다룰 수 있을 것입니다.

따라서 명상훈련, 자기성찰, 정신의 개발은 더 큰 객관성에 도달하게 합니다. 게다가 이 '정신의 과학'은 윤리체계의 토대로 사용될 수 있습니다. 이 개념은 재현가능성, 예측의 타당성과 같은 기준에 의지하므로, 오로지 3인칭 접근법으로만 객관성에 도달할 수 있다고 생각하는 서구사회에 널리 퍼진 시각과는 다릅니다. 서구적 배경에서, 윤리는 적어도 자연과학이 아닐 뿐만 아니라, 과학적 탐구의 요소가 아닙니다.

**마티유** 만일 윤리를 실제 경험과 단절된 교리가 아니라 행복과 고통에 대한 학문으로 이해한다면 그렇습니다.

**볼프** 명상훈련이 자신과 세계에 대한 현실적인 모델을 구성하게 한다면, 훈련효과와 관련된 이 새로운 견해는 태도의 변화를 가져올 것입니다. 만일 오랜 기간 동안 여러 명이 참여한다면 인간의 조건들을 향상시킬 수 있겠지요.

**마티유** 그것은 우리의 존재방식이 현실과 정신적 작업에 대한 모든 잘못된 해석에서 벗어날 때에만 가능할 것입니다. 그러면 우리의 존재방식은 이타적이고 자비로운 태도, 타인의 행복에 관심을 기울이는 태도로 자연스럽게 표현됩니다. 이러한 태도는 상대방도 나와 같이 행복을 원하고 고통을 싫어함을 인정할 때에야 가능합니다. 정신의 이 같은 경향은 자연스럽게 타인의 행복을 돕는 행동으로 나타납니다. 우리의 행동이 존재방식에 대한 무의식적 표출로 이어지는 것이죠.

**볼프** 만일 모든 사람들이 세상에 대해 정확한 모델을 구성한다면, 그것이 제대로 기능할 수 있을 것입니다.

**마티유** 모든 사람들이 동일한 결론에 도달하기를 기다려야 하는 것은 아닙니다. 우리 각자는 현실에 대한 정확한 이해에 도달하고 유지하며, 전망, 동기, 노력, 바른 행동을 발전시킬 가능성이 있습니다. 이 경우, 우리가 최적의 방식으로 기능을 수행할 수 있다는 데 의심의 여지가 없습니다. 비록 사건과 상황들을 예측할 수 없고 우리의 통제권

밖이더라도, 여전히 정확한 관점과 동기에 대한 내면의 나침반을 이용하여 항로를 유지하고자 노력할 수 있습니다. 이것이야말로 자신과 타인을 고통에서 벗어나게 하는 가장 좋은 방법입니다.

**볼프** 세대를 이어 집단적으로 형성되고 종교적 체계와 법적 체계에 내재된 지혜는 어떻게 얻을 수 있을까요? 한 개인의 삶으로는 완성할 수 없는 행동양식을 제정하는 지혜 말입니다. 어떤 태도들은 개인의 삶에는 유익할 수 있지만, 장기적으로 사회에 악영향을 미칠 수 있습니다. 자신은 절대 그 결과를 볼 수 없겠지만 말이죠. 이러한 지식은 세대를 거치면서 집단적 방식을 통해서만 습득될 수 있으며, 개인의 자기성찰로 얻을 수 있는 것이 아닙니다.

**마티유** 비록 우리의 행동에 대한 최종결과는 알 수 없더라도, 우리는 여전히 자신의 동기를 살필 수 있으며 그것이 기본원칙입니다. 유일한 목적이 우리 자신의 유익인 이기적 동기나 혹은 이타적 동기에 관한 것일까요? 만일 우리가 끊임없이 이타적 동기를 불러일으키며, 이타적 관점에 따라 행동하기 위해 지식과 이성적 사고, 재능 등을 최대로 활용한다면, 그 효과는 장기적으로 긍정적일 가능성이 높습니다.

현실에 대한 올바른 이해가, 정확한 정신적 태도와 이러한 이해에 걸맞은 행동을 매순간 불러일으킵니다. 모두가 승자가 되는 것이죠. 상대방에게 이롭게 행동함으로써 우리 자신의 마음도 밝아지기 때문입니다. 이러한 최상의 존재방식은 먼저 가족 안에서, 나아가 마을과 지역 공동체에 긍정적 효과를 일으키고, 점차 사회 전반으로 확대될 것입니다. 간디는 이렇게 말했습니다. "우리는 세상에 일어나기 원하는 변화를, 몸소 구현해야 합니다."

**볼프** 구도자의 생활을 하는 사람들만이 공감할 수 있는 것이 바로 통찰력입니다. 고도로 상호연결된 사회 체계에서, 어떤 사람의 변화에 대한 타인의 반응은 상당한 의미를 갖습니다. 상당수의 사람들이 개인적 변화의 길을 지난 것이 아니라면, 권리에 집착하고 이기주의를 주장하는 사람들이 소수 평화주의자들의 선의를 이용할 위험이 있습니다. 따라서 이렇게 부당한 이득을 취하는 사람들의 권리와 영향력을 제한하는 규칙 체계를 마련해야 합니다. 개인의 변화와 사회적 상호작용의 규칙은 어깨를 나란히 해야 합니다.

여기서 우리는 세상과 인간의 조건에 대해 더 잘 이해하게 해주는 1인칭과 3인칭 접근법의 차이처럼, 명상과학과 자연과학 사이의 차이점을 연구할 때 맞닥뜨리는 것과 같은 여러 전략들의 보완성을 대면했습니다. 앞으로 대화를 나누면서, 명상과학을 통해 얻은 이해와 인문학 및 자연과학의 영역에서 이루어진 진보 사이에 어느 정도로 일치점이 있는지 연구해볼 수 있기를 바랍니다. 이러한 비교는 특히 자연과학에 적합한 연구방식들이 이제 지각, 감각, 감정, 사회적 현실 그리고 특히 의식처럼, 주요한 심리현상의 연구에 도입되었다는 점에서 매우 흥미로울 것입니다.

# 4.
## 나를 조종하는
## 나는 누구인가?

자아는 우리의 존재 깊숙이 자리한 실체일까, 아니면 뇌 속의 조종부일까? 혹은 개인의 역사를 보여주는 경험의 연속체일까? 승려는 독립적이고 단일한 자아개념을 무너뜨리고, 뇌과학자는 뇌에 중추적 역할을 맡은 부분이 따로 있지 않다고 주장한다. 오케스트라 지휘자와 같다는 개념은 흔히 빠지기 쉬운 착각인 것이다. 강한 자아는 정신건강에 꼭 좋은 것일까? 자아에 대한 맹목적 신뢰를 버리는 것은, 우리를 상처받기 쉬운 존재로 만들 위험한 일은 아닐까? 반대로 투명한 자아는 영혼의 힘과 내면의 확신에 도움을 줄까?

# '자아'는 과연 존재하는가?

_____ **마티유** 현실에 대한 잘못된 인식의 원인부터 생각해 봅시다. 그것은 자아가 우리 존재의 핵심이자 경험의 조종자 역할을 한다고 믿는 독립적·개별적 자아개념에 집착하기 때문입니다. 불교에서는, 자아가 하나의 개체로 존재한다는 가정이 현실을 왜곡시키고, 착각을 불러일으켜 온갖 정신적 고통을 낳는다고 여깁니다.

**볼프** 그 말씀과 강한 자아의 필요성은 어떻게 양립할 수 있나요?

**마티유** 모든 것은 그 '강한 자아'라고 말씀하신 것에 달려 있습니다. 단호한 결정과 관련된 내면의 확신을 갖는 것과, 존재의 핵심으로서 고유한 개체에 대한 신념에 집착하는 것 사이에는 중요한 차이가 있습니다. 내면의 힘은 자기중심주의로까지 이어지는 고착된 자아가 아니라 내면의 자유에서 나오는 것으로, 이 둘은 전혀 다른 것입니다.

우리는 왜 독립적인 자아를 지녔다고 느끼는 걸까요? 저는 제가 존재한다는 것과 춥거나 더운 것, 배가 고프거나 부르거나 하는 것을 끊임없이 느낍니다. 이 모든 순간에, '나'는 제 경험의 주관적·직접적 요소를 대표합니다.

여기에 제 인생의 역사가 보태지면서, 저는 한 사람으로서 명확하게 규정됩니다. 제 인생의 역사란 그동안 살면서 겪어온 모든 경험의 연속체입니다. '한 사람'은 '의식의 흐름'이라는 역동적이고 복합적인 역사 그 자체인 것입니다.

**볼프** 그것이 바로 우리가 '자전적 기억'이라고 부르는 것입니다.

**마티유** 어떤 면에선 그렇습니다. 하지만 이 의식의 흐름이 우리가 기억하는 사건들로만 국한된 것은 아닙니다. 만일 어떤 강에서 물을 채취한다면, 그 샘플에는 수원지에서 채취 장소까지의 모든 역사가 담겨 있습니다. 그동안 지나온 곳의 토질과 식생뿐 아니라, 오염도나 순도에 따라서 물의 성질이 좌우될 것입니다.

현재 시점의 '나'와 경험의 연속체로서의 '사람'이라는 두 측면, 이것이 바로 우리가 이 세상을 살아가게 만드는 것입니다. 이 2가지 존재 방식에는 아무 문제가 없지만, 우리는 여기서 다른 면을 하나 생각해보고자 합니다. 그것은 바로 독립적 자아에 대한 개념입니다.

우리의 육체와 정신이 끊임없이 변화한다는 것을 우리는 알고 있습니다. 우리는 더 이상 소란스러운 아이가 아니며, 점점 나이가 들어갑니다. 우리의 경험은 우리를 변화시키고 시시각각 우리를 성숙하게 합니다. 하지만 우리는 지금 우리를 규정하고, 일생 동안 우리를 규정했던 전체 가운데 무언가가 있다고 생각합니다. 이것을 가리켜 우리는 '자신', '자아' 혹은 '나'라고 부릅니다. 경험들로 이루어진 단 하나의 연속체이자, 이 흐름의 한가운데 뚜렷하고 유일한 개체로서 우리의 진정한 '자아'가 존재한다고 생각합니다.

우리가 자신과 동일시하며 자아라고 부르는 이 개체가 존재한다고 믿을 때, 우리는 그것을 보호하려 하고 그것이 사라질까 봐 두려워하게 됩니다. 이 자아에 대한 강한 집착은 '내' 것, '나의' 몸, '내' 이름,

'나의' 정신, '나의' 친구들과 같은 소유의 개념을 낳습니다.

이처럼 우리가 자아를 뚜렷하고 단일한 개체가 아니라고 생각하는 일은 어렵습니다. 그래서 끊임없이 변화하는 육체와 정신에 대해서도 우리는 고집스레 지속적이고 단일하며 독립적이라는 특징들을 부여하기도 합니다.

하지만 이러한 믿음은 역설적으로 우리를 더 상처받기 쉽게 만들고 진정한 자신감을 만들어주지 못합니다. 사실 자아를 독립적이고 확고한 단일 개체로 생각한다면, 우리는 현실과 근본적인 부조화를 이루게 됩니다. 우리의 실존은 근본적으로 상호의존적인 관계에 좌우되기 때문입니다. 물론 우리 자신의 행복은 중요하지만, 그것은 타인의 행복에 의해 또 타인의 행복과 함께일 때에만 가능합니다. 게다가 자아는 끊임없이 득과 실, 즐거움과 고통, 찬사와 비판 등의 표적이 됩니다. 그래서 어떻게든 그 자아를 보호하고 만족시켜야 한다고 느끼는 것이죠.

우리는 자아를 위협하는 모든 것에는 반감을 느끼고, 자아를 만족시키고 강화시키는 모든 것에는 호감을 느낍니다. 이 호감과 반감이라는 2가지 근본적인 충동은 끊임없이 갈등을 일으키는 감정들, 즉 분노·혐오·자만·시기 등을 낳고 결국에는 항상 고통으로 이어지게 합니다.

**볼프** 스님께서는 '자아'라고 부르는 것과 상당히 수준 높은 관계를 유지하고 있는 것 같군요. 만일 누군가에게 "당신은 누구십니까?"라고 묻는다면, 그 사람은 분명 자아와의 관계를 분석할 때 스님께서 지금 한 것처럼 관찰자 입장에서 시작하지는 않을 것입니다.

**마티유** 그렇습니다. '자아'에 대해 연구하지 않는 이상, 우리는 자아를 당연한 것으로 여기고 자신과 자아를 거의 동일시합니다. 하지만 연구를 시작하자마자 '자아'라는 것이 분명하게 칭하기 어려운 것임을 깨닫게 됩니다. 또 개별적 자아개념에 대한 집착이 우리 삶에 얼마나 깊숙이 파고들어와 있는지 이내 확인하게 됩니다. 우리가 고통의 악순환에서 벗어나기가 그토록 어려운 이유도 바로 그 때문인 것입니다.

하지만 다른 사람이 그 삶 속에서 '나 자신'을 받아들이는 것의 중요성을 인식하도록 도울 수는 있습니다. 예를 들어, 제가 절벽을 마주하고 "어이, 마티유! 넌 진짜 멍청이야!"라고 소리친다면, 그 말이 제게 메아리로 돌아와도 웃어넘기며 기분이 나빠지진 않을 것입니다. 하지만 옆에서 누군가 똑같은 어조로 똑같은 욕을 저에게 직접 했다면 분명 화가 날 것입니다. 그 차이는 무엇일까요? 전자의 경우, 그 대상이 저의 자아를 향하지 않았지만, 후자의 경우에는 그렇습니다. 둘 다 똑같은 말인데도, 후자는 곧장 마음이 상하게 되죠.

**볼프** 우리가 스스로 간지럼을 태울 수 없는 것과 같은 이유로, 욕을 한 사람이 자신일 때는 화가 나지 않는다는 말씀이시군요. 우리는 행동의 주체가 자신일 때와, 타인일 때 전혀 다른 방식으로 받아들입니다.


## '자아'에 대한 자기성찰적 연구와 분석

**마티유** 독립적 자아가 존재한다는 개념이 우리의 경험에 이처럼 큰 영향을 미치기 때문에, 우리는 자아에 대해 아주 주의 깊게 분석해보아야 합니다. 어떻게 하면 될까요?

우리 몸은 뼈와 살로 이루어진 시한부 조합에 불과합니다. 우리의 의식은 수많은 경험들로 이루어진 하나의 역동적인 흐름입니다. 개인의 역사는 더 이상 존재하지 않는 것에 대한 기억입니다. 우리가 그토록 의미를 부여하고 자신의 명성과 사회적 지위를 결부시키는 이름이라는 것도, 그저 글자의 조합에 지나지 않습니다.

저의 이름인 '마티유'를 글자로 보거나 소리로 들을 때, 제 마음은 두근거리며 이런 생각을 합니다. "저건 나야!" 하지만 제 이름 M-A-T-T-H-I-E-U를 이루는 알파벳을 다 떼어놓으면, 저는 그중에 어떤 것과도 같지 않습니다. '내 이름'이라는 개념은 단지 정신적인 산물일 뿐입니다. 우리의 몸, 우리의 말, 우리의 정신을 분석하는 방식이 무엇이든, 자아를 구성한다고 확증할 만한 특정 개체를 지칭하기란 불가능합니다. 우리는 자아가 하나의 개념이자 관습에 지나지 않는다고 결론 내릴 수밖에 없습니다.

만일 자아에 대한 이러한 분석이 의미 있으려면, 철저한 자기성찰적 연구로 그 속성을 밝혀야 합니다. 우리는 자아가 몸 밖에 있는 것도 아니고, 물에 녹아든 소금처럼 몸 전체에 스며 있는 어떤 것도 아니라는 결론에 도달하게 됩니다.

따라서 자아는 단지 수많은 경험들의 흐름인 의식과 연결되어 있다고 생각해볼 수 있습니다. 지나간 과거 의식의 순간은 더 이상 존재하지 않고, 미래는 아직 오지 않았으며, 현재는 그 자체를 지각할 수 없습니다. 따라서 실존을 지닌 자아도, 영혼도, 에고ego도 없으며, 힌두교에서 절대 자아를 가리키는 아트만atman도 존재하지 않으며, 개인적이고 독립적인 개체는 없는 것입니다. 다만 경험의 흐름이 존재할 뿐입니다.

　이 사실은 우리를 나약하게 만드는 것이 아니라, 엄청난 착각에서 벗어나게 한다는 사실이 흥미롭습니다. 이러한 분석이 끝나면, 자아는 관습적인 것, 즉 우리 몸과 정신에 붙여진 하나의 꼬리표로 여기는 것이 타당하고 실제적입니다. 다른 것과 구분하기 위해 어떤 강에 이름을 붙이는 것처럼 당연한 일인 것이죠. 자아는 실용적이고 관습적인 방식으로만 존재하고, 실제로 존재하거나 뚜렷하게 구별되는 고정적 개체가 아닙니다. 자아는 세상과의 관계에서 우리를 규정지을 수 있게 해주는 편리한 환상인 것이죠.

　**볼프** 사람들(스님을 지향성志向性과 독립된 자아를 지닌 주체로 인식하는 사람들)과 사회적 환경에 의해서 스님께 부여된 어떤 것을 '자아'라고 정의한다면, 그것은 사실입니다. 또 자아가 체화되고 정신을 지닌 개인이라는 의식과 자전적 기억의 총합에서 비롯된 하나의 경험이라고 생각한다면 그 또한 사실입니다.

　비록 자전적 기억과 유형의 의식을 책임지는 중심부가 뇌에 있기는 하지만, 자아나 정신과 연관된 뇌의 특정 영역은 존재하지 않는 것이 명백한 사실입니다.

　**마티유** 자아를 한정된 개체로 간주할 수 없다는 것을 보여주는 방법은 아주 많습니다. 우리가 "이것이 나의 몸이야."라고 이야기할 때, '나의'라는 소유 형용사는 몸의 소유주이지 몸 그 자체가 아닙니다. 그런데 누가 우리를 밀치면 우리는 항의합니다. "저 사람이 나를 밀었어!" 이 경우, 자아는 갑자기 몸과 연결됩니다.

더 나아가 이렇게 말하는 순간도 있죠. "그녀가 나를 아프게 했어요." 이때, 우리는 그 감정의 소유주가 됩니다. 그리고 "이것은 나를 화나게 해."라고 말함으로써, 그 주체와 동일시되는 자아에 우리가 귀속되죠.

자아가 특정한 위치를 가진 개체가 아니라 우리 몸과 정신 전체에 스민 어떤 것이라고 잠시 상상해봅시다. 만일 제가 두 다리를 잃는다면 자아는 어떻게 될까요? 저의 생각 속에서 저는 다리를 잃은 장애인이지만, 여전히 저는 마티유입니다. 저의 신체적 이미지는 손상되었더라도, 깊이 뿌리내린 저의 자아는 잘려나간 것이 아니라는 것을 여전히 지각할 수 있습니다. 그저 놀라거나 낙담하거나, 용기 있거나 불굴의 자아로 변모될 뿐이죠.

육체에서 자아를 찾을 수 없으므로 우리는 의식에 눈을 돌립니다. 시시각각 변하는 의식의 경험은 우리가 지속성 있는 자아를 가지고 있다는 생각과 모순됩니다. 그렇다면 자아는 도대체 어디에 위치한 걸까요? 답은 '그 어디에도 없다.'는 것입니다.

**볼프** 신경심리학자 브렌다 밀너Brenda Milner가 수십 년간 연구한 뇌질환자 헨리 몰레이슨Henry Gustav Molaison(이하 HM)처럼, 일화적 기억과 자전적 기억을 모두 잃어버린 완전 기억상실 환자들이 있습니다.

HM은 난치성 간질증상을 완화하고자, 좌반구와 우반구의 측두엽 절제술을 받았습니다. 그는 오로지 현재만을 살지만 자아개념은 간직하고 있었습니다. 따라서 개인적 역사의 산물로서 자기 자신을 경험하는 것이 자아에 대한 개념을 구성하는 데 필수적이지는 않은 것 같습니다. 2008년 HM이 사망할 때까지 함께했던 브렌다 밀너에 따르면, 그는 외과수술을 받기 전의 몇 가지를 기억하고 있었으며, '자기 자신'과 관련된 오래된 기억도 갖고 있었다고 합니다.

**마티유** 그가 발전시킨 자기표현방식에 대해 더 명확한 개념을 얻을 수 있도록, HM에게 정확한 질문을 던졌더라면 아주 흥미로웠을 것입니다. 자기 정체성을 살아 있다는 사실과 연결시켜 인식하는 경향은 전적으로 본능적인 것이어서, 반드시 과거에 대한 기억이 많아야 한다는 뜻이 아님을 보여줍니다.

**볼프** HM은 세상과 아주 예의바른 관계를 유지했던 것 같습니다. 밀너의 말에 따르면 사람들이 HM의 이름을 부르면 매우 평범하게 반응했고, 자신에 대해 어떤 이미지도 분명히 갖고 있었다고 합니다. 누군가 그를 칭찬하면 만족스러운 반응을 보이고 누군가 그를 비난하면 짜증을 내기도 했습니다.

그는 유머감각도 있었던 것 같고, 칭찬과 비판에 여느 사람들처럼 반응했습니다. 수술 이후 일어난 일에 대한 질문은 잘 이해하지 못했지만, 대화를 이어가는 데 충분한 단기기억을 갖고 있었습니다.

**마티유** 사회적 서열에 대한 감각이 있었나요? 그러니까 사람들 사이에서 사회적 지위의 차이를 이해할 수 있었나요? 예를 들면 병원장과 청소부의 차이 같은 것 말입니다.

**볼프** 그 점은 분명치 않습니다. 그는 모든 사람에게 친절했지만, 제 생각에 무의식적 과정에 의해 그가 사회적 지위를 구분할 수 있었고,

대화상대에 따라 친숙함의 정도를 조절했다고 봅니다.

마티유 그는 특정한 방식으로 대우받기를 바라거나, 그렇지 못할 경우 화를 내기도 했나요?

볼프 자신이 할 수 없는 무언가를 요청할 때, 그는 화를 냈습니다.

마티유 그의 즉각적인 감정반응이 일종의 자기중심성과 자아에 대한 애착에서 비롯되었다는 인상을 받았습니까? 늘 좋은 기분을 드러내는 것이 쾌락주의라기보다 행복주의에 속한다는 것을 보여줄 표지가 있습니까?

볼프 까다로운 질문이군요. 수술 전에 이미 건강이 좋지 않았기 때문에, 수술 이후에 실시된 심리검사 결과밖에 없습니다. 그는 분명 '자신'에 대한 감각이 있었고, 기분이 좋아지거나 나빠지기도 했고, 사회적 상호작용에 대해 정상적으로 반응했습니다.

'인성'의 핵심은 영향을 받지 않은 것이죠. 그는 과거의 일들을 기억하지 못했는데, 그것이 유일한 장애였어요. 그가 무의식적 감각신호들을 어떻게 처리하는지, 또 무의식이 과거의 경험에 접근할 수 있는지도 확실하게 알 수 없었습니다. 제 생각에 그의 절차적 학습체계는 손상되지 않으며 평생 유지되었다고 봅니다.

마티유 그에 관해 더 자세히 알고 싶습니다. 예를 들면 HM 같은 사람은 자신의 정신에 어떤 형태의 자아를 형성하는지요. 개인의 역사,

자아상, 스스로를 바라보는 방식, 다른 사람이 자신을 어떻게 생각해주길 바라는지 등 이 모든 작용들이 그의 내면 깊은 곳에서 변했던 것입니다. 하지만 그의 경우 우리가 조금 전에 얘기했던 자아의 부재와 반드시 모순되는 것은 아닙니다. '자아' 개념의 등장은 우리가 외부 세계와의 관계를 형성하면서부터 매우 기초적인 단계에서 이루어지기 때문입니다.

　자아에 대한 분석으로 되돌아오면, 내릴 수 있는 결론은 하나입니다. 즉, 자아는 분명 존재한다는 것입니다. 하지만 그것은 여러 부분들로 구성된 일시적 총체로서 우리의 몸과 의식의 조합이자, 경험이라는 하나의 흐름에 붙여진 정신적 이름표라는 것입니다. 관념상의 자아이자, 명목상의 전가일 뿐이죠. 그렇다면 왜 우리는 그토록 자아를 보호하고 자아를 만족시키려 할까요?

　**볼프**　사람들이 자신을 보호하고 싶어 하는 것은 분명한 사실입니다! 누구나 인생의 우여곡절을 많이 겪지 않고 살기를 바랍니다. 우리가 보호하려는 것은 뚜렷하게 구별되는 자아가 아니라, 우리의 완전성이자 한 사람으로서의 자신입니다. 자아에 대한 개념이 없는 동물조차도 스스로를 보호합니다. 동물들은 위협을 느낄 때 공격성을 보이죠.

　**마티유**　그렇습니다. 자신의 생명을 보호하고, 고통을 피하는 대신 진정한 행복에 이르고자 노력하는 것은 아주 자연스러운 일입니다. 생명이 위험에 빠지진 않더라도, 가장 큰 갈등을 일으키는 정신적 상태는 자기중심성을 악화시킬 수 있습니다. 이기주의를 방패로 삼는다면 우리는 자신과 세상 사이에 더 깊은 고랑을 파는 것과 같습니다.

또 다른 예를 들어보죠. 의식의 흐름을 라인강에 비유해봅시다. 당연히 그것은 긴 역사를 갖고 있지만, 매 순간 변화하죠. 헤라클레이토스는 이렇게 말했습니다. "우리는 같은 강물에 두 번 몸을 담글 수 없다." 개체로서 '라인강'이라고 할 그 무엇은 존재하지 않습니다.

## '나'라는 우주를 다스릴 자로 내세운
## 하나의 개체

볼프 어쨌든 제 생각에는 그 강을 라인강이라 부르는 것은 타당하다고 봅니다. 왜냐하면 그 강은 계속 변하는 물의 특성에도 불구하고 변하지 않고 지속되는 수많은 특징을 가지고 있기 때문입니다. 사실 비영속성은 그 자체로 강이 되게 하는 지속적인 특징입니다.

마티유 맞습니다. 라인강과 갠지스강을 구분해주는 특징은 많습니다. 강을 따라 펼쳐지는 풍경들, 강물의 성질, 유량 등이 있죠. 하지만 라인강의 본질적 존재의 핵심을 이루는 뚜렷한 개체는 없습니다. '라인강'은 끊임없이 변화하는 현상의 총체에 대해 편리하게 붙인 호칭에 불과합니다. 자아도 이런 식으로 생각하는 것이 정확하며, 우리가 세상에서 역할을 하는 데 방해가 되지 않습니다.

2003년 달라이 라마께서 자아는 존재하지 않는다는 내용을 가르치는 데 오전 한나절을 전부 쓰신 일이 기억납니다. 저는 점심을 먹을 때, 청중들로부터 모은 질문지 내용을 검토한 후에, 많은 참가자들이 자아의 비존재성에 대해 가장 이해하기 어려워한다는 사실을 그에게 전해드렸습니다. 참석자들은 이렇게 물었습니다. "자아가 없다면, 제가 어떻게 저의 행동에 책임을 질 수 있나요?" 혹은 "과거의 행위에 대한 결과를 경험하는 사람이 없다면, 업보에 대해서는 어떻게 말할 수 있나요?" 등의 질문이었습니다.

달라이 라마께서는 웃으면서 제게 이렇게 말했습니다. "그건 스님 탓이오. 통역을 제대로 안 하셨나 봅니다. 저는 자아가 없다고 한 적이 없습니다만." 물론 농담이긴 했지만, 그가 말하고 싶었던 것은, 우리의 몸과 정신에 관련된 '관습적이고 명목적인 자아'가 존재한다는 사실입니다. 이 내용은 그날 오후 달라이 라마께서 덧붙여 설명한 내용이기도 합니다. 이 개념은 문제 될 것이 없습니다. 자아를 우리 존재의 핵심이 구성하는 중추적, 독립적, 지속적 개체로 여기지 않는 한 실용적인 개념입니다.

**볼프** 스님께서는 이 잘못된 자아가 정신의 구조물이고, 그 사람의 본질과는 별개의 것이며, 이로 인해 지속적인 재확인과 강화, 그리고 꾸준한 노력이 필요하다고 생각하시는 겁니까? 그 정신적 구조물이 자신이 원하는 모습대로 보이도록 만들기 위해서 말이죠.

**마티유** 정확합니다. 우리는 자기 자신의 우주를 다스릴 자로 내세울 하나의 개체를 만든 것입니다.

**볼프** 이것을 투사과정이라고 규정할 수 있을까요?

**마티유** 원하신다면요. 하지만 불교의 분석적 접근법이 논리적·경험적 연구를 통해 해체하고자 하는 것은 정신적 구조입니다. 이는 우리의 정체성이 가상의 개체에 있는 것이 아니라, 경험으로 이루어진 역동적 흐름에 있다는 결론에 이르게 합니다.

**볼프** 《아무도 아니다Being No One》라는 제목의 책을 저술한 철학자 토마스 메칭거Thomas Metzinger의 견해보다 한발 더 나아간 것 같습니다.[61]

**마티유** 분명 우리는 몸과 외부세계가 연결된 경험의 연속체를 지닌 존재입니다. 메칭거는 자아를 '연속적인 과정'이라고도 정의합니다. 분리 가능한 개체가 아닌 '현상적 자아'에 대해 말하는 것이죠.

**볼프** 자아와 자기중심성의 개념에는 차이가 있습니다. 자기중심성은 이기주의와 연관된 '에고ego'가 강조된 것입니다. 이는 이타심이나 자비심과 양립할 수 없는 태도입니다. '자아'는 자기성찰이나 타인의 관찰을 통해 우리가 경험할 수 있는 그 무엇을 지칭하는 개념입니다. 자아는 인간의 지식과 사회적 상호작용이 세상에 내놓은, 지각할 수 없는 현실들 가운데 하나입니다. 지각할 수 없는 현실이란 신념, 가치체계, 자유의지, 자율성, 책임감 등의 개념과 같은 것으로 우리 삶에 영향을 줍니다. 저는 스님을 마티유로 알아보고, 또 스님의 잠재적 변화를 알 수 있습니다. 누군가 화가 났거나 열정에 휩싸여 있을 때, 저는 이렇게 얘기할 수 있습니다. "지금 너답지 않아." 하지만 저는 그의 정체성을 문제 삼는 것은 아닙니다.

# 자아와 자유

_____ 볼프 자유에 관해, 저는 무조건적 자유의 옹호자가 아님을 아실 겁니다. 무조건적 자유란 이원론적 태도와 함께 가며 신경생물학적 증거로 입증할 수 없는 것이죠. 저는 자신의 의지가 원하는 것 이상을 바랄 수 없으며, 단순히 노력으로 자신의 의지를 바꿀 수는 없다고 했던 쇼펜하우어의 비관론에 동의합니다.

굴레에서 벗어나 자신과 조화를 이룰 때 느끼는 그 자유라는 지속적 감정에 집중해보고자 합니다. 무의식적 성향이나 충동과 세상에 대한 합리적 분석에서 나온 명령 사이에 일치와 균형이 이뤄질 때, 이 감정을 경험할 수 있죠. 이 균형상태는 주체로 하여금 자유로움을 느끼고 내면의 갈등에서 생기는 속박, 소유와 관련된 정서, 혹은 에고나 외부 상황들에 의해 강요되는 명령이 없는 아주 기분 좋은 상태입니다.

우리가 선택할 수 있는 범위는 외부적인 제약에 의해 상당히 제한됩니다. 이러한 제약이 없을 때 우리는 자유롭다고 느끼지만, 진정한 자유는 충동, 제약, 욕구 등이 그 안에서 조화를 이룰 때 누릴 수 있습니다. 우리는 새로운 정보를 추구하도록 프로그램화되어 있습니다. 하지만 동시에 연관성을 찾으려는 강한 성향이 있으며, 안정성을 열망하죠. 이러한 상태에서는 변화를 일으키는 갈등을 해결하기 위해, 의지적 자아를 개입시킬 필요가 없기 때문입니다. 우리는 자주 모순된 충동들과 마주하게 됩니다. 만일 우리의 정신이 평정을 찾기 원하고 자유로운 감정을 느끼기 원한다면, 이 모순된 욕구들 사이에 내면의 갈등과 대립을 해결해야 합니다.

**마티유**   이러한 내면의 갈등은 주로 2가지 기본 충동과 관련이 있습니다. 사람들이 기분 좋게 여기는 호감과, 불쾌하다고 여기는 반감이 바로 그것이죠.

**볼프**   맞습니다. 이 대립적 영향력이 조화를 이룰 때, 자신에게 부과되는 의무와 이성적 숙고의 결과 사이에 충돌이 없을 때, 우리는 자유로움을 느끼고 조화로운 상태를 누립니다. 바로 그때 제약된 한계에서 벗어나 자아에 대한 의식이 완화될 수 있죠. 다시 구속이 나타나면, 자아는 자유를 수호해야 할 주체로 그 모습을 드러냅니다.

**마티유**   자존감이 점점 더 까다롭고 지나치게 고조될 때, 불필요한 내면의 갈등이 흔히 일어납니다. 우리는 환상에 불과한 자아의 속성을 이해할 때, 더 이상 그것을 보호해야 할 필요성을 느끼지 않게 되고, 희망, 공포, 내면의 갈등이라는 변수에 영향을 덜 받습니다. 진정한 자유는 우리의 정신에 파고드는 온갖 변덕스러운 사고를 따라가지 않고, 자아의 일방적 결정에서 벗어나는 것입니다.


## 연약한 자아, 강인한 정신

**볼프**   그런데 또 많은 문제들이 연약한 자아에서 비롯되는 것 같습니다. 스스로를 정의하기 위해 다른 사람에게 지나치게 의존하는 자아 말입니다. 그렇게 되면 욕구와 반감의 악순환에 빠지게 되죠.

**마티유** 연약한 자아의 존재는 다양한 방식으로 설명됩니다. 어떤 사람들은 자신이 사랑받을 자격이 없고, 자신에게 장점이 전혀 없으며 행복은 거리가 멀다는 생각으로 고통스러워합니다. 이런 감정은 보통 부모나 가까운 사람들로부터 무시당하거나, 반복적으로 비난받거나, 과소평가를 받은 결과일 때가 많습니다. 여기에 죄책감이 더해져, 사람들이 자신에게 부여한 약점들에 대해 책임감 혹은 죄책감을 느끼죠.

이런 부정적 사고에 시달리는 사람들은 끊임없이 자신을 비난하며 타인과 단절된 느낌을 가집니다. 이들이 절망을 넘어 삶의 균형을 되찾아 희망으로 나아갈 수 있도록, 자신을 엄격하게 판단하는 대신 자신과 더 따뜻한 관계를 맺고, 자신의 고통에 대해 연민을 갖도록 도와야 합니다. 다른 사람들과의 관계를 개선하려면, 먼저 자기 자신과 화해해야 합니다. 폴 길버트Paul Gilbert와 크리스틴 네프Kristin Neff[62] 같은 연구자와 심리학자들은 자기 연민의 유익을 잘 보여주었습니다.

다른 많은 경우에서도, 보통 '연약한 자아'라고 불리는 것은 불안정하고 변덕스러운 자아에 속합니다. 또한 혼란스러운 정신에서 비롯된, 항상 불만족스럽고 자신의 불만족에 대해 불평하는 자아입니다. 이러한 태도는 지나친 반추의 산물로, 오랫동안 오로지 '나, 나, 나'만 되풀이하는 평가이자, 인생의 작은 흔적들을 붙들고 끝까지 놓아주지 않는 데서 비롯됩니다. 이 환상 속의 자아는 자기 존재를 증폭시키거나, 자신을 피해자로 규정함으로써 존재를 입증하고자 합니다.

자기 이미지와 자아를 증명하는 데 몰두하지 않는 사람들은 오히려 자신감이 높습니다. 그들은 자아도취자도 아니며, 피해자도 아니니까요. '투명한' 자아를 지닌 사람들은 유쾌한 혹은 불쾌한 상황, 찬사와 비난, 자신에 대한 긍정적 혹은 부정적 이미지 등에 지배당하지 않습니다.

　　**볼프**　강한 자아에 대해서는 어떻습니까? 강한 자기중심성과 비슷하다고 생각하십니까?

　　**마티유**　저는 그것을 '강한 자아'라고 부르는 대신, '과대자아Oversized Ego'라고 부릅니다. 예를 들어 도널드 트럼프처럼 말이죠. 이 경우 강한 것이라고는 집착뿐입니다. 강한 체하는 자아는 실상 상처받기 쉬운 상태로, 자기 자신에게만 집중합니다. 그에게는 세상의 모든 것이 위협이자 채울 수 없는 욕망의 대상입니다.

　　게다가 자아가 강하면 강할수록, 내부와 외부의 혼란으로 화살을 겨눌 과녁이 커집니다. 칭찬은 비난만큼이나 크나큰 근심거리입니다. 2가지 모두 자아를 강화시키고 자신의 좋은 평판을 잃어버릴 것에 대한 두려움을 키우기 때문이죠. 자아에 대한 집착이 사라지면, 그 과녁은 사라지고 평화를 맛보게 될 것입니다.

　　**볼프**　스님께서 말씀하시는 것은 자아도취적인 자아입니다. 대체로 낮은 자신감과 우리가 약한 혹은 부실한 자아라고 부르는 것도 같은 맥락이죠. 이런 성격을 가진 사람들은 자기정체성을 강화하기 위해 끊임없이 외부의 도움을 필요로 하는데, 이는 매우 상처받기 쉬운 상태로 만듭니다. 이 주제에 대해서는 용어상의 문제가 있습니다.

　　**마티유**　하지만 연구에 따르면, 자아도취자들이 자존감이 높고, 자존감의 결여를 상쇄하기 위해서 그런 것만은 아니라는 사실이 확인되었습니다.[63] 자아는 능력·미모·명성·인정받는 자아상과 같이 변화하는 속성들에 의해 뒷받침되는 피상적인 자신감밖에 갖지 못합니다. 이러한 착각은 매우 취약한 안정감을 줍니다. 상황이 변하고 현실과의 격차가 깊어질수록, 자아는 그것에 대해 화가 나거나 실망하고 더 경직되거나 흔들리게 됩니다. 자신감은 무너지고, 더 큰 실망감과 고통만 남게 되죠. 자아도취자의 몰락은 매우 고통스럽습니다.

**볼프** 맞습니다. 하지만 대부분의 경우, 우리는 자아가 강하면 강할수록 더 독립적이고 자율적이라고 생각합니다. 우리는 자신과 평화를 유지함으로써 잘못된 의견과 자기중심성으로 인한 문제에 덜 시달리고, 자기중심성에 덜 시달릴수록 공감능력·관용·타인에 대한 애정을 더 많이 기를 수 있다고 생각합니다.

**마티유** 여기서 중요한 점은 '강한 자아'와 '강한 정신'을 분명하게 구분하는 것입니다. '강한 자아'는 지나친 자기중심성과 자아라는 개체로 사물화된 인식을 수반합니다. 한편 '강한 정신'은 명민하고 자유로운 불굴의 정신으로, 인생에서 어떤 일이 일어나든 그것을 적절하게 다룰 줄 알게 합니다. 불안을 느끼는 대신 다른 사람에게 열려 있는 태도로, 분노·갈망·시기 혹은 또 다른 혼란에 빠뜨리는 정신적 요소들에 의해 흔들리지 않는 정신이죠.

이 모든 자질들은 자기정체성의 느낌을 줄이는 데서 나옵니다. 따라서 이렇게 이야기할 수 있습니다. 모순처럼 들릴 수도 있지만, 정신은 자아에 대한 집착에 빠지지 않을 때에만 강해질 수 있다는 것이죠. 한마디로 최상의 조건은, 약한 자아에 강한 정신을 갖는 것입니다.

마찬가지로, 내면의 자유에 바탕을 둔 건전한 자율성이나 독립성과, 우리를 상처받기 쉽게 만들고 끊임없이 불만족스럽게 하며 다른 사람이나 세상에 대해 지나친 요구를 하게 만드는 물화된 자아를 동일시하는 것은 잘못입니다.

선생께서 언급하신 것이 스스로를 책임질 수 있고, 인생의 우여곡절에 잘 대처할 수 있는 내면의 자원들을 가지는 것이라면, 말씀하셨다시피 독립적인 것이 문제가 되지 않습니다. 하지만 이 '독립성'은 자아가 독립적 개체라고 여기는 것을 뜻하는 게 아닙니다. 오히려 그 반대죠. 즉 우리는 자신과 타인, 세상의 근본적인 독립성을 이해함으로써, 이타심과 자비심을 발전시키는 데 필요한 합리적 토대를 마련할 수 있습니다.

자아에 대한 집착과 자신감을 혼동해서는 안 됩니다. 예를 들면, 달라이 라마께서는 자신에 대한 깊은 신뢰가 있습니다. 그는 자신의 개인적인 경험을 통해서, 보호하거나 내세울 자아가 없다는 사실을 알기 때문입니다. 그의 '중국인 형제자매'들이 그렇듯, 그를 '살아 있는 신' 혹은 '악마'라고 보는 사람들의 생각에 대해 웃어넘길 수 있는 이유도 바로 그 때문입니다. 자아가 단순히 관습적 존재라는 것을 명확하게 이해하면 할수록, 우리는 덜 상처받게 되고 내면의 자유는 더욱 깊어질 것입니다.


**볼프** 자아에 대한 투사가 없다면, 자신이 공격받을 위험도 없다는 데 동의합니다. 하지만, 만일 제가 스님을 공격하거나 모욕한다면, 스님은 모욕감을 느끼고 스스로를 보호하려고 할 것입니다.

**마티유**  그 모든 것으로부터 영향을 받지 않는 것이 최선의 방어라고 생각합니다. 그것은 제가 속이 좁거나 어리석어서가 아니라, 선생의 행동과 말이 제게 아무 영향을 주지 못한다는 뜻입니다. 만일 누군가 공중에 먼지를 날리거나 꽃가루를 뿌린다면, 그것은 공간을 바꾸어 놓는다기보다 그 사람의 머리 위로 다시 떨어질 뿐입니다. 자아에 대한 집착이 더 이상 쉽게 모욕이나 칭송의 대상을 가리키지 않을 때, 우리는 동요되지 않고 달라이 라마께서 그랬던 것처럼 웃어넘길 수 있을 것입니다. 뛰어노는 아이들을 바라보는 노인이 그러하듯 말이죠. 그는 일어나는 일들을 모두 바라보지만, 아이들과 달리 한쪽의 승리나 패배에 영향을 받지 않습니다. 이와 같은 정신의 깊은 개방성과 자유는 명상훈련을 통해 내면의 완성에 이르렀다는 표시입니다.

자아에서 벗어나 자연스러운 상태를 유지할 수 있는 수련자는, 타인에게 무관심하지도, 외부세계와 단절되지도 않은 채, 항상 내면의 자원을 잘 활용할 수 있습니다.

**볼프**  스님께서 '투명한' 자아와 관련하여 '강한 정신'이라고 부르는 것은, 제가 말한 강한 자아, 혹은 잘 조직된 자아와 분명 같은 의미입니다. 이런 상태의 자아는 남들의 인정을 필요로 하지 않기 때문에 관심을 거의 요구하지 않습니다. 반면 스님께서 여러 번 부정적으로 언급하신 '자기중심적 자아'는 제가 말하는 '약한 자아', 불안정하고 이기적이며 자아도취적인 자아와 동일한 의미라고 생각합니다. 이런 자아는 자신과 자신의 공허한 존재에 대해 끊임없는 재확인을 필요로 합니다.

**마티유**  맞습니다. 불교 경전에 따르면, 자아에 대한 집착의 영향력을 명확히 알려면 먼저 그것이 정신에 가져오는 결과들을 관찰하고, 폭넓게 드러나도록 두는 것이 중요합니다. 이어서 그 속성을 연구하는 것이죠. 그 속성이 개념적이라는 것을 확인한 다음, 자아를 해체해야 합니다. 다른 말로 하면, 자아를 부인하는 것이 아니라 자유로운 상태로 변화시키기 위해 그 작동방식을 연구하는 것입니다. 그제야 비로소 진정한 자신감이 나타나게 됩니다.

**볼프** 자신감이 더 이상 외부요소에 의해 강화될 필요가 없을 때, 그 자신감은 더 이상 근심거리가 되지 않고, 자신이 쓸모없다고 느끼지 않으며, 그만큼 속박에서 벗어나게 된다고 생각합니다. 이러한 태도는 성숙하고 독립적이며 자율적인 인격을 이루어, 건전한 성장에 기여한다고 생각합니다.

**마티유** 그렇습니다. 그런 사람을 모든 속박에서 벗어난, 자유로운 사람이라고 부를 수 있습니다. 집착이라는 내면적 장애물과 대립적 상황에서 빚어지는 외부의 장애물들이 이러한 속박에 해당하죠. 독립성이란 오만하고 강압적 자아가 아니라 자유와 연결된 것입니다.

## 우리는 모두 '자아의 인큐베이터'를 가졌다

**마티유** '반투명'한 자아를 가진 사람들을 만나는 것은 매우 기분 좋은 일입니다. 이들은 타인과 더 깊은 유대감을 느끼는데, 우리가 가진 문제의 많은 부분은 타인을 자신과 뚜렷하게 구분된 개체로 여기고, 자신과 타인 사이에 깊은 고랑을 파두기 때문이죠. 이런 생각을 가진 자아는 세상과의 상호의존성을 부인하며 자기중심성의 인큐베이터에 숨으려 합니다. 사르트르는 "지옥, 그것은 타인들이다."라고 말한 바 있지만, 저는 이렇게 말하고 싶습니다. "지옥, 그것은 자아다." 기능적이고 관습적인 자아가 아니라 기능장애의 자아로, 이것은 사람들이 현실에 덧붙인 것이며 우리가 사실로 간주하고 단독으로 우리의 정신을 지배하는 자아죠.

우리 두 사람의 친구기도 한 폴 에크만은 감정에 관한 연구에 탁월한 전문가로, 그는 '특별한 인성을 지닌 사람들'로 불리는 사람들을 관찰했습니다. 이들의 특징 가운데 가장 주목할 만한 것은 '선한 인상, 다른 사람이 공감하고 인정하는 삶의 방식, 그리고 교조적 선동가와 달리 사적인 삶과 공적인 삶의 완벽한 일치' 등입니다. 무엇보다 에크만은 이들이 '자아의 부재'를 증명한다고 지적했습니다. 이들이 자신의 사회적 지위나 명성에 관심을 적게 두는 것은, 타인을 받아들일 수 있는 근원이 됩니다.⁴⁴ 에크만은 또한 '사람들은 이유를 설명할 순 없지만 본능적으로 매우 풍요롭다고 느껴지는 사람들을 자기 주변에 두고 싶어 한다.'고 주장했습니다.

달라이 라마와 같이 투명한 자아를 지닌 사람들은 놀라울 정도로 강인하고, 이들의 자신감은 흔들리지 않는 산과 같습니다.


**볼프** 달라이 라마께서는 물결이 거센 바다 가운데 우뚝 선 바위 같으시겠지요. 그는 매우 감수성이 풍부하고 개방적이며, 다른 사람들의 인정에 좌우되지 않고, 누군가가 "저는 당신을 좋아하지 않습니다."라고 말해도 기분이 상하지 않습니다. 제 생각에는 이러한 태도야말로 강한 성품이자, 긍정적 의미의 높은 자신감, 안정적이면서 자아도취성이 없는 표시라고 생각합니다.

그는 자신에 대한 신뢰가 분명하기 때문에, 자아에도 아무 문제가 없습니다. 자기중심적으로 생각하거나, 세평에 좌우되고 남의 비판에 마음을 졸이는 것은 낮은 자신감을 나타내는 표시로, 이는 연약한 자아, 잘 조직화되지 않은 자아, 조화롭지 못한 자아와 연관이 있다고 생각합니다.

좀 전에 말씀하신 '자아의 인큐베이터' 개념에 대해 더 자세하게 설명해주시겠습니까? 그것은 '자아'라는 보호된 공간에서 안락함을 느끼는 것과 비슷한 건가요?


**마티유** 우리는 사실 자아에 대한 집착이 아닌, 깨어 있는 맑은 의식 속에서만 편안함을 느낄 수 있습니다. '자아의 인큐베이터'는 '나'를 둘러싼 모든 것들이 존재하는 정신의 비좁은 공간입니다. 사실 우리는 밀폐된 공간에서 자신을 보호하는 것이 더 쉬우리라는 헛된 기대로 자신의 인큐베이터를 만들죠. 실제로는 끊임없이 이어지는 생각들과 기대, 두려움 등에 시달리는 내면의 감옥일 뿐입니다. 이러한 내부지향은 자아존중감과 자기중심성을 악화시켜 오로지 즉각적인 욕구충족을 목표로, 다른 사람이나 세상에 관심을 두지 않고 그것이 자신에게 유용한지 해로운지 여부만 생각하게 만듭니다.

문제는 이러한 인큐베이터 안에서 모든 것들이 지나치게 증폭된다는 점입니다. 내면의 공간이 제한되면 될수록, 작은 대립들이 더 강도 높게 우리를 엄습할 것입니다.

만일 우리가 자아의 인큐베이터를 깨뜨리고 집착으로 인해 좁아진 정신의 공간을 넓혀서 깨어 있는 의식의 광대함으로 녹아든다면, 우리를 그토록 괴롭히던 같은 사건들이 이제 더 이상 위험하지 않아 보일 것입니다.

**볼프** '연약한 자아'와 '강인한 자아'라는 표현에 부여하는 의미가 견해에 따라 달라질 텐데, 그렇다면 우리를 자아의 인큐베이터에 가두는 것을 다르게 표현할 말은 없을까요?

**마티유** '자기중심성'이라고 하면 될까요?

**볼프** 그렇습니다. 자기중심적이라는 말은 스님께서 말씀하신 태도의 중요한 특징을 아우르고, 내포된 의미들이 완벽하게 해석됩니다.

**마티유** 덧붙이자면, 거절당하는 것이 두려워서 자기중심성에 빠진 사람들은, 흔히 다른 사람들도 자기처럼 세상을 이해하기를 누구보다 바라는 경향이 있습니다. 예를 들어 어떤 사람들은 세상과 사람에 대해 매우 비관적인 견해를 가지고 있어서, 다른 사람들을 불신합니다. 이들은 자신이 인정받는 느낌을 받고 싶어서, 다른 사람도 자아도취적인 인큐베이터에 들어가 자신과 동일한 태도, 동일한 삶의 방식을 취하기를 바라죠. 하지만 우리는 이들의 기분을 맞춰주기 위해 그 사고방식을 따라야 할 필요는 없습니다! 물론 이들의 관점을 진지하게 받아들이거나 이들의 행동을 이해한다는 것을 보여주는 것은 다른 차원의 문제이지요.

# 반추는 내면의 자유를 없애는 재앙

**볼프** 긍정적인 명상훈련 가운데 하나가 '과대자아'를 해체하는 것이라고 하셨습니다. 지금부터 저는 이러한 자아의 해체를 기존의 교육과 정신요법에 어떻게 통합시킬 수 있는지 살펴보고자 합니다. 제 생각에 정신분석학 역시 일관성 있는 관습적 자아를 구성하고자 하지만, 그 방법은 명상전략의 방법과 완전히 다릅니다. 정신분석은 반추와 갈등의 연구를 권장하여, 자아가 행동과 태도에 대한 심판자가 되도록 부추깁니다.

**마티유** 제가 전문가는 아닙니다만, 수년 동안 정신분석을 해보고, 이어서 수년 동안 불교식 수련을 해본 많은 사람들이, 이 2가지 접근법에 분명한 차이가 있다고 털어놓았습니다. 그중 한 분은 이렇게 얘기했어요. "정신분석에서 다루는 것은 늘 나, 나, 나입니다. 내 꿈, 내 기분, 나의 두려움 등이죠." 이 모든 것은 과거와 미래에 대한 수없이 많은 반추를 불러일으킵니다. 정신분석의 맥락에서, 사람들은 자기중심적 필터에 의해 다른 사람을 판단하고, 그 자체로 바라보지 못합니다.

정신분석적 접근이 정신적 작업에 대한 인식을 더 세련되게 가다듬는 데는 도움을 주지만, 정신분석은 끊임없이 과거지향의 늪에 빠져들게 합니다. 이는 마치 자아의 인큐베이터에서 벗어나는 대신 그 속에서 일종의 정상상태를 찾으려고 노력하는 것과 같습니다. 불교 신도로서, 자아를 안정시키고 자신과 타협하게 하는 것은 매우 나쁜 전략입니다. 이러한 접근법은 유명한 스톡홀름 신드롬을 생각나게 합니다. 인질로 잡힌 사람들이 납치범이나 고문자에 대해 결국 일종의 이해심,

즉 연민을 품게 되는 현상입니다.

저를 포함한 불교 신도들은 유해한 관계와 타협하는 것이 아니라 벗어나고자 합니다. 깨어 있는 실존의 투명성은 우리를 자아와 반추에 집착하게 하는 관계에서 벗어나게 해줍니다.

**볼프** 따라서 자아에 대한 분석과 끊임없는 재평가는 명상과 정반 대로군요?

**마티유** 정확합니다. 우리가 이미 다루었듯이, 반추는 명상훈련과 내면의 자유에 재앙과 같습니다. 하지만 독립적 자아의 개념을 해체시 키는 데 기여하는 분석적 명상과 반추를 혼동해서는 안 됩니다.

반추와 관찰 역시 혼동해서는 안 됩니다. 관찰은 고통스러운 감정 이 생겨날 때 그것을 인식하게 해주고 연쇄적으로 이어지는 반응이 잦 아들게 하는, 정신의 상태에 주의하는 것이므로 반추와 다릅니다. 그런 데 부정적인 정신적 작업과 감정 등을 찾아내기 위해 인지행동 치료법 에서 사용하는 방법들과 불교의 명상훈련 사이에 수많은 유사성이 있 습니다.

연구에 따르면 반추는 우울증을 앓는 사람들에게 고질적이라는 사실을 보여줍니다. 주의력에 바탕을 둔 인지치료의 방법들 가운데 하 나(마음챙김 명상에 기초한 인지치료Mindfulness Based Cognitive Therapy, 이하 MBCT) 는 주의력에 집중하는 명상을 통해, 자신의 반추에 대해 거리를 두고 바라보게 하는 것입니다.

**볼프** 재미있군요. 사람들은 2가지 기법을 다루고 있는 것 같습니다. 하나는 매우 오래된 것이고, 또 하나는 아주 최신의 것으로, 2가지 모두 인간의 조건을 개선하고 자아를 안정시키는 데 목적을 둡니다. 하지만 서로 완전히 다른 접근을 하지요.

언뜻 명상은 자신에게 집중하는 훈련으로 보일 수 있습니다. 한적한 장소로 들어가 누구와도 말하지 않고, 오로지 자기 자신에게 집중하기 때문이죠. 명상이 고독하고 이기적인 반추로 변질될 위험은 없습니까?

**마티유** 그런 위험이 있긴 합니다. 하지만 그것은 명상훈련에서 잘못 나간 것입니다. 명상이란, 정확하게 말해, 이기주의에서 벗어나는 것을 목적으로 하는 것인데, 어떻게 명상이 이기주의적인 과정이라고 의심할 수 있겠습니까? '반추'는 사람들로 하여금 오로지 자신에게 몰두하도록 구속하는, 끊임없는 사고의 고리를 만들어내는 정신적 혼란입니다.

반추는 깨어 있는 맑은 의식의 신선함에 머무르지 못하게 방해하죠. 떠오르는 생각이 어떤 것이든, 그것이 흔적도 없이 지나쳐가도록 내버려두면 됩니다. 이것이 바로 자유로움이죠. 더욱이 자비심과 이타심을 발전시킬 수 있으며, 세상으로 되돌아왔을 때 다른 사람에게 봉사할 수 있는 에너지가 가득해집니다.

**볼프** 사람들이 명상에서 경험했던 평정의 아주 작은 부분이라도 유지하면서 인생을 헤쳐 나간다면, 일상 속에서 책임감이 필요한 상황이나 적대적 상황에 놓일 때 특히 바람직할 것입니다.

**마티유** 물론입니다. 이 과정의 목적도 바로 그것입니다! 명상에서 얻은 건설적인 효과들을 명상이 끝난 후에도 유지하는 것이죠.

**볼프** 만일 그게 가능하다면, 정말 멋진 일입니다! 명상은 부정적 사고·경계심·복수심·기만 등 모든 전염성 높은 정신의 구조물로 이루어진 악순환의 고리에서 벗어나게 해줍니다. 이러한 부정적 구조물은 한 사회집단이 '눈에는 눈, 이에는 이'의 법칙을 따를 때 더 잘 전염되죠.

**마티유** 간디가 말했듯, 계속 그렇게 행동하는 것은 온 세상 사람들을 눈멀게 하고 이가 빠지게 하는 일일 것입니다. 명상법은 고통스러운 사고로 이루어진 유해한 쳇바퀴에서 벗어나게 하고자 만들어진 것입니다.

**볼프** 자아에 대한 강한 집착을 확대시킨 약한 성품은, 스스로 확신을 얻기 위해 끊임없는 상호작용을 추구합니다. 명상이 이렇게 깊이 뿌리내린 태도에 맞서, 강압적인 고리를 끊고 수행자들에게 면역력이 생기도록 만들 수 있을까요?

**마티유** 명상의 성과를 보여주는 표지는, 완벽하게 단련된 정신, 고통스러운 정신상태의 해소, 수행자들이 전력을 다해 발전시키고자 하는 특질과 조화를 이루는 행동 등이라 할 수 있습니다. 또 다른 인위적 평정심의 인큐베이터에서, 그저 잠시 기분이 좋아지고 긴장이 풀리고 정신을 비우는 일이라면 명상은 쓸모없는 것입니다. 왜냐하면 우리가 시련을 만나거나 내면의 갈등에 처한다면 또다시 그것에 지배될 것이기 때문입니다.

따라서 명상훈련은 우리의 내면적 경험과 세상과의 관계 속에서, 현실적이고 점진적이며 지속적인 변화로 나타나야 합니다. 제가 만났던 수많은 명상의 대가들은 이러한 특질을 갖고 있었습니다. 만일 그렇지 않다면, 명상훈련은 그저 시간낭비일 뿐일 테죠.

## 나를 조종하는 누군가가 있는가?

**마티유** 지난번에 뇌의 구조와 기능방식이, 자아에 대한 동양의 개념과 좀 더 일치한다고 말씀하셨습니다. 서양에서는 자아를 중심부의 단호한 지휘관으로 보는 반면, 동양에서는 수많은 상호의존적 요소들에 의해 빚어진 정신의 구조물로 보기 때문입니다.

**볼프** 사실 뇌의 구성에 대한 서구식 직관과 과학적 증거 사이에는 상당한 격차가 있습니다. 서양철학의 개념 가운데 대부분은, 뇌에 모든 감각신호들이 집중되는 특정한 중심부가 있어서 일관된 방식으로 해석된다고 주장합니다. 이 중심부에서 결정이 이루어지고, 계획이 세워지며, 반응이 프로그램화된다는 것입니다. 그리고 결국 이 중심부가 지향성을 지닌 독립적 자아의 본부가 된다는 것입니다.

서양의 철학과 신념체계를 지배하고 존재론의 이원론을 만들어낸 이러한 직관과 대조적으로, 신경생물학적 증거는 전혀 다른 그림을 제시합니다. 뇌에 명백한 중앙부가 없다는 것이죠. 우리는 상호연결된 수많은 집합들이 동시에 작용하며 이루어진 매우 다양한 체계들과 대면하고 있습니다. 그 각각의 집합은 인지적 기능과 특정한 집행부에 연결되어 있습니다. 이 부분집합들은 완수해야 할 과업에 따라 끊임없이 변화하는 배열에 따라서 협력합니다. 이 역동적인 조절작업은 우리가 '하향식'이라고 부르는 수직적 방식으로, 이 과정들을 지휘하는 상위의 중앙 지휘부의 지도 아래 이루어지는 것이 아니라, 신경망의 내부에서 자체적으로 이루어지는 상호작용 덕분에 실행됩니다. 다각화되고 조정된 이 과정은 매우 복잡한 시간과 공간의 활동, 즉 지각·결정·사고·계획·감정·신념·의지 등의 상관요소들에 대한 스키마를 생성합니다.

**마티유** 그러한 중앙 지휘부가 존재하지 않는다면, 사람들이 단일한 자아를 가지고 있다는 생각은 어디에서 비롯되었으며, 그 자아는 진화의 차원에서 어떤 점이 유용할까요?

**볼프** 그것은 또 다른 질문과 깊은 관련이 있습니다. 즉 우리의 결정은 자연법칙에 복종하는 신경의 상호작용 결과라는 것을 알고 있는데, 왜 우리의 자유의지는 자연법칙에 예속되지 않은 것처럼 느껴질까요? 물론 이 복잡한 체계에는 '소음', 즉 혼란의 요소들이 있습니다. 하지만 대체로 인과관계의 법칙에 따라 작용한다고 할 수 있습니다.

다행스러운 것은 만일 이 체계가 세상에 적응하지 못하고 '정확한' 예측을 하지 못한다면, 유기체들이 살아남기 위해 직면해야 할 유동적 상황에 대처하지 못할 것입니다. 문제는 그다음입니다. 어떤 감각능력도 뇌에서 일어나는 과정, 즉 지각과 결정, 행동 등의 사전단계에 있는 과정 등을 감지하게 하지 못합니다. 다만 우리가 접근할 수 없는 신경 과정의 결과만을 의식할 수 있죠.

자아와 연결된 내부의 주체 혹은 관찰자를 찾고자 할 때, 우리는 같은 문제에 부딪힙니다. 우리는 타인을 단독성과 고유한 의지를 지닌 주체로 인식하며, 숨겨진 신경과정에 대해 인식하지 못한 채 우리 자신에게도 같은 특성을 부여합니다.

사실 직관은 우리의 자아나 정신이 어떤 면에서는 우리의 사고, 계획, 행동의 근원이라는 것을 시사합니다. 신경과학 연구만이 우리의 자발적 주체가 본부로 삼은 뇌의 특정 위치가 없다는 것을 보여줍니다. 우리는 관찰할 수 있는 행동과 주관적 행동에서 드러나는, 촘촘하게 연결된 매우 복잡한 신경망의 역동적 상태만을 관찰할 수 있습니다.

마티유　따라서 문제는 오히려 사고하고 행동하는 방식을 설명하기 위해 단독의 행위자가 '존재할 것이다.'라고 보는 우리의 느낌이라고도 볼 수 있습니다. 그러고는 그것을 찾지 못해 당황하는 것이죠.

볼프　그것은 우리가 비물질적 현상들이 물리적 과정의 결과일 수도 있음을 상상하지 못하기 때문입니다. 지각, '행위자성agentivite'(이 단어는 영어 'agency'에서 나온 신조어로 타인과 세상에 미치는 개인의 능력이나 힘을 가리킨다. 철학, 사회과학, 인류학 등에서 점점 더 많이 사용되고 있다. - 역주), 감정 등과 같은 비물질적 현상들이 오랜 시간 동안 존재론적 이원론(즉 정신과 물질 사이에 깊게 그어진 구분)이 주장했던 물리적 과정의 결과일 수 있음을 받아들이기 어려운 것이죠.

만일 사람들이 뇌를 자연법칙에 종속된, 물질로 이루어진 단순한 기계로 여긴다면, 사람들은 자아와 관련된 모든 특성을 지닌 독립적이고 비물질적 행위자를 전제할 수밖에 없을 것입니다. 뇌에 대한 과학적 연구는 이렇게 단순화된 견해에 명확히 반박합니다. 뇌는 독립적 조직을 따르며 비선형의 역학에 속하는 복합적 체계입니다. 진화, 교육, 경험은 그것이 일정한 목적을 추구하고 우리가 자아에 부여한 모든 기능을 완수할 수 있도록 만들어주는 적응의 요소였습니다. 어쨌든 이것은 오늘날 대부분의 인지적 신경과학 연구자들의 공통된 의견입니다. 또한 복합적 체계들은 진화의 경우와 같이 과거를 돌아보며 설명은 할 수 있을지언정 미리 예측은 할 수 없는 경로를 따릅니다.

따라서 독립적 조직을 가진 비선형의 체계들은, 관찰자(창의적이지만 잘 모르는)들이 의도적이고 합리적이라고 규정할 만한 행동들을 할 수 있습니다. 우리는 이러한 특성들이 뇌의 역동적인 메커니즘에서 나타날 수 있다는 것을 부인하는 경향이 있습니다. 왜냐하면 이 기관의 비선형적 기능과 복잡성에 대해 직관적 지식이 없기 때문입니다. 우리는 그것이 동일하고 단순한 규칙을 따르고, 진화가 우리에게 준 특정 감각에 의해 지각할 수 있는 태생적 과정들의 극히 일부를 통제한다고 믿습니다. 이 잘못된 신념은 우리가 자아에 부여한 모든 장점들을 지니게 하고 우리를 다스리는 호먼큘러스homunculus, 즉 뇌 속의 작은 난쟁이의 존재를 가정한다는 뜻입니다.

마티유 이 신념은 우리가 복잡한 과정을 단순화시키고, 인격을 지배하는 독립적 개체가 존재한다고 상상하는 것을 더 편하게 생각함을 보여줍니다. 문제는 사람들이 이 과정에 대해 지각할 수 있는 실존을 부여하여 개념화하려고 할 때 시작됩니다.

**볼프** 신에 대한 개념도 마찬가지의 문제를 갖고 있습니다. 우리의 인지적 도구로 명확하게 밝힐 수 없는 수많은 현상들을 설명하기 위해, 번개나 천둥, 태풍을 만들어내는 행위자를 고안해내는 것이죠.

**마티유** 따라서 자아의 사물화는 우리가 공들여 만든 신으로, 일종의 '홈메이드' 신과 같다고 할 수 있습니다.

**볼프** 어떤 면에서는 그렇습니다. 사람들은 신경적 과정과 다른 존재론적 차원에서 존재하는 행위자를 고안해냅니다. 자발적이고 독립적인 행위자가 우리가 사는 세상에 영향을 줄 수 있다고 보는 것이죠. 사실 이러한 개념, 정신적 작업, 투사(이 가운데 상당한 부분이 우리의 사회적 상호작용과 개인들 간의 대화에서 비롯되기 때문에 사회적 현실이라고 부를 수도 있는 것들로) 등은 상당한 영향력이 있습니다.

게다가 우리는 이러한 개념의 총체에, 마치 신에게 부여하는 것과 같은 고유한 권한을 부여하며 책임을 맡깁니다. 즉 목자, 심판관, 통치자의 역할을 부여하고, 우리의 행복 혹은 고통에 대한 책임을 묻는 것이죠. 결국 우리는 집단의 경험이 유용하다고 규정한 규칙들을 따르기 위해, 정신적 작업과 투사에 절대적 권한을 부여합니다. 예를 들면 '십계명'처럼 말이죠. 이러한 권위를 초월하는 것은 상대주의로부터 그것을 보호하고, 모든 논의의 가능성을 무효화시키는 것입니다. 왜냐하면 답이 없기 때문이죠.

**마티유** 자아나 에고 같은 정신적 구조는 단순화된 설명을 제공할 수 있지만, 그것은 현실을 반영하지 않기 때문에 어느 시점에는 유용성이 사라집니다. 반면 자아를 내면의 지휘관으로 인식하는 대신 여러 경험들로 이루어진 하나의 독립적이고 역동적인 흐름으로 간주한다면 (처음에는 다소 불편하게 느껴질 수도 있습니다만) 이 새로운 견해는 우리가 고통에서 벗어나도록 도와줄 것입니다. 그 유일한 이유는, 이 개념 덕분에 사람들과 세상에 대한 우리의 시각이 좀 더 현실에 맞게, 조화로워지기 때문입니다.

**볼프**  그런 결단을 하려면 치러야 할 대가가 있습니까?

**마티유**  이러한 인식에 다른 부작용은 없다고 생각합니다. 사람들이 얻게 되는 것은 오히려 내면의 자유와 진정한 자신감, 행복이죠. 왜냐하면 자아는 고통을 불러일으키는 자석과 같기 때문입니다. 이것이 불교에서 자아를 바라보는 방식입니다.

# 5.
# 자유의지,
# 책임감,
# 정의

———— 자유의지가 정말 존재할까? 만일 우리가 그 일부만을 인식할 수 있는 신경과정을 거쳐 모든 결정을 내린다면, 우리는 과연 그 행동에 대한 진정한 책임자일까? 정신수양은 무의식적 과정의 내용과 그 전개를 변화시킬 수 있는가? 또 무엇이 개인의 책임감, 선과 악, 징벌과 회복, 용서 등의 개념을 대하는 우리의 방식에 영향을 줄까? 마침내 자유의지를 입증할 수 있을까?

# 의사결정할 때 뇌 속에서 벌어지는 일들

**볼프**  이제 자유의지에 대한 개념을 다루어볼까요? 우선 몇 년 전에 제가 세계적인 철학 컨퍼런스에서 발표했던 개념들을 소개하겠습니다. 저는 우리의 사법제도가 법의학 정신과 의사들에게 너무 많은 책임을 지운다는 느낌이 들었습니다. 불행하게도 당시 이러한 논쟁은 매우 급속히 공격적인 어조로 바뀌었습니다. 왜냐하면 언론들이 잘못된 결론을 소개하며, 만일 자유의지가 있다면 죄책감도 없고, 따라서 형벌은 정당화될 수 없다는 식으로 다루었기 때문이죠.

**마티유**  법의학 정신과 의사는 범죄상황을 분석하고 범죄동기를 파악하는 사람입니까?

**볼프**  아뇨. 법의학 정신과 의사는 피고인이 그의 행동에 대해 전적으로 책임이 있는지 혹은 정상참작의 요소가 있는지를 밝히도록 법원이 의뢰한 전문가입니다. 사실 이 전문가는 피의자가 감옥에 가야 하는지 혹은 정신병자로 간주되어 정신과 치료시설에 보내야 하는지를 결정하는 권한이 있죠.

신경생물학자로서 저는 한 사람의 모든 행동은 신경과정에 의해 미리 준비된다고 생각합니다. 우리가 아는 바로 이 신경과정은, 인과법칙을 포함한 자연법칙을 따릅니다. 만일 그렇지 않다면, 살아 있는 모든 유기체는 환경적 조건과 그들의 행동반응 사이에 일관성 있는 관계를 확립할 수 없을 것입니다. 만일 유기체들이 세상의 도전 앞에서 일관성 없는 대응을 한다면 살아남지 못할 것입니다. 가령 어떤 때는 호랑이를 보고 달아나고, 또 어떤 때는 호랑이가 나타나도 가만히 서 있을 테니까요.

마티유 아니면 호랑이 머리를 쓰다듬으려고 할 수도 있고요….

볼프 그러면 생존과 번식의 확률이 매우 낮아질 것입니다. 그렇게 신뢰도가 낮은 뇌를 가진 유기체가 인류의 선조들 중에는 없었던 것 같습니다. 감정을 느끼고 결정을 내리고 계획을 세우고 지각하고 인식하는 등의 정신적 사건들이, 생리학적 과정과는 매우 멀게 느껴질 수 있습니다. 신경생물학은 정신적 과정들이 신경과정들의 결과이며, 그 원인이 아니라고 전제합니다.

이러한 맥락에서, 비물질적인 정신적 개체가 하나의 행동을 일으키기 위해 신경망의 활동을 지휘한다는 것은 생각할 수 없는 일입니다. 신경생물학의 주장이자 저 또한 굳게 믿는 바는, 우리의 의식을 관통하는 모든 정신적 현상들이 신경활동의 결과물이며, 뇌의 수많은 중심부에서 이루어진다는 것입니다. 지각·결정·감정·판단·의지 등과 같이 우리가 경험하는 특정한 정신적 상태를 만들기 위해 그 중심부들이 서로 협조해야 하는 것이죠. 이런 관점에서 모든 정신현상들은 신경과정의 결과이지 그 원인이 아닙니다.

마티유 하지만 신경과정과 정신적 사건들 사이의 상관관계에 대해서만 다룰 수 있는 것이 사실 아닙니까? 현재까지 인과관계의 문제는 해결되지 않은 것 아닌지요? 정신의 직접적인 훈련이 뇌의 신경가소성에 영향을 준다는 사실도 분명히 말씀드릴 수 있습니다. 따라서 사람들은 양쪽에 모두 작용하는 인과관계, 즉 상호 인과관계에 대면하게 되는 것 같습니다.

**볼프** 우리가 가진 증거는 단순한 상관관계 그 이상입니다! 예를 들어, 특정 부위의 뇌손상은 특정 기능의 상실을 가져옵니다. 특정한 뇌 블록에 영향을 미치는 전기적 자극이나 약리적 자극은 만족감, 공포 등의 감정처럼 특정한 정신현상을 불러일으키고, 예측 가능한 방식으로 지각과 행동을 변화시킵니다. 만일 어떤 사람이 자신의 정신을 단련시키고자 한다면, 그렇게 하도록 만들 동기가 반드시 있어야 합니다. 이 동기는 특정한 신경상태의 반영으로, 다시 말해 특정한 신경활동이 동기의 메커니즘을 촉발시키고, 그 사람을 명상을 위해 은둔하도록 만드는 것입니다.

이러한 동기의 메커니즘은 영적 대가의 가르침에 의해 도입된 것일 수 있으며, 이는 신경체계의 활성화로 드러납니다. 한편 내부 자극에 의해 생긴 특정한 뇌상태가 명상에 대한 욕구를 불러일으킬 수도 있습니다. 이러한 내면의 상태는 우리가 이미 경험했던 유익한 효과들을 기억하거나, 성공적으로 정신수양을 한 사람의 격려 등과 연관이 있을 수 있습니다.

또한 명상을 하도록 자극하는 요소가 아직 해결되지 않은 갈등이 있어서일 수도 있고, 명상이 여가시간을 때우는 하나의 해결책으로 보여서일 수도 있습니다. 인지적 조건은 항상 특정한 신경활동의 체계와 연관이 있습니다. 따라서 어떤 사람이 정신수양을 시작하려면, 이 또한 특정 활성화 메커니즘과 연결된 것으로, 그만큼 강한 동기부여가 필요합니다. 만일 이 메커니즘이 꽤 오랫동안 유지된다면, 신경세포의 결합에 변화를 가져오며 장기적으로 뇌기능에도 변화를 가져올 것입니다. 어떤 행동을 하는 것에 대해 훈련하는 것은 그 행동의 실행을 책임지는 뇌구조를 변화시키는 것과 마찬가지입니다.

여기서 우리는 다음과 같은 질문을 할 수 있습니다. 그렇다면 개인적 숙고의 경우나 우리의 결정과 행동에 영향을 주는 다른 사람의 논증의 경우는 어떨까? 다른 정신적 현상들과 마찬가지로 이런 것들도 신경과정의 산물로, 결정과 그에 따르는 행동에 숨어 있는 신경의 활성화 메커니즘에 영향을 주고 변화를 가져옵니다. 개인적 숙고의 경우, 이를 뒷받침하는 정보들은 다양한 신경적 자원을 갖고 있습니다. 즉 특정 경험의 회상, 마음에 새겨진 도덕적 가치, 행위자의 특정한 감정적 태도, 그리고 맥락에 대한 지각 등과 같은 자원들 말이죠.

다른 사람의 논증은 그것을 받아들이는 주체의 뇌에서 신경적 상관요소를 갖게 됩니다. 예를 들어, 귀는 언어로 된 추론을 신경의 활동으로 해석하고, 이 정보에 대한 의미는 뇌의 언어영역에서 해독됩니다. 그리고 이로 인해 발생한 신경의 활성화 메커니즘은 뇌의 다른 영역으로 확대되어, 마지막으로 의사결정을 책임지는 중심부까지 도달합니다. 지금까지 우리의 연구결과는 모두 이러한 견해를 뒷받침하며, 또다른 설명을 찾아야 할 표지는 어디에도 없습니다.

**마티유** 만일 선생의 추론을 끝까지 밀고 나간다면, 선생의 신념, 현재의 정신상태는 다양한 요소들에 의해 결정되는 신경활동의 산물이라고 말할 수 있습니다. 그 요소에는 뇌의 특정한 유전적 구조나, 경험과 맥락에 의해 일어나는 구조의 후성적 변화 등과 같은 것이 있습니다. 현상학자 미셸 비트볼Michel Bitbol은 후설Husserl의 주장을 떠올리게 합니다. 그에 따르면 우리가 '논리'를 단순히 뇌의 진화의 산물이라고 간주한다면, 논리에 대한 기본원리들이 보편적 가치를 지닐 수 없게 됩니다. 만일 논리에 대한 이해가 의식의 존재에 달려 있다면, 'A가 B보다 크고, B가 C보다 크다면, 그것은 A가 C보다 크다는 뜻이다.'라는 명제는, 우리가 다루는 의식의 종류와 별개로 타당성을 가집니다.

볼프  그 부분에서는 저도 이견이 없으며, 후설의 주장에 동의합니다. 모든 것은 우리의 인식이 구성주의적 과정에 좌우됨을 보여주죠. 이 주제는 우리가 이미 논의한 바 있습니다. 선험적 지식, 즉 경험 이전의 지식과 경험의 확장에 필수적인 해석은, 뇌의 특정한 구조에서 이루어집니다. 이러한 구조는 지각으로 접근할 수 있는 세계에 알맞은 유전적, 후성적 적응과정의 결과물이므로, 우리의 지각과 개입방식은 주관적이며 따라서 일반화될 수 없다고 생각하게 됩니다.

사실 우리는 순환하는 인식론적 논법에 사로잡혀 있습니다. 우리의 뇌와 지식은 그 속에서 생명이 발전하고 진화하는 세상이라는 작은 적소에 적응해왔습니다. 그리고 나머지 우주에 비해 매우 작은 이 환경 속에서, 유일한 변수인 우리의 뇌와 경험적 지식이라는 변수들이 감각기관의 조직화로 드러나는 인지체계의 적응과정을 유도했습니다. 이 기관들은 그 자체가 매우 선택적이며, 물리·화학적 신호의 매우 제한된 영역에 대해서만 감지할 수 있습니다.

따라서 우리는 세계 전체를 '이해'하기 위해, 이 세계의 아주 작은 부분들을 파악하도록 조정된 인지수단을 이용합니다. 우리가 적응한 세상의 차원에서부터 우리가 적응하지 못한 세계의 차원으로 확대해 적용해나가는 것입니다. 안타깝게도 진화는 우리가 현상 뒤에 숨겨진 '진정한 본질'의 가설을 분석할 수 있을 정도로 우리의 인지수단을 완벽하게 만들진 못했습니다. 다만 우리의 생존과 유기체들의 생식에 필요한 정보를 해석할 수 있게 해주었죠. 사실 생존과 번식은 사물의 본질을 발견하는 데 필수적인 전략과는 매우 다른 경험적 방식을 필요로 합니다.

자유의지와 의사결정의 신경적 근거에 관한 문제로 돌아가봅시다. 의사결정이 자연법칙을 따르는 신경과정에 의해서 '준비된다'는 증거 외에, 다음의 문제가 대두됩니다. 즉 일반적으로 우리는 결정을 확정짓는 원인 가운데 극히 일부분만 지각할 수 있다는 점입니다. 뇌 단층촬영술의 발달로, 대상자들 대부분이 결정을 내리고 몇 초의 시간이 지나서야 그 결정의 결과를 인식한다는 사실을 체계적으로 확인했습니다. 이렇게 의사결정 과정에 관여한 네트워크에 작용하는 신경활동은 하나의 결과(즉 의사결정 그 자체)로 이어집니다. 대상자들이 이러이러한 결정을 내렸다는 것을 의식하기도 전에 말이죠.

마티유 그 결정을 의식하기까지 얼마의 시간이 걸리나요?

볼프 약 10~15초까지 소요됩니다.[65]

마티유 대상자가 어떤 결정에 도달했다는 것은 어떻게 알 수 있죠?

볼프  대상자들에게 왼손 혹은 오른손 중에 어떤 손으로 어떤 순간에 '정답' 버튼을 누를지 정한 다음, 결정한 결과를 알려주도록 요청했습니다. 예를 들어 어떤 대상자가 오른손으로 누르겠다고 결정했다고 합시다. 실제로 버튼을 누른 시간에서, 이 동작을 계획하고 실행하는 데 걸린 시간을 뺀다면, 그 대상자가 자신의 결정을 의식하는 데 걸린 정확한 시간을 얻게 될 것입니다.

이 실험에서 중요한 점은 다음과 같습니다. 즉 대상자가 어떤 결정을 내리자마자, 즉 오른손을 사용하기로 결정하자마자 버튼을 누릅니다. 하지만 신경활동 기록을 보면 이 결정 자체의 바탕이 되고 준비를 시켜준 신경과정이 그 결정을 의식하기 훨씬 이전에 시작되었다는 것을 알 수 있습니다.

또 다른 추가적 증거가 여러 실험적 연구에서 드러났는데, 대상자들이 특정한 지시에 반응하여 행동하는 과정에서 이들이 의식적으로 그것을 인식하지 못하게 한 실험입니다. 다른 말로 하면, 대상자들 자신이 지시를 따르고 있다고 의식하지 못한 채 그 지시를 따르고 있음을 확인할 수 있습니다.

뇌량절개술callosotomy, 즉 뇌의 두 반구를 연결하는 뇌량의 일부 혹은 전체를 절제하는 수술(간질 발작의 확산을 제어하기 위한 목적의 수술)을 받은 환자에게서도 동일한 결과를 쉽게 확인할 수 있습니다. 비우성 뇌반구(신경심리학에서 뇌반구는 주로 언어를 담당하는 뇌반구를 가리킨다. 다른 쪽 뇌반구는 비우성 혹은 열성의 뇌반구로 불린다. 대체로 왼쪽 반구가 우성으로 간주된다. ─역주), 즉 언어능력이 적은 쪽의 뇌반구에 자극을 줄 경우, 이 반구는 자극에 반응하여 처리하더라도 환자는 어떤 자극을 받았는지 의식하지 못합니다.

우리는 건강한 대상자에게서도 의식과 자극 사이에 유사한 분리 현상을 유발할 수 있습니다. 이 경우, 프로토콜의 지시는 의식의 경계 밑에 머무르도록, 즉 자극이 잠재의식에 머물도록 함으로써 이루어집니다. 이를 위해, 사람들은 '마스킹 효과'라는 기법을 사용합니다. 만일 대상자에게 아주 짧은 시간 동안 어떤 자극을 제시하고(이 경우 글로된 지시) 뒤이어 매우 대조적인 소재를 제시한다면, 그 지시는 대상자의 '주의를 끌지 못하고' 지나가지만 뇌는 이를 처리하여 그 자극에 부합하는 행동을 하게 만들 수 있습니다.

또 다른 가능성은 대상자의 주의를 다른 데로 돌리는 것으로, 마술사들이 자신의 행동을 관중이 눈치 채지 못하게 하려고 흔히 사용하는 방법입니다. 대상자들은 '지각할 수 없는' 명령, 즉 의식상에서는 인식하지 못하는 지시에 반응하면서, 자신의 행동을 의식하게 되면 그것을 자기가 의도한 결과라고 해석하는 것이 분명합니다.

누군가 그들에게 "왜 이것을 하셨어요?" 하고 묻는다면, 이들은 의도적인 대답을 할 것입니다. "제가 그렇게 하고 싶어서 했던 거예요." 그리고 그 행동을 유발한 것이 자신의 의지였다고 확신하며, 이유를 찾아내는 것이죠. 의사결정 과정에 대한 책임이 전적으로 자신에게 있다고 스스로 잘못 생각하는 예가 바로 이것입니다.

우리는 자신이 하는 모든 것에 이유를 찾을 필요가 있습니다. 하지만 우리가 어떤 행동을 한 것에 대해 그 동기가 무의식의 차원이거나 우리의 주의력에서 벗어나 있었기 때문에 진짜 원인에 접근하지 못할 때, 우리는 자신이 믿고 있는 이유를 만들어냅니다. 그것이 상상의 산물이란 것을 깨닫지 못한 채 말이죠.

**마티유** 뇌는 왜 이유를 찾아야만 할까요? 자신의 개인사에서 확실하게 해두려고 이유를 찾아내야 하는 사람은 '자신'뿐입니다. 뇌의 여러 과정 사이에 인과관계는 '이유'들이 되지 못합니다. 행동에 대한 이유를 찾는 것은 특정 목적이나 목표의 개념으로, 단순히 인과관계의 사건들이 연속된 것이 아님을 뜻합니다.

**볼프** 대체로 사람들은 자신의 주의력이 벗어나 있지 않다면 자신의 행동에 대해 이유를 설명하고 싶어 합니다. 모든 행동에 이유가 있다고 여기며, 일관성을 유지하려고 하죠. 만일 이들의 행동이 스스로 의식하지 못하는 이유로 일어났다면, 왜 그렇게 행동했는지 자신이 모른다는 것을 인정해야 할 수도 있습니다. 하지만 이들은 보통 귀납적으로 이유를 만들어냅니다. 물론 신경적 차원에서 활성화 메커니즘과 유사한 시퀀스가 있고, 이것이 이어지면서 인과법칙을 따르게 됩니다. 뇌의 처리과정과 행동 사이에 인과관계가 있다는 신경생물학적 증거들을 모두 고려할 때, 한 사람이 어떤 의사결정의 순간에 그것과 다른 결정을 내릴 수도 있었다는 가설을 지지하기는 불가능한 것 같습니다. 그렇지만 우리의 법체계가 함축하는 바도 바로 이것입니다. 즉 범인들이 다르게 행동할 수 있었으나, 그렇게 하지 않았기 때문에 그는 유죄이며 벌을 받아야 한다는 것입니다.

의사결정이 의식상의 숙고와 추론의 결과라고 전제하면서, 자유의지와 자유로운 의사결정의 문제에 대해 논쟁한다는 사실은 흥미로운 일입니다. 이러한 논쟁들은 기억에 기록되어 있다가 의식으로 다시 떠오르는 도덕적 논쟁에 영향을 미칠 수 있으며, 어떤 행동의 유익한 혹은 유해한 결과, 혹은 최근에 사람들로부터 들었던 생각 등에 영향을 줄 수 있습니다. 만일 사람들이 특정한 사회에서 수용된 대화의 법칙과 가치체계에 따라서 이러한 논증을 차분히 검토하는 데 충분한 시간을 갖고, 숙고를 위한 조건들이 제한받지 않는다면, 즉 의식이 어떤 사건에 의해 방해받지 않는다면, 사람들은 개인이 미래의 여러 옵션 중 하나를 선택할 전적인 자유를 가진다고 추정합니다. 거기에는 모든 결정을 피할 선택도 포함되죠.

하지만, '숙고를 하는 매개'는 하나의 신경망이며, 숙고의 결과인 즉 결정은 신경과정의 결과로, 그보다 앞선 일련의 과정들에 의해 결정된 것입니다. 따라서 이 과정의 결과는 과거 뇌의 기능적 구조를 형성했던 모든 변수들에 따라서 좌우됩니다. 즉 유전적 소인, 후성적 영향, 과거 경험의 총합, 현재 자극의 총체 등이 그 변수입니다. 한마디로 긴급한 결정은 뇌에서 작용하는 모든 영향들과 마찬가지로, 의사결정의 순간에 뇌의 특정한 프로그래밍을 결정하는 다양한 변수들의 영향을 받습니다.

**마티유** 하지만 그 행동을 하기 10초 전에 시작되는 뇌의 활동은 그 자체가 앞서 이루어진 수많은 의식적, 무의식적 사건들의 영향을 받습니다. 제 생각에 이러한 데이터들은 뇌의 어떤 사건들이 의식적인 사고와 의지에 연관되어 있으며, 나머지는 무의식적 과정에 속한다는 사실을 보여주는 것 같습니다. 이 2가지, 의식적·무의식적 과정은 우리의 행동보다 앞서 영향을 줍니다. 사실 선생께서 말씀하셨던 모든 것은 결국 인과법칙의 타당성을 인정하는 것으로 이어집니다. 게다가 무의식적인 과정과 달리, 수많은 요소들이 인과법칙의 네트워크에 포함된 것일 수 있습니다.

## PART 5

한편, 선생께서 숙고를 하는 매개가 신경망이라고 하셨는데, 사람들은 이렇게 말할 수 있습니다. "결정을 내린 것은 내가 아니야. 내 신경망이지."라고 말입니다. 이렇게 되면, 우리는 자신의 행동과 자신을 분리시키고, 더 이상 1인칭 관점으로 책임을 질 수 없습니다("나는 내가 한 일에 책임이 있다."). 이러한 입장은 우리의 의사결정과 행동에 무거운 부담을 줄 위험이 있으므로, 중립적인 것과는 거리가 멉니다.

연구에 따르면 우리의 행동이 전적으로 뇌작용에 의해 결정된다고 주장하는 글을 읽은 대상자들은 자유의지의 존재를 옹호하는 글을 읽은 사람들과는 전혀 다르게 행동하는 사실을 보여주었습니다.[66] 자유의지에 대한 인식을 갖게 된 사람들은 뇌결정론에 설득된 사람들보다 훨씬 더 정직하게 행동했습니다. 흥미롭게도 후자의 경우 도덕규칙을 더 무시하고 속임수를 쓰는 경향을 보여주었습니다. 이는 무엇보다 이들이 자신의 행동에 대해 진정한 책임자가 아니라고 생각한다는 사실로 해석됩니다.


오른손 혹은 왼손으로 버튼을 누르는 결정을 한 대상자들의 의사결정 실험으로 되돌아오면, 우리의 친구 리처드 데이비슨은 이런 제안을 했습니다. 열린 존재로서 명상상태를 유지하는 숙련된 수행자들이 오른손을 사용하겠다는 결정에 있어서, 수련의 경험이 없는 대상자들에 비해 더 빨리 인식할 수 있는지 여부를 알아보자는 것이었습니다. 그에 따르면, 숙련된 명상가들이 왼손을 올리기 전에 의사결정의 과정을 갑자기 변경할 수 있는지 알아보는 것이 중요한 일이었습니다. 뇌의 과정들은 이들이 오른손을 올릴 것이라고 예측하더라도 말이죠.

신경윤리학의 전문가인 카팅카 에버스Kathinka Evers가 강조하듯, 의식적인 결정이 무의식적인 신경학상의 준비 바로 직전에 이루어졌더라도, 이것은 의식의 부재를 뜻하지는 않습니다. 즉 우리가 일생을 두고 축적한 경험들은 무의식적인 과정에 끊임없이 영향을 줍니다. 이는 우리가 무의식적인 과정에 대해, 그보다 앞선 의식의 내용들을 통해 실제로 일정한 통제력을 갖고 있다는 것을 뜻합니다. 우리는 의식적, 무의식적 현상들이 상호 인과관계의 복잡한 네트워크 속에 끊임없이 서로 본받기 때문에, 우리의 무의식적 내용들에 대해서도 어느정도 책임을 갖고 있습니다.

물에 빠진 사람을 구하기 위해 차가운 강물에 뛰어드는 영웅적인 사람은 구조를 한 뒤 이렇게 말할 것입니다. "제가 한 일은 당연한 일입니다. 저는 해야 할 일을 한 것입니다. 그 사람을 도와주는 것 말고 다른 선택은 없었어요." 문제는 그에게 정말 다른 선택이 없어서가 아니라, 그 선택이 너무 분명해서 물에 뛰어드는 결정이 순식간에 이루어졌다는 것입니다. 사건들이 아주 급박하게 일어날 때, 사람들이 무의식적으로 행동하는 방식은 그 사람의 성격이나 특징 같은 것을 반영합니다. 다소 이타적이거나 다소 용감하거나 한 것이죠.

이는 우리의 존재방식이 다양한 의식적 순간들의 결과물이라는 것을 뜻합니다. 그 과정에서 이타적인 사고와 행동들을 발전시켜나가며 점차 이타적인 사고방식으로 변하게 되는 것이죠. 따라서 어떤 결정을 내리기 전 10여 초 동안 무의식적인 과정들이 뇌에서 일어나더라도, 최종결정은 결국 일생 동안의 경험에서 나온 결정입니다.

이것은 정신수양이 우리의 의식적, 무의식적 과정, 사고방식, 감정, 기분과 우리의 습관적인 경향 등을 다듬을 수 있다는 것을 뜻합니다. 따라서 우리는 제멋대로 비도덕적이고 유해한 행동에 빠져드는 대신,

이 과정을 바람직한 방향으로 이끌고, 윤리적이고 건설적인 존재방식을 길러야 할 책임이 있습니다.

**볼프** 맞는 말씀입니다. 정신수양 덕분에, 경험에 대한 의식적 회상과 숙고가 무의식적 내용의 발견과 연구에 영향을 주고 변화도 초래할 수 있습니다. 하지만 이 '의식적인' 과정들이 신경의 상호작용에 의해서 일어났다는 것을 잊어서는 안 됩니다. 그것은 특정한 신경상태가 그 뒤에 이어지는 신경상태에 영향을 준다는 단순하고 확정적인 생각을 하게 만들죠. 부합하는 신경의 토대가 없는 '의식'은 없다는 것을 명심해야 합니다.

**마티유** 너무 성급하게 결론을 내리시려는 것 아닙니까? 만일 신경과학자 대부분이 그 이론에 동의한다면, 단언컨대 그것은 최종적이고 부인할 수 없이 입증되었음을 과장하는 꼴이 될 것입니다. 선생께서는 인과관계의 과정에 대해 말씀하시는데, 전적으로 옳은 말입니다. 하지만 이 이론에 따라서, 사고와 결정에 영향을 줄 수 있는 모든 원인들을 포함하는 것이 과연 맞는 것일까요? 만일 뇌에 하향식 인과관계의 영향력을 미칠 수 있는 의식이 실제로 존재한다면, 그 의식 또한 인과과정에서 일부분이 될 것이며 어떤 경우에도 별개의 다소 '독특한' 요소를 구성하거나 인과법칙에서 벗어난 예외도 만들지 않을 것입니다.

**볼프** 정신의 인과법칙에 대한 문제로 되돌아가기 전에, 우선 제가 지지하는 관점에서 결론을 하나 제시하고자 합니다. 우리가 결정을 내리는 방식, 즉 결정을 내리기까지 이를 위해 신경 메커니즘이 추구하는 방식은 결정을 내리는 그 순간에조차, 뇌의 역동적인 상태에 영향을 주는 모든 변수들에 의해 좌우됩니다. 이 변수들은 뇌의 기능적 구조(유전자·성장과정·교육·경험)를 만들었던 요소인 동시에, 근접한 과거에서 비롯된 영향들(개념·맥락·감정적 태도·수많은 다른 요소들)이기도 합니다. 원칙적으로 사람들이 의식하는 과거의 모든 경험은 의식적인 숙고를 할 때 고려될 수 있습니다.

하지만 많은 경험들이 의식의 수준에 도달하지 못하며, 따라서 이러한 경험들은 의식적인 숙고에 개입하는 변수로 고려되지 못합니다. 이러한 무의식적인 경험은 적어도 무의식적이고 체험적인 동기로서, 의사결정의 결과에 영향을 미치게 됩니다. 실제로 우리가 이 점을 강조했듯이, 의사결정에 개입하는 수많은 변수들 가운데 아주 작은 부분만이 의식적인 숙고에 작용합니다. 뇌구조를 형성하는 유전적 혹은 후성적 요소들과, 결과적으로 우리의 행동성향을 만들어내는 요소들은 매우 제한된 의식적 기억을 갖고 있습니다.

**마티유** 선생께서는 우리의 뇌구조를 형성하는 요소들이 매우 제한된 의식적 기억을 갖고 있다고 하셨습니다. 저는 대부분의 사람들이 자신의 의식에 대해 훨씬 더 제한된 의식을 갖고 있다고 덧붙이고 싶습니다. 즉 끊임없이 정신에 생겨나는 무한히 작은 과정들이 있는 것이죠. 그리고 우리는 정신적 작업의 베일 뒤에 항상 실존하며 깨어 있는 맑은 의식에 대한 인식이 적거나 거의 없습니다. 신경과 뇌의 구조에 집중하면서, 의식의 본질에 대해 더없이 소중한 통찰을 전해줄 지금 현재 자신의 의식을 경험하는 데는 소홀한 것이죠.

**볼프** 저는 신경의 문제와 뇌의 구조에 대해 곰곰이 생각하는 것이, 의식에 대한 경험과 충돌한다고 생각하지는 않습니다. 스님께서는 여기서 일종의 메타의식, 즉 의식하고 있다는 것을 의식하는 능력에 대해 인유하셨습니다. 이 메타의식을 개발하기 위해서는 객관적인 평가를 위해 거리를 두고, 기존의 타성에서 벗어나야 합니다. 하지만 기저의 신경과정에 대한 성찰은 왜 우리로 하여금 그 메타의식의 개발에서 멀어지게 하는 걸까요?

우리의 결정을 확정 짓는 동기로 다시 돌아가면, 저는 사람들이 기억 속에 저장된 지식 중에서 상황에 맞지 않는 결정을 피할 수 있게 해주는 논거들을 찾아서 꺼낼 수 없다는 것이 매우 염려스럽습니다. 우리가 내면의 숙고과정에서 이 데이터들에 접근할 수 있는 경우에 해당되겠죠.

**마티유** 이는 폴 에크만이 '불응기refractory period'라고 부르는 것을 생각나게 합니다. 매우 화가 났을 때, 우리는 화나게 한 사람의 긍정적인 면은 조금도 떠올리지 못합니다. 만일 떠올릴 수 있다면 공격성이 좀 낮아질 텐데요. 그것이 무엇이든, 저는 사람들이 의사결정의 요소와 자유의지의 개념들을 연구할 때, 과거의 의식상태가 미친 영향력을 포함한 더 전체적인 접근이 필요하다고 생각합니다.

**볼프** 사실 의식에 드러나는 논증들은 흔히 무의식적인 동기와 의지의 통제가 없는 선택에 속합니다.

**마티유** 따라서 가능한 모든 논증들을 세세하고 주의 깊게 고려할 수 없을 것입니다.

**볼프** 모든 것을 다루기에는 의식의 작업공간이 제한되어 있으므로, 확실한 논증들만 의식이 숙고를 하는 데 이용됩니다. 우리가 이미 얘기했듯이, 이 논증들이 평가되고 결합되는 방식은 뇌구조와 현재의 역동성 상태에 좌우됩니다. 첫 번째 파라미터인 뇌구조는 사람에 따라 다르지만, 두 번째 파라미터인 현재 상태는 상황에 따라 달라집니다.

게다가, 작업기억 용량이 제한적이고 개인에 따라 차이가 매우 크기 때문에, 기억작업에 동시에 평가되는 논증의 숫자는 대상자에 따라 다양합니다. 어떤 사람들은 작업기억에 7개의 논증을 동시에 유지할 수 있지만, 또 다른 사람들은 4~5개만 사용할 수 있습니다. 이 변수에 의해 생기는 한계가 어떻든지, 이러한 의견은 우리로 하여금 어떤 결정과정의 결과는 바로 '그 순간에 가능한 유일한 결과'라고 결론내리게 합니다. 가능성은 적지만, 신경회로망의 2가지 상태가 똑같이 나타날 경우에만, 신경계 활동의 매우 작고 예측할 수 없는 변동들이 영향을 미치고, 이 체계가 어떤 옵션을 선택할 것인지 결정할 수 있습니다.

**마티유** 그렇습니다. 하지만 일단 결정이 의식적인 것이 되고 사람들이 "나는 이것을 하고 싶어, 나는 하늘을 날고 싶어, 나는 거짓말 하고 싶어."와 같이 생각하게 되면, 아무리 이 결정이 뇌에서 무의식적인 방법으로 생성되었고, 그것을 따르는 것 외에 다른 선택이 없었더라도, 여전히 그의 마음속에는 이렇게 말하는 제어 과정이 존재합니다. "내가 정말 이것을 하고 싶어 하는 걸까? 그렇게 좋아 보이지 않는데."

이러한 제동에 계속 맞서 싸우면서, 충동에 저항하는 것이 불가능한 것처럼 보이기도 합니다. 그 결과, 어떤 제어과정이 시작되고, 최초의 결정을 변경하고 뒤집어놓습니다. 이러한 제어과정이 존재하고, 우리는 각자 이 과정에 의존할 수 있습니다. 이 과정은 감정을 통제할 수 있습니다. 사람들은 또한 감정적 제어를 실행하고, 충동이 우리 자신에게 미치는 부정적 결과들을 검토하고, 긍정적 행동에 의해 제공되는 모델을 제시함으로써 이러한 제어과정을 강화할 수도 있습니다.

이때, 강력한 열망이 우리의 정신에 나타납니다. "나는 정말 이것을 하고 싶어 하면 안 돼." 따라서 분출된 강한 충동 말고도 특정 순간에 우리가 원하는 것을 원하는 것에 대해 우리가 '책임이 없다.'는 것을 인정하더라도, 우리는 이 제어과정을 작동시키느냐 마느냐, 충동적 열망을 억제하느냐 마느냐에 대해 어느 정도의 책임감이 있습니다. 우리는 한 달, 1년, 혹은 우리 일생이 끝날 때까지 우리가 되고자 하는 것이 되기 위해서 필요한 단계를 행동으로 표현할 책임이 있습니다.

**볼프** 의식적인 숙고의 결과가 최종적인 행동에 영향을 미친다는 것은 분명합니다. 만일 사람들이 특정한 결정이 부정적인 결과들을 초래했다는 것을 경험으로 확인한다면, 비견할 만한 상황에서 그다음의 결정은 필시 그의 태도를 고치게 될 것입니다. 이 새로운 결정과 그 결과는 장기 기억에 기록되며, 따라서 무의식적 동기로서, 혹은 의식적인 논거제시로 행동하게 될 것입니다.

이것은 행동을 좌우하는 장래의 결정에 영향을 줍니다. 과거의 어떤 경험이 행동의 우선순위와 전략의 변경으로 이어질 때, 신경체계는 새로운 목표에 도달하고자 노력합니다. 우리 뇌의 조직이 이러해서, 우리가 결정한 목표를 추구하지 못할 때, 불안감이 나타나는 것 같습니다. 또한 우리로 하여금 갈등을 해결하게 자극하는 것도 이 불편한 감정인 것 같습니다. 이렇게 해서 결정의 결과에 대해 반복된 경험은 그것이 긍정적이든 부정적이든, 뇌의 기능적 구조에 지속적인 변화를 불러올 수 있으며, 또한 행동의 경향으로 이어질 수 있습니다.

하지만 처음의 결정과 기억 속에 새겨진 목표, 그리고 이 목표의 포기와 연관된 불편한 감정들은 신경과정의 원인이 아니라 '결과'라는 것을 잊지 말아야 합니다. 기억 속에 새로운 목표를 기록하게 만든 첫 번째 결정(부정적인)의 결과를 평가하는 것은 신경과정입니다. 그리고 뇌의 상태를 변경하고 결정에 대한 앞으로의 신경과정에 영향을 주는 것은 이 새로운 엔그램, 즉 새로운 기억 흔적입니다.

결국 이렇게 정해진 새로운 목표는 처음에는 의식적인 이성적 논의였을 수 있지만, 이제 그 지위가 바뀌어 의식적 수준에서는 드러나지 않으면서 행동에 영향을 주는 습관이 됩니다. 이 새로운 목표는 무의식적 수준에서 작용하는 변수들 가운데 하나가 될 수 있습니다. 예를 들면 와인을 너무 많이 마시면 기분이 그다지 좋지 않다는 것을 알기 때문에, 한 병 더 마시는 것을 거부할 때와 같습니다.


마티유 학습이 우리의 감정제어를 개선시킬 수 있는 것은 분명합니다. 아이들에게 놀이는, 비록 조금 거칠더라도, 이러한 제어과정의 일부라는 것을 압니다. 어린 아이들 혹은 동물들이 폭력적인 놀이에 빠져들 때, 이들은 상대가 피를 흘리기 전에, 어떤 순간에 그만두어야 하는지를 압니다. 다른 포유류에게서는 찾아볼 수 없는, 인간 뇌의 뛰어난 기능 가운데 하나는 일종의 책임감을 이루는 매우 발전된 형태의 감정제어를 내포하는 것입니다.

제 말은 우리가 꽤 오랜 시간에 걸쳐 감정제어를 개선시킬 수 있다는 것을 주장하는 게 아닙니다. 제가 말하고 싶은 것은 매 순간, 우리가 강한 행동욕구를 느끼는 순간에도, 우리는 자신이 잘못된 행동을 하지 못하도록 자기행동의 정당성을 평가하고, 의지와 정신적 에너지를 제어할 수 있는 능력이 있습니다. 그렇게 행동하고 싶은 강한 욕구를 느끼더라도 말입니다.


**볼프** 그렇습니다. 이 모든 것은 가장 진화된 뇌가 서열화되고 매우 잘 조직화된 제어시스템을 갖고 있다는 것을 보여줍니다. 이 시스템은 외부의 자극뿐 아니라 내부의 변수에 의해 상당한 정도로 좌우되는 반응을 그들에게 제공할 수 있습니다. 이 사실은 상황에 반응해야 할 때 뇌의 '자유도degree of freedom'을 증대시키고, 주도권을 쥘 수 있도록 해줍니다.

따라서 행동과 결정이 이 내적 시스템의 통제에 더 자주 놓이면 놓일수록, 우리는 더욱 그 행동의 주체에게 책임을 지우는 경향을 가집니다. 아이들에게서 이 제어 시스템은 아직 완전히 발전되지 않았습니다. 자신의 행동에 대해 어른들보다 아이들에게는 책임을 덜 지우는 이유도 바로 그것입니다. 우리는 어린 아이의 충동적인 행동을 비난하지 않지만, 그 아이가 행동규칙을 이해하고 익혔다는 것을 알 경우, 그 아이에게 행동의 책임이 있으며 벌을 받아야 한다고 말하곤 합니다. 이러한 논리에 따라, 사람들은 성인은 본능적이고 지각없는 행동이나 어떤 자극에 반응한 행동보다, 의식적 사고의 결과물인 의사결정과 그에 따른 행위에 대해 더 큰 책임이 있다고 생각합니다.

**마티유** 선생께서는 우리가 어떤 태도가 나쁘다고 느끼면서도 그런 태도를 보이거나, 감정제어능력을 사용할 수 있으면서도 그렇게 하지 않을 때, 우리의 책임감이 더 커진다는 말씀을 하신 거군요.

**볼프** 이러한 맥락에서, 우리의 법체계에 포함된 사람들 대부분이 완전한 의식상태에서 계획된 행동에 책임감을 결부시키는 것은 매우 흥미로운 사실입니다. 달리 말하면, 어떤 행동이 의식적으로 계획된 것이라면, 그것에 대한 책임은 더 크다는 것입니다. 그 이유 중 하나는, 사회적 행동규칙들이 의식적 과정에 의해서만 해석될 수 있는 언어수단으로 드러난다는 사실로 설명됩니다.

어린 아이들의 교육에서 가장 큰 부분은 비언어적인 부분인데, 이것은 집에서 기르는 동물의 행동을 교정하거나 형성하는 조건화 방식과 유사합니다. 하지만 아이들이 언어를 이해하면서부터, 행동규칙과 명령의 대부분은 언어적 지시와 이성적 논법을 매개로 전달됩니다. 사람들은 이 통제에 대해 의식하고, 개인별 숙고에 그것을 포함시키는 것으로 추정됩니다. 한 사람이 이 규칙을 어겼을 때, 그 사람은 그것에 대해 책임이 있습니다. 왜냐하면 사람들은 그가 그 규칙을 고려해 준수해야 했다고 생각하기 때문입니다. 여기서 우리는 무의식적 충동의 직접적인 결과인 행동들 중에서, 긍정적 혹은 부정적 측면을 의식적으로 자세하게 검토한 뒤 고의적으로 저지른 행동을 구분하는 새로운 기준을 세우게 됩니다.

앞에서 짧게 소개했듯이, 의사결정은 2가지 차원에서 이루어집니다. 우리를 살아가도록 해주는 대부분의 결정은 무의식적 처리에 달려 있으며 적절한 해법을 추구합니다. 만일 결정과정이 직접적인 행동으로 이어지지 않더라도, 최종적인 행동에 영향을 줄 수 있습니다. 그 과정은 우리가 '본능적 느낌'이라고 부르는 형태로 표현됩니다. 그 주체는 이 감정을 느끼게 만든 이유에 대해 의식적인 기억이 없습니다.

하지만 무의식적 과정의 결과가 의식적 숙고와 충돌하게 될 때, 그는 자율 신경계의 반응을 경험합니다. 따라서 그 주체는 이렇게 생각하게 됩니다. "내가 동원할 수 있는 모든 이성적 요소들로 최상의 결정을 내렸어. 하지만 늘 무언가 잘못된 것 같은 느낌이 들어." 어떤 사람을 이렇게 생각할 것입니다. "내 생각에 좋아 보이는 것으로 결정했어. 하지만 다시 생각해보면, 그것은 완전히 정신 나간 미친 짓이야." 사람들은 2가지 결정체계가 하나의 단일한 해법으로 향할 때, 기분이 좋고 만족감을 느끼며 어느 정도 '자유로움'을 느낍니다.


**마티유**  정신수양은 이성과 직관적인 감각 사이에 이러한 일관성을 강화하고 유지하는 것을 포함합니다.


**볼프**  칸트에 따르면, 우리에게 부여된 법칙을(도덕적 행동의 외부 규칙을) 우리 '자신의' 규칙이 될 정도로 내면화할 수 있다면 우리는 평온해집니다. 스님께서 말씀하셨다시피, 정신수양을 통해 무의식적 과정과 의식적 과정 사이에 일치를 강화할 수 있다면, 우리는 이것을 훨씬 더 정확하게 경험할 것입니다.


**마티유**  사회적 명령이 실제로 윤리적이지 않을 때, 그것이 타인의 행복과 조화를 이루지 못하고 독단적이고 억압적일 때 심각한 문제가 생깁니다. 노예제, 인신공양, 여성에 대한 억압 등이 이루어지는 조상들의 관습과 전체주의 체제의 경우처럼 말이죠. 이러한 것들을 맹목적으로 받아들이지 말라는 외부의 합리적인 명령과 상충하는 느낌을 받습니다.

**볼프** 이것이 매우 중요한 점입니다. 사실 만일 개인이, 자신이 할 수 있는 행동의 '부정적인' 측면을 외부의 비도덕적이고 타락한 규칙들과 일치시킴으로써, 주관적인 일관성에 이른다면 어떻게 되겠습니까? 독일의 역사, 현대의 테러리즘, 그 외의 수많은 범죄들은 그 슬픈 예를 보여줍니다.

어떤 사회가 내집단과 외집단 사이에 이분법을 강화하고, 외집단의 구성원들에게 적대적이고, 그들이 사악한 원수라고 주장한다면, 그 사회는 우리가 물려받은 것들, 가령 원래는 친족 구성원들을 보호하려는 기능으로 가지고 있던 모든 직관들을 동원하게 됩니다. 일단 인지 도식에 왜곡이 일어나면, 내집단 구성원에게 행해졌다면 비도덕적이라고 간주했을 폭력적 행동들이, 외집단 구성원들을 향할 때는 도덕적 의무로 인식됩니다.

그 결과 부족 전사·십자군 병사·군인·테러리스트·고문관 등은 외부의 명령을 자신의 내적 충동과 일치시켜, 내면의 갈등을 겪지 않고 폭력적인 행동들을 수행하며, 공동체 구성원들의 눈에는 영웅으로 보이기까지 할 수 있습니다.

**마티유** 철학자 찰스 테일러Charles Taylor는 이렇게 썼습니다. "도덕적 철학은 행복한 삶보다 올바른 행동을 중시하고, 고결한 삶의 본질보다 의무의 내용을 규정하는 것을 강조하는 경향이 있었다."[67]

그리고 프란시스코 바렐라는 이렇게 말했습니다. "덕망이 높은 사람, 윤리 전문가는 도덕적 규칙의 총체에 따라 행동하지 않고, 그보다 노하우를 구현합니다. 현인은 윤리적이거나 더 명백하게는, 그들의 행동은 이러저러한 상황에 반응하면서 그들의 존재방식에 의해 생성된 결정들의 표현입니다."[68] 제가 위에서 말씀드렸다시피, 매우 빠르게 변하는 갑작스러운 상황에 처하여 우리가 심사숙고할 시간이 없을 때, 우리가 즉흥적으로 행동하는 방식은 우리 삶에서 특정한 그 순간에 우리 내면에 있는 것에 대한 외면적 반영입니다.

'본능적'이고 즉흥적인 도덕성은 우리의 품성의 표현이자 가장 깊은 내면의 결점을 드러내는 것입니다. 이러한 특성들은 우리의 지적 발상의 고유한 산물이 될 수는 없지만 우리의 호의·공감적 사고·자비심·지혜 등과 같은 정신적 흐름에서 통합의 표현이 될 수 있습니다. 다른 모든 능력과 같이, 훈련을 통해 이러한 성품을 당연히 개발할 수 있습니다.


볼프 그 말은, 진화의 유산인 우리의 뿌리 깊은 어떤 충동들, 생존과 번식을 위해 적응해온 행동의 도식 등이 현재의 조건에는 더 이상 적합하지 않은 태도들인 만큼, 정신수양이 이러한 것들을 극복할 수 있게 한다는 것이군요. 따라서 인류의 미래를 위해 부정적 충동의 영향을 줄이는 데 절대적으로 필요하므로, 스님의 말이 맞기를 바랍니다.

# 문화적 진화과정과 변화에 대한 책임

_____ 마티유  우리는 현재의 우리를 선택할 수 없습니다. 하지만 앞으로 어떻게 되고 싶은지는 선택할 수 있죠. 분명 우리는 범죄자나 이상 성욕자, 혹은 경멸의 대상이 되기보다는 훌륭한 인품을 두루 갖춘 사람이 되고 싶을 것입니다. 또한 지금 우리가 원하는 행동을 선택할 기회가 없을 수도 있습니다. 하지만 변화를 시작할 책임은 우리에게 있죠. 과거에 그것을 시작하지 않은 것에 대한 책임도 어느 정도는 우리에게 있고요.

고통의 원인이 되는 자신의 감정을 통제할 수 없음을 인정할 때, 우리는 그 함정에서 벗어날 책임이 있습니다.

충동에 사로잡힌 한 사람을 예로 들어봅시다. 선생께서 설명했듯이, 그 사람은 자신의 행동을 제어할 능력도, 선택의 여지도 없습니다. 오스카 와일드Osacar Wilde는 이렇게 말했죠. "나는 모든 것에 저항할 수 있다. 오직 유혹만 빼고." 만일 이 사람이 타인과 자신을 해칠 수 있는 충동이나 성격적 특성을 갖고 있다는 것을 스스로 안다면, 그러한 통제력 부족을 경험하고 그로 인해 고통을 겪었다면, 자신의 결점을 오히려 변화를 시작하는 동기로 삼을 수 있을 것입니다. 억제할 수 없는 충동들을 약화시켜줄 상황과 순간이 반드시 있을 것입니다. 이것은 주요 감정에 대해 적절한 처방을 해주는 정신수양에 의지하거나, 특별한 방법과 수단을 제안해줄 수 있는 사람들에게 도움을 청할 뜻밖의 기회가 아닐까요? 가능하면 매번 이런 식으로 행동하고 능력 있는 사람의 도움을 구하는 것은 우리 모두의 책임입니다.

우리는 일시적인 충동으로 로봇처럼 행동할 수는 있지만, 그렇다고 해서 평생 그렇게 하지는 않을 것입니다. 모든 것은 원인과 조건의 결과이므로, 전체적인 원인들이 하나의 사건을 발생시키기 위해, 또 뇌 현상 등을 다루기 위해 결합될 때, 그 사건은 일어날 수밖에 없게 되죠. 우리는 시간의 흐름에 따라, 이 역동적인 과정에 영향을 줄 수 있는 새로운 이유와 조건들을 만들어낼 수 있습니다. 이것은 정신수양과 신경 가소성의 장점이죠.

우리는 누군가의 어떤 행동에 찬성하지 않을 수 있습니다. 하지만 비록 그의 행동은 나쁠지라도, 사람 자체가 본질적으로 나쁜 것은 아닙니다. 그것이 무엇이든, 사고의 방식과 사람의 행동은 적합한 기준들을 취함으로써 변경 가능한 일련의 상황들과 원인들의 결과입니다. 누구나 어느 정도 방황하고, 어느 정도 착각에 사로잡혀 있으며, 정신들이 꽤 '아픈' 상황입니다. 우리는 모두 주위 사람들로부터 수많은 내적, 외적 영향을 받으며, 수없이 많은 경험을 겪어낸 사람들입니다.

비난하는 것은 대체로 무지, 경멸, 자비심 부족 때문입니다. 의사는 환자들을 비난하지 않습니다. 비록 그들이 자신의 건강을 해치는 행동을 했다 하더라도, 의사는 환자들을 치료하고 그들의 습관을 바꾸어주기 위해 세심하게 치료법을 연구합니다. 만일 누군가가 다른 사람을 해친다면, 우리는 분명 적절하고 효과적이며 균형 잡힌 수단을 동원해 그것을 막아야 하지만, 또한 그가 자신의 행동을 바꿀 수 있도록 도와야 합니다.

행동을 지도하는 법을 대리석에 새기는 대신, 우리는 다른 사람들을 자신과 마찬가지로, 역동적이고 유동적인 하나의 흐름으로서, 변화에 대한 진정한 가능성을 지닌 사람들로 간주해야 합니다.

사람들이 넬슨 만델라에게 27년간의 구금기간 동안, 간수들과 어떻게 우정을 쌓을 수 있었는지를 물었을 때, 그는 이렇게 대답했습니다. "자신의 긍정적인 장점들을 내보임으로써" 가능했다고 했습니다. 그리고 각자 그 속에 좋은 점을 갖고 있다고 생각하는지를 물었을 때, 그는 이렇게 확언했습니다. "사람들이 타고난 선의를 개발할 수만 있다면, 그것은 이론의 여지가 없습니다."

　**볼프** 맞습니다. 인간은 태연하게 저지르는 살인과 집단학살부터 이타적 자기희생에 이르기까지 매우 폭넓은 행동의 반경을 가집니다. 게다가 행동에 영향을 주는 방법들도 매우 많습니다. 그 가운데 하나는 외부규칙들을 바꾸는 것으로, 시스템의 안정성을 높이는 데 도움을 주는 행동은 보상하고, 파괴적인 행동들을 벌하는 사회·경제적 시스템을 구상하는 것입니다. 어떤 면에서, 이러한 방식은 진화론적 과정과 비슷해서, 사회구조들이 현행 체계에 알맞은 행동을 장려하는 데서 사회적 상호작용의 네트워크가 출현하는 것입니다.

　더욱이 사람들은 문화적 진화의 과정을 거칩니다. 이 과정에서 일정한 지배적 특성들이 코드화되는데, 그것은 유전자가 아니라 사회적 태도와 습관에서 그 표지를 찾을 수 있는 도덕적 규약에 코드화됩니다. 이 두 종류의 변화에서 근본적 차이점은 문화적 진화가 '의도적' 요소를 지난다는 점입니다. 우리는 적응과 선택에 관련된 제약들을 부여하는 사회적 상호작용의 구조를 의도적으로 고안하기 때문입니다.

　또 다른 전략은 도덕적 가치체계를 코드화하고 교육체계를 확대시키는 것입니다. 덕분에 이러한 가치들이 개인에게 내면화되고, 세대를 거쳐 전수되는 행동양식을 정하는 규칙들로 변화됩니다. 이러한 도덕적 규칙들은 용인된 행동의 범위를 정하는 제약들을 강화시키는, 규범적 시스템에 의해 뒷받침됩니다.

제가 제대로 이해한 것이라면, 불교의 전통을 옹호하고 정신수양을 통해 개인의 행동성향에 영향을 주고자 하는 또 다른 옵션이 있습니다. 어쨌든 그 목표는 외부적 명령과 내부적 성향 사이에 최상의 일치를 이루는 것으로, 이 내적·외적 영향력이 좋은 방향으로 작용하도록 하는 것입니다. 우리 뇌의 기능적 구조는 교육, 보상 혹은 제재로 작용하는 긍정적 혹은 부정적 경험, 정신수양이나 훈련 등을 통해 변화될 수 있습니다. 뇌의 보상 시스템은 변화에 대한 자극제가 됩니다.

뇌는 정신의 상태가 합리적이고 일관성 있는지, 적절하고 조화로운지 혹은 갈등을 일으키고 결단성이 없는지 등을 구분할 수 있는 시스템을 갖고 있는 것 같습니다. 아직 이러한 상태들의 신경조직에 대한 특징을 구분할 줄은 모르지만, 우리는 이러한 일관성 있는 상태에 도달하고, 불안정한 상태들을 제어하고자 노력합니다.

**마티유** 선생께서 사용하신 용어('일관성 있는', '조화로운')들은 신경과정이 아니라, 경험의 카테고리에 속합니다. 그것은 이 문제들을 전체적으로 이해하려면, 우리가 주관적 경험의 도움을 받아야 한다는 것을 뜻합니다.

**볼프** 꼭 그런 것은 아닙니다. 조화로움에 대한 주관적 감정들은 특정한 신경상태와 연관되어 있어야 합니다. 일관성 있는 신경활동이 긍정적인 감정의 매개체가 될 수 있습니다. 제가 조금 전에 말씀드렸다시피, 우리는 아직 해결책을 얻거나 갈등이 없는 내면의 상태에 해당하는 뇌활동의 신호들을 구별할 수 없습니다.

이러한 상태의 특징은 신경의 높은 일관성이 될 수 있습니다. 우리는 사회적 존재이며, 문화적 네트워크에 깊이 뿌리내리고, 다른 사람들의 판단에 항상 노출되어 있기 때문에, 일관성 있는 정신적 상태를 정의 내리는 기준들이, 단지 우리의 생물학적 진화의 유산에서 오는 것이 아니라, 문화적 진화에서 비롯된 요구에 의해서도 오게 됩니다. 이러한 경험들이 내면화될 때, 이것은 내면의 일관적이고 갈등 없는 상태에 도달하기 위해 스스로에게 부과한 명령이 됩니다. 포만감이나 번식과 같이, 생물학적 요구에 의한 욕구들을 만족시키려는 경향과 마찬가지입니다.

모든 것은 문화가 우리에게 부과하는 기준과 가치의 성격에 달려 있습니다. 일단 이러한 가치와 규칙들이 우리 뇌구조에 통합되면, 이것들은 목적과 명령으로 작용합니다. 일화적 기억이 발달하기 전인 어린아이 때부터 내면화된 가치와 규범들은 암묵적인 것이 되어, 우리의 성격을 구성하는 일부로 느낄 만큼 우리 무의식에 깊이 뿌리내리게 됩니다. 우리는 그것의 근원을 의식하고, 자기 내면의 신념과 일치하지 않을 경우 그것을 강제적인 사회적 제약으로 느끼게 됩니다. 하지만 우리는 뇌에서 갈등적 상황들을 줄이기 위해 거기에 순응하려고 하고, 이를 위해 일관성 있는 상태에 도달하고자 노력합니다.


**마티유**　우리가 살아온 문화들이 반드시 강요된 것은 아닙니다. 우리의 사고방식, 개인의 변화, 지성 등을 통해서 우리가 문화를 형성하기도 합니다. 개인들과 문화는 서로를 예리하게 다듬는 칼의 양날과 같습니다. 명상과학과 신경과학은 우리의 정신을 훈련하고 점점 우리의 성격적 특성들을 변화시킬 수 있다는 것을 보여주었기 때문에, 전체적인 개인의 변화와 새로운 문화 형성에 기여합니다.

**볼프** 그렇습니다. 우리는 문화를 창조하고 또 문화가 우리를 형성하죠. 저는 오히려 인지적 제어뿐 아니라, 단계적 학습 즉 더 적절한 습관들을 새롭게 개발하여 어린 시절부터 드러난 타고난 성격의 특성들을 뛰어넘을 수 있다는 데 동의합니다.

**마티유** 명상가들도 거의 비슷한 이야기를 합니다. 처음에, 모든 훈련은 다소 강제적이고 인위적입니다. 하지만 익숙해짐에 따라, 그것이 완전히 우리의 일부가 될 정도로 더 쉽게 수행을 할 수 있는 것이죠.

**볼프** 따라서 정신수련이 성격의 일부 특성들을 바꾸어놓을 수 있다고 짐작할 수 있습니다. 어떤 유혹에 저항하거나 이타적 행위에 참여하는 것(사회적 인정에 의해 보상을 받는 2가지 행위)이 초반에는 인지적 제어가 필요하고 주의력의 자원들을 동원해야 합니다. 이 새로운 태도를 꾸준하게 실천한다면 인지적 제어에 의지하지 않고도 그 기능을 실행할 수 있도록, 뇌구조에 그것이 새겨진다고 생각할 수 있습니다.

이 경우 새롭게 습득된 이 행동은 새로운 성격의 특성으로 변모하게 되는 것이죠. 성인에게도 각자의 리듬에 따른 정신수양과 훈련이 어느 정도까지 변화를 이끌어낼 수 있는지 실험을 통해 측정해보거나, 이러한 변화가 트라우마 혹은 각성과 같이 특별한 사건의 결과인지를 알아보는 것은 매우 흥미로운 일일 것입니다. 나이가 들면서 지혜가 자란다는 것은, 경험의 축적이 성격적 특성을 변화시킬 수 있다는 것을 증명합니다. 따라서 사람들은 자비심과 관용의 훈련이 실제적인 효과가 있기를 마땅히 기대할 수 있습니다.

**마티유**  만일 일정한 수의 개인이 각자의 변화를 시작한다면, 그것은 당연히 주변 문화에도 점진적인 변화를 가져올 것입니다.

**볼프**  또한 그것은 다시 개인에게 영향을 미치게 됩니다. 이러한 상호성은 개인적 수준과 사회적 수준 모두에서, 서로를 강화시키는 발전을 가져올 수 있으며, 모든 사람에게 해로운 악순환의 고리를 낳게 되는 공격성이나 복수와 달리, 사회발전에 기여할 수 있습니다. 우리는 이 2가지 변화의 가능성을 활용해야 합니다. 개인의 차원에서 연구하고, 또 평화로운 행동을 선택하도록 유도하는 사회적 상호작용의 구조를 구상해야 하는 것이죠.


## 자유의지와 책임감

**볼프**  그렇다면 다시 자유의지와 죄책감의 개념 사이에 존재하는 연관성의 문제로 돌아가 봅시다. 만일 누군가 그 사회에서 비난받을 만한 행동을 함으로써 법을 어겼다면, 이런 문제가 제기될 것입니다. 그 사람이 자신의 인지능력을 완전히 제어했는지, 그리고 자기 행동의 성격을 이해하고 그 결과를 평가할 만한 능력이 있는지를 아는 것 말입니다. 따라서 우리는 그 사람에게 가능한 논증의 영역들을 검토하고 따져볼 수 있는 능력이 손상되지 않았는지 살펴보게 됩니다. 만일 그 범인에게 정상참작을 할 요소가 없는 것으로 확인된다면, 그는 자신의 행동에 전적인 책임이 있는 것으로 간주됩니다.

하지만 그때그때 가능한 선택의 폭은 아주 다양합니다. 외부의 압력이 없거나, 내부의 충동이 없을 때, 또 완전히 의식이 있거나 어떤 행동에 대해 가능한 모든 결과를 숙고하고 검토하는 데 많은 시간을 들일 수 있을 때, 그 선택의 폭은 더욱 넓습니다. 그리고 이 모든 최적의 조건에서도, 마지막에 내려진 결정은 그 당시에 할 수 있는 유일한 결정인 것입니다.

**마티유** 선생의 추론은 동어반복으로 이어질 위험이 있는 것 아닌가요? "매순간 현재의 상태만이 가능한 걸까?" 선생은 '매순간 현재의 상태'가 그렇지 않을 수도 있었다고 주장할 수는 없습니다. 일어난 일을 부정하는 것은 무의미하고, 현재의 상태가 다르기를 바라는 것도 소용없는 일입니다. 하지만 우리는 이러저러한 사건들이 일어나는 것을 분명 피할 수 있고, 그것이 반복되는 것을 막을 수 있습니다. 사물의 흐름을 바꿀 수도 있고, 이렇게 우리의 정신을 구성하고 단련시키는 데 적합한지 그렇지 않은지에 대한 새로운 지식을 습득한 덕분에 적절한 선택도 할 수 있습니다.

**볼프** 만일 A라는 결정이 제게 문제를 일으켰던 사실을 기억한다면, 같은 상황에 처하게 될 때 그 결정은 피하려고 할 것입니다. 모든 문제는 바로 거기에 있습니다. 즉 사법제도는 원칙적으로 우리가 자유롭게 결정을 내린다고 전제합니다. 만일 개인이 나쁜 결정을 내린다면,

그는 범죄자로 간주되며 죄의 경중은 그 순간에 가능했던 선택에 달려 있습니다. 달리 말하면 '자유'라는 말이 의사결정 순간에 그 당사자가 할 수 있었던 선택의 범위를 포함한다는 점에서, 죄의 정도는 주어진 자유재량의 크기에 달려 있습니다.

만일 외부 제약들로 인해 선택의 폭이 매우 제한적이었던 것으로 드러나면, 사람들은 누구든 선택의 여지가 별로 없는 같은 상황에 처한다면 똑같은 결정을 내리고 행동했을 것이라고 옹호할 수 있습니다. 그래서 판사들이 우리의 의지와 의지적 행위의 독립과 자유에 대한 철학적 질문은 무시하고, 단순히 어떤 사람의 결정이나 행동이 어느 정도로 규범에서 벗어났는지 연구하는 데 그치는 것이 아닌지 의문이 듭니다.

그들은 결정의 순간에 작용한 외적, 내적 제약들을 분석하고자 하며, 정상이라고 판단되는 사람들이 유사한 상황에서 취했을 행동과 비교함으로써 일탈행위의 경중을 평가합니다. 이는 범인과 평균적인 사람들 사이에, 뇌의 기능적 구조를 비교하는 것으로 이어집니다. 만일 판사가 평균적인 시민이 피고인처럼 행동할 수 있으리라고 결론 내린다면, 피고인에게는 정상참작이 적용되어 처벌이 감경될 것입니다.

이러한 추론은 개인이 상황에 따라 어느 정도 예측 가능한 방식으로 결정을 내리고 행동한다는 암묵적 가정에 바탕을 두고 있다는 사실이 흥미롭습니다. 바꾸어 말하면 의사결정 과정이 원인에 의해 영향을 받는 것입니다. 이는 사실 사법제도가 '무제한의 자유의지'라는 허구적 견해에 바탕을 둔 것이 아니라는 생각을 하게 합니다.

이것은 우리의 주관적인 경험과 일치하는 실제적 가설에 관한 것으로, 그 가설은 우리가 항상 결정을 자유롭게 변경할 수 있다는 것입니다. 비록 이 허구적인 견해를 포기한다 하더라도, 또 완전히 자유롭고 독립적인 자유의지의 존재를 부인하는 신경생물학적 증거들을 폭넓게 허용한다 하더라도, 이것이 확립된 규범들을 지키도록 해야 할 사법제도의 정당성을 위험에 빠트리지는 않을 것입니다.

우리는 자신이 그 행동의 장본인이라는 점에서 여전히 그 개인에게 책임을 부여하고, 법 위반을 계속 처벌해야 합니다. 모든 결정은 인과법칙을 따르는 신경과정의 결과라는 견해가 자신의 행동에 대한 책임을 면제해주지 않습니다. 다른 그 누구를 비난할 수 있겠습니까? 사람은 저마다 자유의지와 책임감, 죄의식을 갖고 있다는 사실과 형벌의 준엄함 사이에 명확한 상관관계가 없는 것은 분명합니다.

만일 누군가 실수로 빨간 신호등을 무시하고 지나갔는데, 그 잘못이 아무런 사고도 일으키지 않았다면, 벌금과 벌점 정도로 해결될 것입니다. 하지만 똑같은 부주의에 똑같은 잘못이라도 그것이 인명사고의 원인이 되었다면, 형벌은 훨씬 더 무거워질 것입니다. 따라서 우리의 사법제도는 어떤 행동 자체뿐 아니라, 그 행동이 불러온 결과의 경중을 고려합니다. 이러한 시각은 정의와 형평성에 대한 견해와도 일치합니다. 만일 어떤 사람이 심각한 고통을 일으켰다면, 우리는 형평성을 찾기 위해 보복이 필요하다고 생각하게 됩니다.

**마티유** 법원이 행동의 동기나 의도의 속성을 공정하게 평가하고 실제적인 책임을 규정하는 대신, 복수를 합법화하는 시스템이 될 위험이 있는 이유입니다. 선생께서 이미 설명했듯, 어떤 행동의 결과의 심각성 여부가 우리의 의도와 반드시 연관이 있는 것이 아니며, 보통은 예측이 불가능하고 우리의 통제권에서 벗어나 있습니다. 그런가 하면, 자발적이든 그렇지 않든 우리는 그 행동의 주체이기 때문에 분명 책임이 존재합니다.

만일 친구네 집에서, 실수로 제가 아름다운 꽃병을 깨뜨렸다면, 저는 난처함을 느끼며 사과하고 서둘러 다른 것으로 바꾸어주려고 할 것입니다. 비록 꽃병을 깨뜨릴 의도는 전혀 없었더라도, 그 일에 대한 책임은 저에게 있다고 생각합니다. 제가 익숙하지 않은 집으로 왔으니, 더 주의를 했어야 하는 것이죠. 자주 물건을 떨어뜨리는 어설픈 사람들이 있는데, 이들은 2배로 주의를 기울일 책임이 있습니다.

만일 제가 어떤 사건에 연루되지 않았다면, 그래서 그 사건과 제가 아무런 관계도 없다는 것을 확신한다면, 예를 들어 제가 있던 방에서 선반에 놓여 있던 꽃병이 저절로 떨어졌다면, 저는 그 일어난 일에 대해 어떤 책임도 느끼지 않을 것입니다.

## '아픈' 뇌를 가진 범죄자를
## 어디까지 정상참작 해야 하는가?

_____ **볼프** 동의합니다. 비록 우리의 의지가 직관이 제시하는 것만큼 자유롭지는 않더라도, 우리 자신이 한 일에 대해 책임이 있다는 것은 부인할 수 없습니다. 왜냐하면 우리는 그 행동의 장본인이기 때문입니다. 우리의 결정은 우리가 한 행동과 마찬가지로 우리에게 속한 것입니다. 우리는 그것에 대한 원작자입니다. 공로를 인정받고 보상을 기대하는 것처럼, 비난받을 만한 행동에 대한 처벌도 받아들여야 합니다. 그리고 우리가 자유의지를 완전히 행사했다고 믿는 착각을 버린다 해도, 그것이 책임에 대한 우리의 의무를 없애주진 않습니다.

그런데 잠시 정상참작의 문제에 대해 다시 이야기해보죠. 정상참작 할 요소가 아무것도 없이 살인을 저지른 사람이 있다고 합시다. 이 살인자는 폭넓은 선택의 여지가 있었고, 확인된 단 하나의 동기는 희생자와 사소한 말다툼을 한 것뿐입니다. 범인은 최고 징역형에 처해졌습니다. 몇 달 뒤, 간질발작으로 인해 그의 뇌를 단층촬영한 결과 전두엽에 종양이 발견되었습니다. 이때부터 그 살인범은 환자로 간주되었고, 자신의 행동을 통제하기 위해 도덕적 가치에 호소할 수 있게 해주는 신경구조를 동원하지 못하는 환자로 여겨집니다. 그는 교도소에서 병원으로 옮겨지죠.

신경생물학자는 항상 범인의 뇌에 이상이 있다고 생각할 것입니다. 왜냐하면 그의 행동은 정상적인 시민이라면 절대 저지르지 않았을 것이기 때문입니다. 뇌의 이상여부에 대한 수많은 가능성이 제기될 수 있습니다. 비록 그 모든 이상들이 현재의 기술력으로 진단될 수는 없다 하더라도 말입니다.

예를 들어 도덕적 가치와 반응의 제어 등이 저장된 중앙의 신경회로는 유전적 혹은 후성적 원인으로 인해, 비정상적으로 전개될 수 있습니다. 같은 종류의 이상은 사회규범의 습득을 책임지는 학습 메커니즘에 영향을 주었을 수도 있습니다. 또한 각각의 엔그램들, 즉 기억의 바탕이 되고 사회적 명령을 저장하는 신경변화가 충분히 강화되지 못해, 교육상의 결핍이 있었을 수도 있고요. 현재의 연구결과들에서 찾아낼 수 없는 경우가 많은 만큼, 그 리스트는 계속 이어나갈 수 있을 것입니다.

**마티유** 그래서, 종양만큼 심각한 질병은 아니더라도 경우는 같습니다. 즉 뇌 차원의 기능장애가 있는 것이죠.

**볼프** 그렇습니다. 하지만 원인과 그 결과가 범인의 입장에서는 다릅니다. 만일 신경적 원인을 알아낼 수 있다면, 그 살인범은 환자가 됩니다. 만일 그 원인이 적절한 진단도구로 파악이 되지 않는다면, 감옥으로 가게 되죠.

**마티유** 두 경우, 우리는 범인을 환자로 간주하거나 적어도 기능장애를 가진 사람으로 간주해야 합니다. 그가 다른 사람에게 해를 끼치지 못하도록 막으면서, 할 수 있는 유일한 일은 의사의 관점에서 그를 치료하고 돕는 것일 겁니다. 제가 강조했듯, 이러한 접근은 정확히 불교적 관점과 일치하는 것으로, 불교에 따르면 무지와 탐욕, 증오와 채워지지 않는 욕망, 그 밖의 정신적인 독소에 사로잡힌 우리는 모두 환자입니다. 그래서 신중한 의사, 즉 숙련된 영적 대가의 조언을 반드시따라야 하는 것이죠. 정신적 독소를 이겨내도록 내면의 변화라는 치료를 시작하기 위해서 말입니다.

**볼프** 이러한 변화가 가능하려면 행위자의 뇌에 새로운 목표와 함께 새로운 규범과 가치관이 새겨져야 합니다. 어떤 결정의 결과가 그 행위자에게 불쾌감을 주거나 후회를 불러올 경우, 자연스럽게 이 새로운 명령들이 등장할 수 있습니다. 하지만 어떤 경우에는, 이 새로운 명령들이 외부적 요소에 의해 고정되어야 합니다. 왜냐하면 '아픈' 뇌는 스스로 이러한 목표에 도달할 수 없기 때문입니다.

돈에 대한 억누를 수 없는 욕망으로 인해, 충동적으로 사람을 죽인 살인범의 뇌는 이 행동을 저지르지 않은 사람의 뇌와 전혀 다릅니다. 그래서 법원이 범죄인들의 뇌 기능구조를 평가했던 것처럼, 모든 일이 일어나는 것 같습니다. 뇌의 기능적 구조가 상당히 무너진 더 무거운 벌을 받습니다.

반면 대부분의 경우 사회적 규범에 맞게 행동하게 하고, 잘 적응된 행동을 하게 만드는 뇌를 가진 사람들은 더 너그러운 조치를 받습니다. 왜냐하면 이들은 사람들이 이해할 수 있고 정상참작이 되는 상황에서만 법을 어길 것이기 때문입니다.

'어떤 경우든 이러한 시각은 행위자의 책임에 대해서는 이견이 없습니다.' 아무리 강조해도 지나치지 않을 겁니다! 그 행동을 한 사람 말고 누가 그 행동에 대한 책임이 있겠습니까? 반드시 바뀌어야 할 것은 '범법행위를 저지른 사람들에 대한 우리의 태도'입니다. 비록 그들의 상황을 감안하면 달리 행동할 수 없었다는 것을 인정하더라도, 그들의 행동은 반드시 징계의 대상이 되어야 합니다.

초반에 말씀드렸다시피, 제가 처음 이 문제를 꺼냈을 때 많은 논란을 일으킨 부분도 바로 이 점입니다. 사람들은 이렇게 말하며, 잘못된 결론을 내렸죠. "만일 범죄자가 달리 행동할 수 없었다면, 그는 책임이 없고 죄인도 아니며 따라서 그는 처벌을 받을 수 없다. 그렇다면 사람들은 저마다 자기 맘대로 행동할 수 있고, 그렇게 되면 세상은 무정부 상태가 될 것이다." 이런 논거 제시는 터무니없는 것입니다.

우리는 어떤 면에서 아이들을 대할 때와 같은 방법을 사용해야 할 것입니다. 아이들에게는 주요 통제 메커니즘이 부족하기 때문에, 아이들의 행동을 지도하고 뇌에 새로운 목표와 명령들을 각인시켜주기 위해 벌을 주거나 상을 주는 방법을 택하며 너그럽게 대하죠.

**마티유**  보복을 하는 대신, 범인들이 그런 행동하지 못하도록 막기 위해 적절한 수단을 동원하여, 교육·재활·훈련·개인적 변화 등을 이끄는 데 주안점을 둬야 하는 거군요.

**볼프**  저는 자유의지에 대한 견해에 이의를 제기함으로써 인간의 존엄성을 해쳤다는 이유로 자주 비난을 받았습니다. 신경생물학적 발견들을 알리고자 한 것이 어떻게 인간 존엄성을 해친다는 것인지 모르겠습니다. 저는 법제도나 행동에 대한 책임감의 개념을 문제 삼는 것이 아닙니다. 제가 말하고자 하는 것은 우리의 관점을 바꾸었으면 하는 것이고, 인간의 행동을 더 잘 이해하고, 사회규범과 충돌하는 행동을 명령하는 뇌를 가지고 살아가야 하는 불행한 사람들을 위해 더 인간적이고 더 사려 깊은 치료법을 찾고자 하는 것입니다.

**마티유**  그것은 불교식 접근법과 공통점이 있는, 매우 흥미롭고 정확한 논거제시군요.

**볼프**  그렇다면 다행입니다.

## 그의 질병을 가지고
## 그 사람을 정의할 수는 없다

_____ **마티유**  불교에 따르면, 우리는 정해진 실존의 순환의 고리, 즉 윤회, 삼사라samsara라고 하는 정신적 혼란과 무지의 세계를

방황하는 아픈 사람들로 간주됩니다.

**볼프** 기독교에서 말하는 원죄와 같은 것 아닙니까?

**마티유** 아닙니다. 그것과는 다르죠. 인간 본성의 근본적인 특성을 가리키는 것이 아니라, 그 본성의 '망각'에 관한 것입니다. 우리는 아플 때 "감기에 걸렸어."라고 하지 "나는 감기야."라고 말하진 않습니다. 우리는 고통을 일으키는 '질병'이 증오, 탐욕, 그 밖에 정신적 독소들이라는 것을 밝혀냈습니다. 질병은 본질적으로 인간의 구성요소가 아니라, 끊임없이 변화하는 원인과 조건의 결과입니다. 그 질병은 생명체의 정상적 조건이 아니라 이상상태인 것이죠. 불교에 따르면, 정상적이고 건강한 상태(즉 정신의 근본적인 상태이기도 한 인간의 본질)는 두꺼운 진흙이 묻어 있어도 그 순수함이 변함없는 금괴와 같습니다.

불교는 원죄보다 성선설의 관점에 더 가깝습니다. 이것은 증오와 강박이 '타고난' 것이 아니라거나, 인간 정신의 레퍼토리에 속하지 않는다는 뜻이 아닙니다. 그보다는 금이 불순물에 가려진 것처럼, 정신의 근본적 특성인 순수한 의식에 대해 우리의 이해를 가로막는 정신적 구조의 산물이 증오와 강박이라는 뜻입니다.

우리는 정신의 근본적 특성과 고통으로 이어지는 다양한 갈등상태를 구별하는 기준을 세워야 합니다. 세상에 그 누구도 근본적으로 나쁜 사람은 없지만, 정신적 독소에 어느 정도 중독되어 있습니다. 근본적으로 그의 질병을 가지고 그 사람을 정의할 수는 없죠.

**볼프** 하지만 어떤 사람이 범죄적 성격을 갖고 있다고 한다면, 스님의 논거는 더 이상 성립되지 않습니다.

**마티유** 왜죠?

**볼프** '그 성격이 그 사람'이기 때문입니다. 사회적 판단의 대상이 되는 우리의 성격, 우리의 기질, 우리의 모든 성격적 특성들은 뇌에 의해 결정됩니다. 이것이 바로 신체기관의 문제와 정신적 문제를 구분하는 기준이 모호한 이유입니다. 간에 있는 종양은 전체적인 성격을 해치지 않는 신체적 질병입니다. 반대로, 뇌의 기능장애는 성격을 혼란스럽게 하죠. 2가지 경우 모두 그 사람은 환자입니다. 이원론적 관점을 택하지 않는 한, 사람들은 얼룩 하나 없는 순결한 정신(스님께서 말씀하신 금괴)과 오염되어 불순하고 불완전한 신경 메커니즘 사이에 기준을 세울 수 없습니다.

**마티유** 아뇨, 그렇지 않습니다. 암에 대해 유전적 소인이 있는 사람에 대해, 비록 그 질병이 다양한 원인과 조건에 의해 촉발되는 병리학적 상태를 갖고 있다 해도, 어쨌든 당신은 그의 건강한 상태를 정상적이라고 말할 것입니다.

뇌의 상태와 정신의 본질도 마찬가지입니다. 정신의 개념적 산물인 정신적 독소에 물들 수 있다는 사실이, 늘 그래왔고 다른 식으로는 존재할 수 없다는 것을 뜻하지는 않습니다. 만일 물병에 청산가리를 붓는다면, 그 혼합물은 치명적인 독성물질이지만 $H_2O$ 그 자체는 근본적으로 변질되지 않고 독성을 갖지도 않습니다. 당신은 물을 깨끗하게 할 수 있고, 정제하거나 청산가리를 중화할 수 있습니다. $H_2O$의 기본 구성은 변하지 않죠.

마찬가지로 고통스러운 정신적 상태는 정신의 근본상태를 흐려놓을 수 있습니다. 하지만 사람들은 허황된 생각들의 장막 뒤로, 항상 깨어 있는 순수한 의식을 인지할 수 있습니다. 불교에서는 어떤 사람이 증오의 노예가 되었더라도, 본질적으로 그 사람을 증오와 동일시할 수 없다고 주장합니다.

**볼프**  그런데 한 사람을 정의내리는 행동 전체를 만들어내는 것이 뇌가 아니라면, 증오와 분노를 일으키는 것은 무엇입니까?

**마티유**  증오는 정신적 구조와 계속되는 부정적 사고의 반응, 무지에 의해 생겨납니다. 겉보기에는 해롭지 않은 분노나 회한 어린 생각이 아주 작은 불씨처럼 정신에 일어납니다. 이것은 두 번째 그리고 세 번째로 생각이 이어지게 만듭니다. 이런 식으로 정신이 곧 분노의 불길에 휩싸이게 되죠.

**볼프**  순수한 상태의 사람과 그 사람을 분노에 사로잡히게 한 감정 사이에 골이 있다는 뜻 아닙니까? 그런데 분노는 어디에서 오는 것이죠? 만일 분노가 그 사람의 뇌에서 만들어졌다면, 그 분노는 그 사람을 이루는 특성 아닙니까?

**마티유**  감기에 걸리는 것은 우리의 삶과 생리의 일부입니다. 이 현상은 우리 몸에서 일어나고 강한 영향을 미치죠. 하지만 그것이 본질적으로 우리의 일부분을 이루는 것은 아닙니다. 감기는 일시적 상태인 것이죠. 만일 사물을 진화론적 관점에서 본다면, 개인과 종들은 생존에 유리한 특정 속성에 따라 선택되었습니다. 여러 가지 이유로 우리를 역기능적으로 행동하게 만드는 유전적 결함과 뇌 구성과 같은 모든 질병은 우리의 생존 가능성을 낮추는 비정상적 상태입니다. 모든 사람에게 좋은 건강이 최적의 상태라 할 수 있습니다.

마찬가지로 정신의 속성은 순수한 의식 혹은 완전히 깨어 있는 의식입니다. 그것이 정신에 있어서 최적의 상태인 것이죠. 하지만 정신은 비영속적이고 일시적인 수많은 다양한 내용으로 채워질 수 있습니다. 예를 들면 증오처럼, 일부 상태는 매우 해로울 수 있습니다.

**볼프** 만일 어떤 사람이 화를 잘 내는데 치료를 받아서 결국 분노가 사라지게 된다면, 그 사람의 성격이 바뀌었다고 하시겠습니까?

**마티유** 그 사람의 성격적 특성이 변한 것은 사실입니다. 하지만 그의 기본적인 의식의 본질이 변한 것은 아닙니다. 따라서 모든 것은 성격이 의미하는 바에 달려 있습니다. 정신이나 뇌의 일시적인 상태를 같은 차원에서 다루어서는 안 됩니다. 때때로 이런 상태들은 그 사람의 전체적인 정신의 흐름과 함께, 통제할 수 없는 분노를 일으키기도 합니다. 다시 말해, 누구도 본질적으로 나쁜 사람은 없다는 것입니다. 정신적 작업이 비영속적이기 때문입니다.

사람들은 강을 더럽힐 수 있지만, 그것을 깨끗하게 정화할 수도 있습니다. 정신적 흐름의 내용을 바꾸는 것은 분명 시간이 걸리는 과정입니다. 하지만 변화의 가능성은 여전히 존재합니다. 그저 손가락을 튕기며 이렇게 얘기해서는 안 됩니다. "만일 이 물이 즉시 깨끗해지지 않는다면, 나는 그 물을 버릴 거야."

마찬가지로 누군가에게 형벌을 내리는 것은, 그에게 변화할 기회를 주지 않고 그의 인생이라는 물을 내다버리는 것과 같습니다. 만일 이 사람이 지금 여기에 있는 것 말고 다른 선택의 여지가 없다면, 오히려 그는 변화의 과정을 시작할 책임이 있습니다. 하지만 기억할 것은, 중증 정신장애로 고통을 겪는 어떤 사람에게는 이러한 과정에 참여하는 것이 불가능하진 않더라도 상당히 어려울 것이라는 점입니다.

볼프  그렇다면 당신은 어떤 사람이 일정한 방식으로 한 것인, 그 사람의 뇌가 특정 순간에 다른 식으로는 행동하지 못하게 했기 때문이라는 견해에 동의하시는 거군요.

마티유  정신수양을 경험하지 않은 사람은 분노가 일어날 때 그것을 제어할 수 없습니다. 이렇게 화를 내는 자신의 기질을 인식한다면, 자신과 타인을 위해 할 수 있는 최선은 정신수양을 하는 것입니다.

볼프  하지만 어떤 사람이 비정상적 상태를 이해하는 데 필요한 인지능력이 없거나, 그러한 변화를 이끌어낼 힘이 없다면 어떻게 되나요?

마티유  변화는 단번에 쉽게 이루어지지 않습니다. 이런 변화가 일어나려면, 그 사람은 어느 정도까지는 열심을 내야 합니다. 그 사람이 '근본적으로 나쁜' 사람이 아니라 정신과 태도 속에 부정적인 요소가 있다는 것을 이해하고, 변화의 과정을 시작하는 것을 받아들인다면 훨씬 기분이 좋아질 것이라는 것을 이해하도록 돕는 것이 중요하죠.

# 진정한 재활

_____ 볼프 따라서 형벌은 변화를 위한 독려이자 교육의 수단이 되어야 하고, 절대 복수심을 충족시키는 수단이 되어선 안 되겠죠?

마티유 그렇습니다. 복수는 근본적으로 잘못된 것입니다. 복수는 반감 혹은 극단적인 경우 증오에서 비롯됩니다. 복수는 우리가 환자라고 규정한 사람들과 똑같은 병을 자신에게 주사하여 스스로 감염되는 꼴입니다. 범죄가 잘못이라는 것을 보여주기 위해 사람을 죽일 수는 없을 것입니다. 만일 증오가 증오를 낳는다면, 절대 끝나지 않습니다.

볼프 형벌은 정의를 바로잡고 균형을 되찾으며 미래의 범죄를 예방하기 위한 노력인가요?

마티유 자식을 대하는 부모의 태도처럼, 형벌이 온정과 교육의 목적으로 시행되기만 한다면, 사람을 벌한다는 것이 복수하는 것과 같진 않을 것입니다.

볼프 그것은 스스로를 지키는 길인가요?

마티유 그것은 이 문제의 또 다른 측면입니다. 범죄자들을 모두 재교육함으로써 그들의 범행으로부터 사회를 보호함과 동시에, 그들도 그들의 병으로부터 보호해주어야 합니다. 감옥은 반드시 재활과 변화를 촉진하는 센터의 역할을 해야 합니다. 하지만 아쉽게도, 대개의 경우 감옥은 폭력과 반사회적 행동의 온상으로, 학대문화를 조장해 수감자들의 폭력성을 강화시키죠. 기껏해야 위험한 인물들을 격리시키는 수단이자, 복수와 징벌을 위한 해결책이 되었습니다. 변화의 가능성을 실현하는 데는 완전히 실패한 것입니다.

어떤 개인이 치료될 수 없다면, 그가 해를 끼치지 못하도록 막는 것이 옳은 일이지만 그 방식은 증오나 복수심이 없이 시행되어야 합니다. 범죄자들의 재활을 우선으로 삼는 스칸디나비아의 감옥을 예로 들면, 중벌을 내리는 문화가 지배적인 나라들에서보다 그들이 사회로 돌아갔을 때 재범률이 현저히 낮음을 확인할 수 있습니다.

BBC에서 방영된 보도프로그램을 본 적이 있는데, 국제법과는 전혀 다르게 최근까지 미국의 많은 주에서 성인으로 인정된 청소년들에 관한 내용이었습니다. 콜로라도주 덴버시에, 상당수 젊은이들이 이 같은 상황에 놓여 있습니다. 친구의 살인을 은폐하는 일을 도왔던 어느 16세 소년이 성인 공범으로 간주되어, 종신형에 처해졌습니다. 대법원이 법을 바꾸었지만, 소급적용 되지는 않았습니다. 그래서 이 청소년은 다른 사람의 범죄은닉을 도와준 죄로 감옥에서 평생을 보내게 되었습니다.

미국에서는 유권자의 안전에 대한 강박 때문에, 관할 검사가 청소년을 배심원 앞에 서보지도 못하고 바로 성인으로 판결내리는 것과 같습니다. 이런 식으로, 그 16세 젊은이는 몇 분 사이에 무기징역형을 선고받았습니다. 그 소년은 인터뷰에서 이렇게 말했습니다. "모든 게 순식간에 일어났어요. 제가 거기 있었는데, 그 애는 제 친구였어요. 어떻게 해야 할지 몰랐어요. 둘 다 패닉상태였죠. 제가 친구를 도와서 그것을 숨기고 도망쳤어요."

**볼프** 뇌는 20세까지, 어쩌면 25세까지도, 계속 발달한다는 사실이 잘 알려져 있고, 청소년들은 특히 감정적 충동에 약하다는 것이 널리 알려져 있음에도, 판사들이 그런 일을 했다니요.

**마티유** 이런 식의 형벌은 정의라는 이름의 비극적 패러디이자, 한 사람의 변화 가능성을 인정하는 데 완전히 실패한 것을 보여줍니다. 특히 아직 그 성격과 감정 통제력이 완전히 발달되지 않은 청소년의 변화 가능성을 인정하지 않은 처사죠. 또 이러한 형벌은 사회에서 조화를 이루도록 하는 방법 중 하나인 교정, 즉 범죄자가 자신이 저지른 비행을 고치려는 시도를 하지 못하게 막는 것입니다.

대중을 의식한 관할 검사의 이러한 대응은 일종의 복수입니다. 희생자의 비극적 운명과 그 가족의 고통을 무시하라는 것이 아니라, 판사의 결정은 뇌과학이 증명하고 불교에서 옹호하는 인간의 변화 잠재력에 대해 알려진 것들을 전혀 고려하지 않았다는 점이 문제입니다.

만일 더 자비로운 사회를 건설하고자 한다면, 우리는 모두(범죄자, 희생자, 판사)에게 다른 사람을 대하는 방식을 바꿀 수 있는 가능성을 열어주어야 합니다. 이것이 우리의 앞날을 안전하게 만드는 최선의 방법일 것입니다! 16세의 어린 청소년을 평생 감옥에 넣는 것은 해결책이 아닙니다. 재범자들로부터 국민을 보호해야 한다는 것을 부정하는 것이 아니라, 강한 압박감에 그렇게 행동했고, 자신의 행동을 깊이 뉘우치는 사람들도 있음을 인정해야 한다는 것입니다.

**볼프** 그런 사람들은 더 이상 같은 범죄를 저지르지 않을 것입니다. 이들의 뇌가 규범에서 아주 멀어져 있는 것이 아니기 때문에, 재활 조치를 분명 잘 받아들일 것입니다.

**마티유** 우리는 벌금형이 효과적인 억제수단이 아니라는 것을 압니다. 유럽에서 이를 폐지하고도 범죄율이 증가하지 않았고 미국의 일부 주에서 재도입되었으나 범죄율 하락으로 이어지지도 않았습니다. 여전히 사형제도를 시행중인 미국에서의 살인율과 형벌이 훨씬 약한 유럽에서의 살인율을 비교해보면 알 수 있습니다. 정도에서 벗어난 자유로운 무기판매를 금지하는 편이 더 타당할 것입니다.

어떤 살인범이 또 다른 살인을 저지르는 것을 막는 데는 구금형으로 충분하므로, 사형은 합법적인 복수에 지나지 않습니다. 자비는 바른 태도에 대한 보상이 목적이 아니며, 그렇다고 무자비가 일탈행위를 제재하는 데 도움이 되는 것도 아닙니다. 자비의 궁극적인 목적은 그것이 무엇이든, 모든 형태의 고통을 없애는 데 있습니다. 사람들은 도덕적 판단을 할 수는 있지만, 자비심은 전혀 다른 영역에 속합니다.

희생자를 위해서는 그들에게 도움이 되는 모든 수단들을 강구하는 것입니다. 범죄자에게는 다른 사람을 해하려 했던 증오심이나 다른 정신적 기능장애를 없애는 데 도움을 주고자 하는 것이죠. 분명한 것은 범죄행위의 고통스러운 영향력을 최소화하는 데 있는 것이 아니라, 변화의 가능성과 갱생, 그리고 용서의 가능성을 확인하는 것입니다.

**볼프** 그것이 바로 자유의지에 대한 세미나에서 제가 내렸던 결론입니다. 완전한 자유의지라는 잘못된 신념을 버릴 때, 이러한 결론에 도달하게 되죠. 그리고 저는 그것이 인간적이라고 생각합니다. 만일 어떤 일탈행위가 신경학적 이유로 설명되고, 그 일탈의 원인이 유전적 혹은 후성적이라고 생각하게 되면, 우리는 모든 형태의 복수, 보복 혹은 보상을 법적 시행에서 제외해야 한다는 것을 인정하게 됩니다.

**마티유** 하지만 일탈행위가 신경학적 원인에서 일어난다는 설명만으로, 진정한 자비심이 길러질 수 있을지는 의문입니다. 사람들은 다만 복수심이 없는 것으로 보이는 무심하고 '객관적' 태도를 취하는 정도에 그칠 수 있으나, 그렇다고 친절과 온정을 베풀지는 않는 것이죠.

**볼프** 저는 동의할 수 없습니다! 사람들이 범죄자들을 환자로, 유전적 혹은 후성적 장애나 다른 질병의 희생자로 간주하게 되면, 이들을 더 친절하고 온정적으로 대하기가 쉬워집니다.

**마티유** 만일 사람들이 이런 방식으로 문제에 접근한다면 완벽할 것입니다. 이러한 관점에서는 공격적인 사람들의 행동을 대할 때, 우리가 본능적인 반응을 넘어설 수 있게 해주기 때문입니다. 이로써 우리는 복수자가 아니라 의사로서 행동할 수 있습니다. 만일 정신병으로 고통받는 환자가 자신을 검진하는 의사를 때린다면, 의사는 반격을 하지 않을 것입니다. 그는 환자의 병을 고치기 위해 제일 좋은 치료법을 찾고자 노력할 것입니다.

# 살인범은 근본적으로 나쁜 사람인가?

_____ 볼프 도덕적 판단을 포함한 모든 행동들이 신경적 기반을 갖고 있다는 것을 인정하는 것은, 다행히 안정적 태도를 갖고 있고 일탈행위를 할 위험이 거의 없는 건강한 사람들에게 겸허하고 감사하는 마음이 키워질 수 있음을 뜻합니다. 하지만 겉보기에 건강하게 보이는 뇌도 완전히 재편성될 수 있다는 것을 잊어서는 안 됩니다.

온화한 사람들이었던 독일의 수많은 가장들이 나치 부대에서 냉담한 감시자이자 무자비한 살인자가 되었던 것을 떠올려보세요. 이러한 변화에 필요했던 것은 단지 몇 년의 이념적, 선동적 군사작전과 세뇌과정으로 충분했습니다. 이 사례는 인간 뇌의 가소성이 지닌 위험을 보여줍니다. 상상을 뛰어넘는 이러한 극악무도한 범죄는 가장 무거운 형벌이 마땅합니다. 그리고 일부는 그럴 수도 있지만, 이러한 사람들의 전부가 비정상적 뇌를 가진 환자로 간주하기는 어렵다는 것을 인정할 수밖에 없습니다.


마티유 선생께서는 폭력과 불의에 대해 분노와 자비심을 느끼는 착한 사람입니다. 선생은 행동과 인간관계에 대해 엄격한 신경생물학적 설명에 그치는 것이 모든 것을 설명하기에 충분하지 않다는 사실을 이해하는군요. 이 나치당원들은 정상적인 뇌를 가진 정상적인 사람들이었습니다. 하지만 이들은 이념적으로 깊은 증오심에 휩싸여, 객관적이고 냉정하며 그 어떤 동정심도 없이 일하고 아리아 인종에 대한 지배력을 넓히도록 조종되었습니다. 이들의 정신은 '생물학적 우생학'의 이념에 바탕을 둔 선동으로 가득 차서, 희생자들을 죽이고도 양심에 거리끼지 않을 수 있었습니다. 이들에게 부족했던 것은 생물학적인 지식이 아니라 자비심이었죠!

그렇다고 이들이 거꾸로 증오를 받아야 마땅한 것이 아니라, 필요한 것은 자비심입니다. 여기서 말하는 것은 나약하고 관용적인 감정이 아니라, 그것이 무엇이든 고통의 원인이 되는 것을 거부하는 용기 있고 단호한 접근을 뜻합니다. 심각한 잘못에 빠져 있는 것은 근본적인 무지, 현실에 대한 극단적 왜곡, 인과법칙에 대한 이해부족과 선의의 부재 등을 나타내는 표시입니다.

증오를 수용 가능한 것으로 간주하거나 미덕으로 권하기까지 하는 것은, 정신적 과오의 본보기입니다. 이것은 꼭 어떤 개인이 뇌의 이상증상으로 고통받는다는 것을 뜻하는 것이 아닙니다. 그보다 이들이 정도에서 벗어난 것을 표준으로 받아들이고 가장 끔찍한 잔혹성에 무심해지는 것을 배웠다는 것을 뜻하며, 그 가운데 일부는 매우 빠르게 이를 습득했다는 뜻입니다.

수많은 요소들이 이러한 극단으로 흐르게 할 수 있습니다. 사람들의 공포심을 조장하고 잘 조직된 선동을 통해 증오심으로 바꾸는 것입니다. 비록 그 행동이 비인간적이라 해도 사람들이 지배적 다수의 행동에 자신의 행동을 맞추려는 경향에 기초하여 결정하기도 합니다. 또한 자신의 공감력을 약화시키고, 상대를 악마로 둔갑시켜 그들의 안녕에 대한 염려나 존중심을 없애버리는 것입니다. 아니면 이들을 동물처럼 취급하여, 그들의 생명에 어떠한 가치도 연관시키지 않는 것입니다. 이는 동물들이 인격적인 가치가 없는 소비의 대상으로 취급되는 것과 유사한 방식을 따르는 것입니다. 동물은 매년 수천억 마리가 살육되죠.

**볼프**   나치당원들은 세뇌당하기 전까지 평범한 사람들이었습니다. 저는 이들이 비정상적 상태로 기울었다는 해석에 반대합니다. 왜냐하면 전에 설명한 바와 같이, 그 당시에 정상참작의 요소가 작용했기 때문입니다. 제가 다른 범죄자에 대해 갖는 것과 동일한 공감을 이 잔인한 사람들에게 결부시키지 않음으로써, 저는 스스로 모순되는 것처럼 보입니다. 왜일까요?

그것은 이데올로기나 선동처럼 분명 이들이 몰두했던 잔인한 행위를 저지르는 데 필요한 정당성과 동기를 제공하기 전까지는 매우 정상적으로 보이는 사람들이었기 때문입니다. 이러한 이데올로기가 주입되기 전에는, 이들이 올바르고 책임감 있는 생활을 영위할 수 있었다는 것을 보여주었기 때문입니다. 그렇지 않다면, 이들이 항상 비정상이었고, 외부적 조건이 이들로 하여금 그런 행동을 하도록 만들기까지, 그들의 진정한 성품을 숨기는 데 성공했던 것일까요? 혹은 우리가 정상이라는 것이 우리 안에 숨은 잠재적인 악과 우리에게 강요된 도덕적 명령의 억제력 사이에 간신히 유지되는 균형으로 간주될 수 있을까요? 만일 우리의 '디폴트'(디폴트 모드의 두뇌 네트워크라고도 불리는 디폴트 네트워크는 우리가 변화를 위해 특별히 개입하지 않고 특정 활동에 관여하지 않을 때, 우리의 자연스럽고 일상적인 방식을 가리킨다. - 역주) 존재방식은 즉 인간의 일반적인 존재방식이 악과 함께 선의 가능성을 숨긴다면, 악을 보상하고 선을 평가절하 하는 사회적 분위기가 형성되면, 그 악이 다시 나타날 가능성이 있지 않습니까?

우리의 최근 역사에서 이러한 인류의 재앙에 맞서고자 노력은 형벌의 근거가 되는 동기를 다르게 이해시켜 주었습니다. 직접 혹은 간접적으로 이러한 잔혹행위에 가담한 나치당원의 대부분은 도망쳐서 정상적인 생활을 살아가는 데 성공했습니다.

만일 이들이 법의학적 평가를 받았다면, 이들은 분명 더 이상 다른 사람을 해칠 가능성이 없는 사람들로 분류되었을 것입니다. 이들은 분명 재활 프로그램을 거치지 않았지만, 자신이 저질렀던 행동으로 인해 추격을 당하거나 벌을 받지 않으리라는 것은 상상할 수 없습니다. 여기서 복수는 부적절한 용어로, 왜냐하면 예상할 수 있는 모든 형태의 형벌은 이들 범죄의 잔혹성에 의해 곧 가려지게 될 것이기 때문입니다. 사람들은 뉘우침과 후회만을 요구할 수 있습니다. 저는 범죄행위로 이어지는 과정에 대한 이해가 그것을 용인해줄 충분한 이유는 아니라는 말로 결론짓고 싶습니다.

마티유  정확합니다. 이것은 더 이상 객관적인 설명을 제공하는 것이 아니라, 인간의 삶에 뛰어드는 것입니다. 우리는 또한 인간의 기본적 존재방식이 선善이라고 생각하더라도, 사람들은 쉽게 악惡으로 우회할 수 있으며 빠르게 악화될 위험도 있음을 이해해야 합니다. 이것은 산의 오솔길을 걷는 것과 비슷합니다. 조심스럽게 걸어가면 아무 문제가 없습니다. 하지만 걸음을 잘못 내딛어 길의 가장자리 쪽으로 비틀거린다면, 무슨 일이 일어나는지 채 깨닫기도 전에 비탈로 굴러떨어질 위험이 있는 것이죠.

우리는 어떤 범죄에 대해 호의를 보여야 하는 것은 아니지만, 살인범이 근본적으로 나쁜 사람이고 앞으로도 계속 그럴 것이라고 확정해서도 안 될 것입니다. 한 사람의 행동은 상호의존적이고 복합적인 수많은 원인과 조건의 결과라는 것을 생각해야 합니다.

**볼프** 그렇게 신중한 관점은 범죄자를 상호의존적 조건의 희생자로 소개할 위험을 초래하는 것 아닌가요? 스님께서는 우리가 그를 용서해야 한다고 말씀하고 있는 것입니까?

## 증오의 고리를 끊는 법

**마티유** 용서하는 것이, 나쁜 행위가 나쁘지 않게 되거나 그 사람이 행동에 대한 결과를 책임지지 않아도 된다는 뜻은 아닙니다. 용서는 사면이 아닙니다. 용서한다는 것은 증오의 고리를 끊는 것입니다. 벌을 주려는 마음이 똑같은 증오심에 사로잡히도록 두는 것은 의미가 없습니다. 불교에 따르면, 자신의 행동의 결과에서 벗어나는 것은 불가능합니다.

카르마karma, 즉 업보에 대한 개념은 우리 각자가 행한 행동과 동기에 대해 전체적인 인과법칙을 적용한 것입니다. 모든 행동에는 단기적 혹은 장기적 결과가 뒤따릅니다. 누군가를 용서하는 것과 복수를 포기하는 것이 그 범인으로 하여금 자신의 행동의 결과에 직면하게 하는 것을 막지는 않습니다.

**볼프** 그런데 사람들은 유전적으로 물려받은 감정적 반응으로부터 어떻게 자신을 보호할 수 있습니까? 보복과 복수심은 깊이 뿌리박힌 인간의 감정이자, 전통적인 사회에서 집단 구성원들 사이에 연대감을 견고히 하는 데 중요한 역할을 했습니다.

만일 누군가가 제 딸을 범하고 죽였다면, 저는 감정적 폭발과 함께 그에게 복수하고 벌을 주고 싶은 욕구를 제어하기가 매우 어려울 것입니다. 이러한 감정은 증오심과 복수하고 싶은 욕망을 낳고, 이러한 감정이 우리 안에 매우 깊이 뿌리내린 것이라는 점을 고려한다면, 인지적 제어와 교육으로 이 감정을 억제하기란 매우 어려운 일입니다.

여기서 중요한 문제는 정신수양의 실천이 이러한 깊은 차원에 도달하여 복수하고 싶은 욕망이 더 이상 분출되지 않도록 하는 방식으로, 우리의 감정적 성향들을 바꿀 수 있는지 아는 것입니다. 만일 그렇다면, 정신수양은 기존의 교육방식보다 훨씬 더 효과적인 것으로 인정될 것입니다. 실제로 이러한 교육방식은 감정적 기반의 심오한 변화보다는, 행동규칙의 각인과 감정적 반응의 억제를 요하는 인지적 제어 메커니즘 강화에 달려 있는 것 같습니다.


**마티유** 1995년 수백 명의 목숨을 앗아간 오클라호마시티의 폭탄 테러 이후, 그 사건으로 살해된 세 살배기 딸의 아버지에게 범인 티모시 멕베이Timothy McVeigh가 사형에 처해지기를 바라는지 물었습니다. 그는 그저 이렇게 대답했습니다. "또 다른 죽음이 제 고통을 덜어줄 수는 없습니다." 이러한 태도는 나약함이나 비굴함, 그 어떤 타협과도 상관이 없습니다. 용납할 수 없는 상황과 증오심에 사로잡히지 않고 치유의 필요성에 민감해지는 것이죠. 위험한 범죄자를 무력화시키기 위해 모든 수단을 동원해야 하며, 그가 자기충동의 희생자라는 사실을 염두에 두어야 합니다.

하지만 VOA 라디오 뉴스 채널에서 테러범 티모시 멕베이의 사형이 확정되기 몇 분 전 보여준 대중의 반응은 소녀의 아버지가 보인 태도와는 달랐습니다. 사람들은 건물 밖에서 조용히 손을 모으고 기다리고 있었습니다. 판결이 내려지자, 사람들은 박수를 치며 기쁨의 탄성을 지르기 시작했어요. 그들 중 1명은 이렇게 소리쳤죠. "1년 내내 이 순간을 기다려왔습니다."

　미국에서는, 희생자의 가족일 경우 범인의 사형집행을 참관할 수 있는 권리가 있습니다. 범인이 죽는 것을 보는 것이 그들에게 위안이 된다고 흔히들 생각합니다. 일부는 사형수의 죽음으로 충분하지 않고, 희생자를 고통스럽게 한 만큼 그도 고통받는 것을 보고 싶다고 말하는 사람도 있습니다. 유사한 사건들을 대상으로 용서와 관련해 실시된 연구에 따르면 희생자들과 측근들이 살인자에게 계속 원한을 품거나, 용서하지 못하고 복수하고자 한다면, 결코 마음의 평화를 찾을 수 없다는 사실을 알 수 있습니다. 희생자의 고통은 살인범의 고통으로 대신할 수 없습니다. 반대로 범인에 대한 증오를 키우는 것을 포기하는 방식의 용서는 어느 정도 내면의 평화[69]를 찾는 데 기여하는 매우 강력한 속죄의 효과를 갖고 있다는 것도 연구에서 드러났습니다.

　2차 세계대전 도중, 영국의 육군 장교였던 에릭 로맥스Eric Lomax는 싱가포르 점령 시점에 일본군에 의해서 나포되었습니다. 3년 동안 그는 전쟁포로로서 태국의 콰이강에 철교를 건설하는 데 참여했습니다.[70] 그를 지키던 간수들은 로맥스가 포로들에게 건설하도록 했던 철로망을 상세하게 담은 지도를 그리고 있는 것을 발견하자, 그에게 강도 높은 심문과 모의 수장형과 같은 온갖 고문을 자행했습니다. 그가 풀려난 뒤, 로맥스의 고통과 일본인에 대한 증오, 복수를 하고 싶은 욕구는 거의 50년 동안이나 그대로 남아 있었습니다.

　고문 피해자들을 치료하는 한 센터에서 심리치료를 받은 뒤, 그는 자신의 고문관에 대한 연구를 실행했습니다. 그는 특히 자신이 증오했던 인물로, 심문에 가담했던 통역관 나가세 다카시Nagase Takashi가 군국주의를 규탄하고 인도주의적인 활동에 참여함으로써, 전쟁 중에 저질렀던 행동을 사죄하기 위해 일생을 바쳐왔다는 것을 알게 되었습니다.

처음에는 로맥스가 회의적이었으나 또 다른 기사와 소책자를 접하게 되었습니다. 그 책에는 다카시가 자신이 전쟁포로에게 저지른 잘못을 사죄하는 데 남은 인생의 대부분을 바쳤다는 이야기가 나와 있었습니다. 책에서는 그가 로맥스에게 했던 끔찍한 고문장면과 함께, 이 일에 가담했던 자신의 자괴감 등이 기술되어 있었습니다. 그는 끔찍한 악몽과 고통스러운 트라우마에 시달렸다고 고백했습니다. 로맥스가 수십 년 동안 시달린 것과 다르지 않았습니다.

로맥스의 아내는 다카시에게 편지를 써, 그들의 상처를 아물게 할 수 있도록 두 사람이 만나기를 바란다고 전했습니다. 다카시는 곧 답장을 써 하루 빨리 만나고 싶다고 밝혔습니다. 1년 뒤 로맥스와 아내는 다카시와 그의 아내를 만나기 위해 태국으로 날아갔습니다. 이들이 만나자마자 다카시는 눈물로 얼룩진 얼굴로 이 말을 멈추지 않고 했습니다. "저는 정말 그 일을 후회합니다!" 그러자 갑자기, 뜻밖에도 로맥스는 자신보다 더욱 힘들어 보이는 자신의 옛 고문관을 위로하기 시작했습니다. 두 사람은 결국 웃음을 지었습니다. 이들은 공동의 기억을 회상했고, 함께 지내는 며칠 동안 로맥스는 그 어떤 순간에도, 그동안 다카시에 대해 그토록 오랫동안 키워왔던 분노가 폭발하지 않았습니다.

1년 뒤 다키시의 초대로 로맥스와 아내는 일본을 방문했습니다. 그는 다카시에게 단둘이 볼 것을 요청했고, 그의 완전한 용서를 확인해주었습니다. 로맥스는 이렇게 적었습니다. "저는 제가 해내리라고 꿈

꾼 적이 없는 일, 그 이상을 해낸 것 같은 느낌이 들었습니다." 로맥스에게 있어서 다카시와의 만남은, 우정을 상상조차 할 수 없었던, 증오의 대상이자 원수를, 피를 나눈 형제[71]로 바꿀 수 있게 해주었습니다.

이처럼 극적인 상황을 보면, 정신수양 역시 세상에 대한 우리의 이해와 개인적인 반응을 바꾸어놓을 수 있을 것 같습니다. 유일한 적敵은 증오 그 자체이지 그것에 굴복한 인간이 아닙니다.

## 깨어 있는 순수한 실존 연습하기

_____ 볼프 스님께서는 순수한 자아가 있어서, 해야 할 일을 알고, 정당한 목적을 갖고, 문화적 흔적과 생물학적 진화에서 물려받은 감정적 성향과 충동에 영향을 받지 않는 자아가 있다고 전제했습니다. 만일 사람들이 자아가 스스로 행동하도록 둔다면, 그 자아는 선으로만 향하게 될 것이라는 뜻입니다. 하지만 불행하게도, 자아는 원하는 대로 할 수 없습니다. 왜냐하면 자아는 갈등을 일으키는 감정들의 부정적 영향력에 구속을 받기 때문입니다.

이러한 입장을 지지하시는 스님께서는 그 사람의 전체에서 자아를 분리시킵니다. 저는 이 점이 문제라고 생각합니다. 왜냐하면 의식적인 자아와 행동성향은 둘 다 같은 뇌에서 나타나기 때문입니다. 예를 들어 한 가족의 명예와 긍지를 피로 갚는 보복을 한다고 생각해보십시오. 이러한 복수의 실천은 유전적으로 획득한 특징이라기보다 문화적 규범에 속하는 것입니다.

**마티유**  아시는 바와 같이, 불교에서 자아는 하나의 정신적 구조에 지나지 않습니다. 별도의 독립적이고 단독적인 개체이면서, 우리가 공식적으로 '자아'라고 지칭할 수 있는 것은 아무것도 없습니다. 따라서 순결한 자아가 아닙니다. 그 내용물에 의해서 변화되지 않는 것은 우리 의식의 근본적인 속성, 즉 우리의 원초적 인식능력입니다. 만일 우리가 이 순수하고 벌거벗은 주의력에 자신을 연관 지을 줄 안다면, 우리는 우리의 고통스러운 감정을 다스릴 수 있는 방법을 가진 것입니다.

**볼프**  이 깨어 있는 순수한 실존을 연습하는 것은 스님께서 불완전성과 연결시킨, 우리 속에 깊이 뿌리내린 모든 성격적 특성들을 없애기에 정말 충분합니까?

**마티유**  사람들은 점점 더 정신의 내용들을 의식할 수 있도록 연습합니다. 이렇게 해서 사람들은 깨어 있는 실존을 유지하게 됩니다. 정신적 구조와 감정들에 사로잡히지 않고, 또 그것을 어떻게든 억누르려고 하지 않고도 말입니다.

**볼프**  저는 그것이 바로 독립적인 자아의 개념에 대한 불일치를 해결하는 매우 중요한 점이라고 생각합니다.

**마티유**  우리는 이러한 순수한 의식상태를 경험하고 사고의 장막 뒤에 항상 존재하는 상태로서, 깨어 있는 실존을 지각해야 합니다. 우리는 끊임없이 이어지는 정신의 수다가 그칠 때, 평화로운 순간을 경험합니다. 예를 들면 우리가 조용히 산허리에 앉아 있거나 고된 육체적 노력을 한 뒤 녹초가 되었을 때처럼 말입니다. 이때가 바로 우리가 개념과 내면의 갈등이 거의 일어나지 않는 정신의 고요한 상태를 경험하는 순간입니다. 이 상태는 우리에게 깨어 있는 명료한 의식이라고 할 수 있는 것을 포착할 수 있게 해줍니다. 그 근본적인 요소를 알아보는 것은 우리로 하여금 진정한 변화가 일어날 수 있음을 믿게 합니다.

**볼프** 어떤 사람의 성격적 특징에 대한 의식의 순수성 개념이 티베트·부탄·미얀마 등과 같이 불교국가의 사법제도에 영향력을 가집니까?

**마티유** 저는 부탄의 대법원장이 새 헌법에 개인의 의무와 책임이 권리와 균형을 이루도록, 불교에 관련된 몇 가지 주요 도덕원칙들을 세속적인 방식으로 도입하고자 노력했다는 말을 듣고 매우 기뻤습니다.

미얀마는 수십 년 동안 군사 독재정권의 지배를 받았습니다. 중국과 마찬가지로, 불교 고위 성직자는 승려나 신자들이 아닌 정부가 지명했습니다. 따라서 불교 당국의 태도를 경계해야 하는 것은 놀라운 일이 아닙니다.

최근 아신 위라투Ashin Wirathu가 주도하는 불교 승려들의 운동은, 미얀마 시골주민들로 하여금 소수의 이슬람교도들에 대한 끔찍한 학살을 저지르도록 부추겼습니다. 사실상 사람들은 더 이상 승려를 대화주제로 삼을 수 없게 되었습니다. 왜냐하면 불교에서 누군가를 죽이는 것, 살인을 교사하는 것, 타인의 죽음을 기뻐하는 것 등은 곧 수도자의 서약을 깨뜨리는 것이기 때문입니다.

'샤프란 혁명'이라는 평화주의 진영의 유명한 승려, 아신 이사리야

Ashin Issariya는 불교의 비폭력 원칙에 따라 증오를 불러일으키는 위라투의 연설에 반대하며, 그와 같은 민족주의적 선동과 학살에 반감을 가진 미얀마 국민 다수를 결집시켰습니다. 2015년 11월 선거로 아웅산수치 정권이 들어서면서부터, 수많은 미얀마 승려들이 위라투의 차별적인 연설이나 폭력행위에 반대했습니다.[72]

달라이 라마는 자주 이를 주장했습니다. 추구하는 목적이 무엇이든, 불교에서는 폭력의 사용을 정당화하는 것은 아무것도 없다고 말입니다. 실제로 평상시든 전쟁 중이든 사람을 죽이는 것에 차이는 없습니다. 한 병사는 자신이 저지른 살인에 책임이 있고, 한 장군은 자신의 명령으로 이루어진 대량학살에 책임이 있습니다. 신실한 불자는 다른 모든 폭력행위와 마찬가지로 전쟁행위에 가담하는 것을 거부할 수밖에 없습니다.

달라이 라마가 자주 언급하듯, 티베트의 경우, 모든 것은 과거에 완벽함과는 거리가 멀었습니다. 일부 제도와 형벌들은 꽤 잔인했습니다. 하지만 이웃한 중국이나 몽골에서 지난 수세기 동안 일어났던 대량학살에 비하면, 이러한 것들은 매우 제한적이었습니다.

티베트에서 제가 목격했던 것 중에 오래된 관습이 하나 있습니다. 두 사람, 여러 가족, 혹은 부족 간에 싸움이 일어나서 서로 원한이 커졌을 때, 사건을 라마승의 중재에 맡기는 것입니다. 그 라마승은 해당 인물들을 불러서 격론을 벌인 뒤에, 이들에게 복수의 악순환을 중단할 것을 약속하도록 합니다.

이 맹세를 확정하기 위해, 그는 양쪽 진영의 머리 위에 금불상을 놓고 누구에게도 해를 입히지 않겠다는 서약을 하게 합니다. 저는 서로 죽이려 들던 사람들이, 잠시 후에 평온을 되찾고, 오랜 친구들처럼 차를 나눠 마시는 장면을 본 적이 있습니다. 정신에서 증오를 내쫓고, 이러한 변화를 가능하게 만든 힘에 매우 큰 인상을 받았습니다. 그런데 국가의 공식적인 법조문이 타고난 선의의 개념에 바탕을 두었는지는 모르겠습니다.

**볼프**　많은 문화권에서 이러한 명상과 화해의 전략을 도입한 것으로 보입니다만, 그렇다고 해서 명상법과 특별히 관련된 것은 아닙니다.

## 자유의지를 어떻게 증명할 수 있는가?

**마티유**　역설적 사고실험을 통해, 자유의지 문제로 돌아가 보겠습니다. 생물학적 필요가 없고, 일상적이고 정상적인 숙고를 요하지 않는, 별 의미 없는 어떤 일을 한다고 가정해봅시다. 예를 들어 어떤 사람이 자리에 앉아 있는데 목이 몹시 마르다고 상상해보세요. 그는 차를 한 잔 만들기 위해 일어나서 화장실에 갔다가 휴식을 취하고 싶은 욕구가 생깁니다.

이러한 욕구가 정신에 나타날 때, 이 욕구는 이미 일정 시점 이전부터 뇌에서 일어났습니다. 그는 속으로 이렇게 생각하지는 않을 것입니다. "자유의지가 존재한다는 것을 증명하기 위해, 나는 여기 앉아 있을 거야. 목이 몹시 마르고, 바지에 소변을 지리더라도 말이지, 기절할 지경이지만 말이야." 그의 몸의 모든 생물학적 기능들이 뇌에 소리칠 것입니다. "그만해! 일어나! 차를 마시라고! 화장실로 가! 그리고 낮잠을 자!" 자유의지의 행사와는 별개로, 뇌에서 일어나는 일종의 자동숙고 과정이 있어서, 그의 자연적 욕구와 반대되는 어떤 행동을 하게 만들 수 있을까요? 사람들은 정원에 있는 퇴비 무더기에 벌거벗고 뒹구는 것처럼, 전혀 일어날 법하지 않은 온갖 시나리오를 상상할 수 있습니다!

볼프 만일 스님께서 실제로 그런 이상한 짓을 한다면, 그것은 뇌가 스님을 자유롭게 해주는 것보다, 자유롭게 결정을 내릴 수 있다는 것을 더 증명해 보이고 싶다는 뜻입니다. 만일 거름더미 위에 눕는 것이 스님의 결정이라면, 뇌는 이러한 행동이 다른 어떤 것보다 스님께 만족감을 주는 것으로 느끼도록 프로그램화 되었을 것입니다.

마티유 뇌가 왜 그런 식으로 프로그램화되나요? 그런 모든 행동들은 저의 생존과 배치되는 것으로 보이는데요.

볼프 일종의 충동적 힘이 작용한 겁니다. 이것은 신경작용에만 관련된 것일 수 있으며, 이 힘은 뇌 자체에 의해서 생겨나는 것일 수 있습니다.

마티유 사물을 통제하는 기분은 일종의 보상처럼 느껴지기 때문이죠.

볼프 그렇습니다.

마티유 좀 지나치게 들립니다. 왜 그것이 신경적 차원의 충동적 힘에 관한 것이라고 증명하려 하십니까?

**볼프**  자신이 결정을 내리는 데 있어서 자율적이고 자유롭다는 것을 다른 사람과 자신에게 증명해 보이기 위해, 정도에서 벗어난 행동을 하고 싶어 하는 사람은 행위자로서의 자신 혹은 제도에 문제가 있을 것으로 보입니다.

**마티유**  꼭 그런 것은 아닙니다. 다른 상황에서라면, 저는 정도에서 벗어난 행동을 하고 싶어 하지 않을 것입니다. 그 시점에 저의 유일한 목표는 자유의지가 존재한다는 것을 누구에게든 설득하기 위해 담담히 결정을 내리는 것이죠. 왜냐하면 이 철학적 문제는 저에게 매우 중요하기 때문입니다.

노벨 생리학과 의학상을 수상한 배리 마샬Barry Marshal의 이야기가 생각납니다. 그는 상당수 위궤양의 원인이 지금까지 흔히 생각했던 스트레스나 자극적인 음식, 위산과다 등이 아니라 헬리코박터 파일로리 박테리아라는 사실을 밝혀냈습니다. 그는 이렇게 말했죠. "모든 사람들이 제 생각에 반기를 들었습니다. 하지만 저는 제가 옳다는 것을 알았어요." 마샬은 수년 내에 위궤양이 일어나기를 기대하며, 결국 이 박테리아 농축액을 스스로 삼켰습니다. 매우 놀랍게도, 바로 며칠 뒤에 위염 증상이 나타났습니다.

그는 미쳐서가 아니라 그 결과가 인류의 안녕에 매우 중대한 일로 보였기 때문에, 겉으로 보기에는 미친 짓 같지만 자신이 저지른 행동에 대해 완전히 자각하고 또 확신했습니다. 이처럼 자유의지를 인정하는 것이 수백만 명의 목숨을 구하는 일은 아닐지라도, 그 정당성을 증명하기 위해 비非인습적인 태도를 취하는 것은 가치가 있다고 생각합니다.

저는 여기에 앉아 있고, 비교적 명료한 상태라고 생각합니다. 만일 선생께서 그것이 자유의지에 대한 타당한 증거라고 선언하신다면, 저는 이 의자에 5시간 동안 그대로 앉아 있는 것을 중요한 일로 결정할 것입니다.

**볼프** 만일 스님께서 풀밭에서 벌거벗고 뒹굴기 위해 일어난다면, 그것은 풀어야 할 잠재적 문제가 있거나, 해결책이 필요한 내면의 요청이 있어서일 겁니다.

**마티유** 그렇지 않을 수도 있습니다. 이 미친 행동이 저에게 벌거벗고 풀밭을 뒹굴며 바보 같아 보이는 것보다 더 중요한 철학문제를 풀어준다면 말이죠. 저는 제어할 수 없는 광기로 인해 자제하지 못하고 풀밭을 뒹구는 것이 아니라, 맑고 고요한 정신을 가지고 제 기준에서 그것이 중요한 의미를 갖기 때문입니다.

**볼프** 스님이 풀밭을 뒹굴 것이라고 가정하면, 그것은 자유의지의 존재를 증명하기에 충분할까요?

**마티유** 그게 바로 제가 선생께 묻는 질문입니다.

**볼프** 이 결정의 시초에는 누가 있을까요? 이 계획이 발전해서 스님께서 결정을 내리기 전까지, 뇌에서는 어떤 일이 일어난 걸까요? 스님께서는 계획과 의사결정이 두뇌에서 일어났다는 것에는 동의하고 계십니다.

스님께서 자유의지를 갖고 있다는 것을 저에게 혹은 자신에게 증명해 보이고자 하는 욕구와 관련이 있다고 하셨죠. 그것이 뜻하는 바는 스님이 구체적인 동기를 갖고 있고, 그 동기는 우리의 대화나, 저의 말과 스님의 감정 사이의 불일치, 즉 스님께서 해결하고 싶었던 갈등에서 비롯되었다는 것입니다.

그래서 예상치 못하고 불필요해 보이는 어떤 일을 당장 결정할 수 있다는 것을 제게 증명해 보임으로써 해결하려 했던 것이죠. 하지만 자유롭다고 생각하시는 스님의 결정의 시초를 우리는 완벽하게 되짚을 수 있습니다. 자유의지의 존재에 의문을 제기했던 논쟁들이 있고, 이러한 다양한 시각은 스님의 직관과 충돌하며, 따라서 스님은 이 대립을 해결할 방법을 상상해낸 것이죠.

**마티유**  다시 말씀드리지만, 그 점에 있어서도 여전히 선생은 자연이 인과법칙에 종속된다는 것만 주장하고 있습니다. 주된 문제는 의사결정에 관련된 요소들과 관련된 것이죠. 의식에서 나오는 하향식 인과관계를 생각해볼 수 있습니까? 우리는 늘 같은 질문으로 되돌아옵니다. 우리는 의식이 뇌활동의 간접적 결과와 다른 것이라는 가설을 단호하게 배제시킬 수 없습니다.

**볼프**  이 점에 대해서는 차후에 더 자세하게 다루도록 하고, 다시 토론을 이어가봅시다. 저는 창의성과 자유의지를 구별하는 것이 중요하다고 생각합니다. 스님께서는 자유의지의 문제를 풀어줄 시나리오를 상상하면서, 창의력을 보여주었습니다. 하지만 그것을 실행에 옮기거나 그대로 앉아 있겠다는 결정을 하는 것은 그 시점의 뇌상태에서 비롯되었을 것입니다. 거기에 작용한 수많은 다양한 변수들 중 일부는 스님의 의식에 드러났을 수도 있고, 또 다른 변수들은 무의식상태에 머물렀을 수도 있습니다. 스님이 풀밭에 벌거벗고 구르겠다는 결정을 했다면, 스님의 뇌에서는 어떤 일이 일어났다고 생각하십니까?

**마티유** 타당한 이유 없이 제가 그렇게 한다면, 그것은 정말 기상천외한 일이라고 할 수밖에 없습니다. 누군가 저에게 이렇게 말한다고 가정해봅시다. "풀밭에 벌거벗고 굴러. 그러면 네 자식을 해치지 않을 테니." 선생이라면 그렇게 할 것이고, 누구도 그것을 미친 짓이라고 생각하지 않을 것입니다. 제 생각에 자유의지의 문제를 확실하게 하기 위해서라면 바보 취급을 당할 충분한 가치가 있습니다. 도를 넘는 그런 행동이 타당한 것으로 확인될 수 있다면 말이죠.

**볼프** 이 문제를 신경학적 메커니즘과 관련시켜 봅시다. 이 결정의 바탕에는 신경활동의 스키마가 분명이 있습니다. 그렇지 않다면 아무 일도 일어나지 않았을 테죠. 따라서 무언가가 이 괴상한 결정의 토대가 되는 스키마를 유도한 것입니다. 이때 스님의 정신에서는 어떤 일이 일어났을까요? 스님께서는 무엇이 사물을 움직이게 만든 촉진제이자 원인이라고 생각하십니까?

**마티유** 직관적으로 의식의 어떤 요소가 저로 하여금 이 논거를 끝까지 밀어붙이도록 합니다. 즉 이성과 지혜에 대한 존중이 저로 하여금 자유의지의 문제를 명확히 하는 것을 중요하게 여기도록 하는 것이죠.

**볼프** 그 직관은 정신의 인과성 대한 놀라운 질문의 근본입니다. 즉 의식상태로 들어온 단순한 생각이나 발상들이 그 속에서 앞으로의 신경과정에 영향을 줄 수 있는지 여부를 아는 문제 말입니다. 이 문제는 의식의 본질에 대한 이론과 밀접한 관계가 있습니다. 전체적으로 이 문제를 논의하려면 되도록 잠을 푹 잔 후에, 커피를 한잔하고 다루어야 할 만큼 그 자체가 매우 광범한 주제로, 우리가 아는 것과 상상할 수 있는 모든 것의 한계까지 접근해야 할 것입니다.


## 우리는 과거의 산물이지만
## 또한 미래의 건축가이기도 하다


**마티유** 철학과 논리학의 차원에서 자유의지의 문제는 더 넓은 결정론의 문제와 연관이 있습니다. 양자물리학의 차원에 있는 것이 아니라면, 모든 사건들은 선행하는 다양한 원인들에 따라 일어나는 것이 분명합니다. 우리가 사는 세상의 거친 차원에서, 만일 사물들이 이유 없이 생긴다면 그 무엇이라도 모든 것에서 생겨날 수 있을 것입니다. 즉 꽃들이 하늘 위에 나타나거나, 암흑이 빛 가운데서 생겨날 수 있는 것이죠.

인과성의 과정이 없는 우리의 행동은 예측 불가능하고 혼돈스러울 것입니다. 왜냐하면 우리의 의도와 행동 사이에 아무런 인과관계가 없을 것이기 때문이죠. 우리는 잘못된 행동이나 일탈 행위를 책임질 필요도 없을 것입니다. 정신수양을 하고 더 선량한 사람이 되려고 노력하는 일도 무의미하겠지요. 왜냐하면 모든 일은 우연의 산물일 뿐이니까요. 사실 이러한 상황은 완전히 터무니없는 것입니다.

역으로 절대적 결정론을 지지하는 사상가들은 만일 우리가 매 순간 모든 우주의 상태를 완전히 인식할 수 있다면, 무슨 일이 일어났는지 또 잠시 뒤에 어떤 일이 일어날지 동일한 정확성으로 예측할 수 있을 것이라고 주장합니다. 민감한 사람들은 기계처럼 작동할 것이고, 우리는 자신의 행동을 결정하지 못하게 될 것입니다. 태어나서 죽을 때까지, 우리의 인생이 완전히 우주의 상태에 따라 미리 결정될 것이기 때문입니다.

피에르 라플라스Pierre Laplace가 이렇게 말하지 않았습니까? "지혜 앞에 불확실한 것은 아무것도 없을 것입니다. 과거와 마찬가지로 미래는 눈앞에 현존할 것입니다." 만일 그렇게 절대적인 결정론이 존재한다면, 개인의 변화를 위한 모든 시도는 무의미하고 허황될 것입니다. 실제로는 아무 선택권이 없는데도, 자신이 생각하고 결정할 수 있다고 착각하는 단순한 로봇이 되고 마는 것이죠.

현대 물리학자들은 이러한 이론을 지지하지 않습니다. 제 친구인 천체물리학자, 트린 수안 투안Trinh Xuan Thuan은 저에게 이렇게 말했습니다. "불확실성의 원리란, 모든 조치에 에너지 교환이 포함되어 있어서, 그 조치에 드는 시간이 제로가 될 수 없다는 뜻입니다. 시간이 짧으면 짧을수록, 그 조치에 필요한 에너지는 증가합니다. 즉각적인 조치는 무한대의 에너지가 필요하고, 그것은 실현이 불가능합니다. 따라서 완전히 정확하게 이 모든 조건들을 인식하려는 꿈은 공상인 것입니다."[73]

게다가, 절대적인 결정론은 우주의 상태에 포함된 요소들이 유한

한 수로 존재할 때에만 가능해질 것입니다. 하지만 의식을 포함한 무한한 수의 요소들과 기타 확률에 속하는 요소들이 있다면, 그리고 모든 요소들이 개방적인 체계에서 상호작용한다면, 이러한 체계는 절대적 결정론에서 완전히 벗어난 것입니다.

불교의 중심 사상이기도 한 상호의존의 개념은 비영속적인 현상들이 역동적인 인과성의 무한한 네트워크, 즉 자의적이지 않고 혁신적일 수 있으며 우연과 결정론의 양 극단을 뛰어넘는 네트워크 내부에서 서로 조건화된 공동작업을 가리킵니다. 따라서 의식을 포함한 원인과 조건의 무제한의 네트워크 안에 자유의지가 존재할 수 있는 것 같습니다.

이것은 칼 포퍼Karl Popper의 논리적 추론을 생각나게 하죠. 그에 따르면 우리는 자신의 행동을 예측할 수 없습니다. 왜냐하면 그 예측 자체가 행동에 영향을 주는 결정적 원인 중 하나이기 때문입니다. 만일 우리가 10분 뒤에 어떤 장소에서 나무에 부딪히게 될 것을 예측한다면, 이 가능성은 우리로 하여금 충돌 지점을 피하게 만들 수 있으며, 따라서 그 예측은 거짓으로 드러날 것입니다.

**볼프**  기본적으로는 스님의 의견에 전적으로 동의합니다. 하지만 예측 불가능한 미래에 대해서는 또 다른 원인을 제시하고자 합니다. 그 이유란 결정론과 일치할 수 있으며, 비록 우리가 특정한 체계의 역학을 관리하는 법칙과 전체적인 대전제를 인식하더라도, 미래의 경로는 아무리 해도 예측할 수 없을 것이라는 견해와도 통하는 것입니다.

이러한 견해들이 처음부터 모순처럼 들리지만, 비선형의 복합적인 시스템의 경우에는 적용이 됩니다. 말할 것도 없이 뇌는 매우 비선형적인 시스템이죠. 비록 뇌의 현재 상태에 대해서는 방대한 설명이 가능하고, 현재 상태에서 다음 상태로 이르는 과정들이 인과법칙에 속하며(즉 결정론에 속하고, 우리의 관점으로는 이것이 바로 그 경우인) 그리고 외부의 어떤 사건도 개입되지 않는다고 가정하더라도, 몇 달 뒤에 뇌가 어떤 상태에 놓일지 예측하는 것은 여전히 불가능할 것입니다.

우리의 인식체계는 대체로 선형성을 전제로 하기 때문에, 이것은 직관에 반하는 것처럼 보이는 비선형의 복합적 시스템에서 확립된 특징입니다. 선형성을 가정하는 것은 매우 적절한 발견적 가설로, 우리가 살면서 마주치는 대부분의 역동적인 과정들은 선형적 모델과 유사하기 때문입니다. 이 선형적 모델들은 적절한 방식으로 우리의 반응을 조절하는 데 유용한 예측을 도출하게 해줍니다.

지구의 중력장에서 움직이는 물체의 운동학, 예를 들면 추시계에 대해서 우리가 이야기 나누었던 것을 기억해보십시오. 일단 추시계가 움직이기 시작하면, 그 궤적은 예측이 가능합니다. 창이나 공도 마찬가지죠. 그에 반해, 만일 3개의 추시계를 가지고 그것을 고무줄로 잇는다면, 그것을 움직이게 할 때 추시계들은 완전히 예측 불가능해집니다. 그것은 추시계들 사이의 상호작용이 복합적이고 고무줄의 탄성이 있기 때문입니다.

마찬가지로 우리의 금융·경제·사회 시스템은 긴밀하게 서로 연결된 관계망의 한가운데서, 요인들 간의 복잡한 상호작용으로 인해 비선형의 역학을 따릅니다. 이러한 경우, 우리의 발견적 접근법은 실패로 돌아가고, 때로는 잘못된 결정으로 이끄는 심각한 오류를 초래하기도 합니다. 여기서 주된 문제는 미래의 궤적을 예측할 수 없다는 것뿐만 아니라(그렇지 않다면 모든 사람들이 주식으로 돈을 벌겠지요), 원칙적으로 그 변수들을 변경함으로써 그 체계의 장래의 궤적을 통제할 수 없다는 데 있습니다. 최근 금융시장의 위기는 우리에게 좋은 예를 보여줍니다.

**마티유** 사람들이 내적 현상이나 정신적 사건에 이르렀을 때, 정신적 상태를 예측하는 데 필요한 모든 선행조건들을 인식하는 것이 불가능하다는 사실이 더욱 분명하게 드러납니다. 예를 들어, '현재 시점'에 대한 인식을 예로 들어봅시다. 선생께서 지금 이 순간을 의식하는 이 순간조차, 더 이상 현재가 아닙니다.

불교의 관점에 따르면, 우리의 사고와 행위는 우리가 현재 어디에 존재하는지에 대한 무지의 상태에 의해, 그리고 과거에 축적한 일상적인 경향에 의해 좌우됩니다. 하지만 지혜와 지식은 이러한 무지를 끝낼 수 있게 하는데, 그에 반해 정신수양은 유전적 성향을 서서히 잠식할 수 있습니다. 요컨대, 내면의 완전한 자유와 완전한 깨달음에 이른 한 존재만이 자유의지를 진정으로 누릴 수 있습니다.

과거의 업보가 미치는 영향에서 부처가 자유로워진 것도 이와 같습니다. 그는 이전의 부정적 행동들을 한계에 이르도록 했기 때문에, 그의 모든 행동은 내면의 지혜와 자비심의 순수한 표현이 되었습니다. 영적 지도자인 파드마삼바바 Padmasambhava(7~8세기 철학자이자 티베트에 처음으로 불교를 도입한 그는 티베트의 영적 지도자가 되었다. - 역주)의 유명한 말이 있습니다. "시선은 하늘만큼 높아질 수 있지만 인과법칙에 대한 우리의 이해는 고운 가루만큼이나 미세하다." 공허에 대한 이해가 깊으면 깊을수록, 인과법칙에 대한 이해는 더 명백해집니다.

조건화에서 자유로워지는 것이야말로 자유의지 자체의 근원이 될 수 있습니다. 깨어 있는 존재는 각각의 동기와 필요에 따라 통찰력 있게 행동하고, 과거의 성향에 더 이상 영향을 받지 않습니다. 깨달음의 궁극적인 목표에 도달하기 전에라도, 명상가가 현재 순간의 신선함에 잠시 머무를 수 있을 때, 과거의 반추와 미래의 예측이 더 이상 영향력을 갖지 않는 깨어 있는 순수한 의식의 상태는 자유의지의 표현에 유리할 것으로 보입니다.

여전히 착각에 사로잡힌 사람들은 과거의 습관적 경향의 힘에 따라 움직입니다. 불교의 견해에 따르면 타인을 죽이거나 증오하는 성향을 지닌 사람들은 현생의 어린 시절뿐만 아니라, 전생에서도 이러한 경향을 키워왔습니다. 비록 우리가 과거의 산물이라고 하더라도, 여전히 우리는 미래의 건축가이기도 합니다.

**볼프** 이러한 추론의 지점에서, 우리는 신념과 형이상학의 세계로 들어가게 됩니다. 이 차원은 과학의 영역을 넘어서기 때문에, 신경생물학은 이러한 명제의 어떤 점도 지지하거나 반박할 수 없습니다.

# 6.
# 인간 의식의
# 비밀을 풀다

─────── 의식은 기본적으로 경험적 사실이다. 하지만 의식은 어디에서 오는 걸까? 의식은 뇌의 활동에 불과한가, 아니면 다른 모든 경험과 인식보다 앞서며, 우리가 직접적인 경험을 통해서만 이해할 수 있는 '첫 번째 사실'로 생각해야 할까? 명상가들과 현상학자들의 '1인칭' 접근법은 의식이 신경의 상호작용에서 나타나는 하나의 현상이라는 개념과 어떤 점에서 다를까? 우리는 뇌를 몸에 새겨진 것이자 사회·문화에 새겨진 것으로 간주하는 중간적 시각을 취할 수 있을까? 초심리학 현상은 어떻게 볼 것인가?

# 무無 이상의 것

　　　　　　　　　마티유　불교는 의식을 원초적 현상으로 생각합니다. 물질계를 연구하면서 그 분석이 정교해짐에 따라 우리는 원자·소립자·쿼크·초끈 그리고 마침내 진공상태인 물질의 가장 근원적 양상에 이르게 됩니다. 라이프니츠는 이렇게 질문했죠. "무無 그 이상의 것이 왜 존재하는가?" 창조주의 개념을 끌어들이지 않는 이상, 우리는 이 질문에 제대로 대답할 수 없습니다. 우리는 현상들의 실존만을 인식할 수 있습니다. 따라서 물질이나 무생물계는 원초적 현상으로 간주해야 합니다. 여기서 출발하여, 고전물리학과 양자물리학은 현상들을 기술하고, 가장 근본적인 구성요소의 성질을 이해하도록 돕고, 그것이 가시세계를 구성하는 방식을 연구할 수 있게 해줍니다.

　　하지만 라이프니츠의 질문에는 여전히 대답할 수 없습니다. 실제로, 무 그 이상의 것이 존재합니다. 우리는 현상계의 속성을 더 깊이 연구해야 할 것입니다. 현상계는 철학적 사실주의 신봉자들의 주장처럼, 본질적인 존재를 갖고 있을까요? 아니면 불교철학이나 양자물리학의 주장처럼, 확고하고 본질적인 존재 없이 드러나는 것일까요?

　　우리는 의식의 본질에 대해서도 같은 분석을 적용해야 합니다. 하지만 이 연구는 일관성 있게 진행해야 하며, 가장 근원적 양상에 도달할 때까지 철저히 조사를 이어가야 합니다. '일관성'은 무엇을 말하고자 하는 것일까요? 의식을 이해하기 위해서는 외부에서(3인칭 접근법으로) 연구하는 것과, 내부에서(1인칭 접근법으로) 연구하는 2가지 방식이 있습니다. '외부'와 '3인칭'이라는 용어를 사용함으로써, 저는 의식적 현상들과 뇌의 상관관계, 신경계에 대한 연구, 그리고 제가 겪은 것을 경험하지 못한 제3자의 관점에서 관찰할 수 있는 우리의 행동을 가리킵니다. 반면 '내부'라는 용어는 자기 자신의 경험을 가리키죠.

물론 우리는 복잡해지는 삶과 고도로 발달된 뇌와 신경계의 형성 등에서 의식이 나타나는 방식에 대한 묘사를 할 수 있습니다. 사람들은 사고, 감정, 그 밖의 정신적 현상들을 다양한 형태의 뇌활동과 연관 짓습니다. 이제 우리는 서로 다른 인지와 감정의 과정들이 어떻게 뇌의 특정 영역들과 연관되어 있는지를 더욱 상세하고 정확하게 압니다. 이것이 바로 3인칭 분석입니다.

우리는 또한 누군가에게 더 정확한 일련의 질문을 통해, 그 사람이 느끼는 것을 매우 상세한 방식으로 기술하도록 누군가에게 요청할 수 있습니다. 이것은 '2인칭 시점'이라고 불리는 것으로, 행위자가 자신의 경험을 상세하게 기술할 수 있도록 돕는 중간자에 의해 이루어지기 때문입니다. 우리는 자기성찰을 통해 이해한 주관적인 경험이 없이는, 의식에 대해서 말할 수 없습니다. 사실, 우리는 아무것도 말할 수 없을 것입니다.

이 주관적인 경험에 대해 3인칭의 시점으로, 전체적으로 충분하게 기술하기란 도무지 불가능합니다. 사랑을 느끼는 것 혹은 빨간색을 경험하는 것은 무엇일까요? 우리는 그 사람과 유사한 경험을 한 적이 없는 한, 그에게 사랑이나 붉은색이 어떤 의미인지 전혀 모르고도, 그 사람의 뇌에서 일어나는 일들을 생리학적 기능과 외면적 행동의 차원에서 수천 장의 분량으로도 기술할 수 있습니다. 만일 선생께서 천연 꿀을 맛보지 못했다면, 그 어떤 묘사로도 그 꿀의 달콤함을 스스로 느낄 수 있게 해주지 못할 것입니다.

　불교에는 색에 대해 알고 싶어 했던 두 맹인의 이야기가 있습니다. 사람들은 그 중 한 맹인에게 눈이 흰색이라고 설명해주었습니다. 그는 눈을 한줌 쥐어보고, 흰색이란 차가운 것이라고 결론을 내립니다. 두 번째 맹인에게 백조는 흰색이라고 말했습니다. 그는 자기 머리 위로 날아가는 백조의 소리를 듣고, 흰색은 공중에서 들리는 날갯짓 소리라고 결론지었습니다.

　따라서 제가 다시 말씀드리는 것은, '의식'은 주관적인 경험이라는 매체가 없이는 아무 의미도 없을 것이라는 점입니다. 일관성을 유지하고자 한다면, 때로는 1인칭 시점을, 때로는 3인칭 시점을 채택하면서, 끊임없이 내면의 시각에서 외부의 시각으로 옮겨가는 대신, 우리는 1인칭 관점에서 의식이라는 것을 계속 연구해나가야 합니다. 우리는 마지막 순간까지 일관성 있는 조사의 기본방침을 따라야 합니다.

　그런데 우리가 의식에 대한 경험을 더 깊이 연구할 때, 어떤 일이 일어날까요? 1인칭 시점의 입장에서, 우리는 절대 신경세포를 찾아낼 수 없습니다. 선생도 아시다시피, 저는 뇌기능에 대한 명상의 효과에 관한 연구에 참여한 적이 있습니다. 뇌의 단층촬영 화면에서 자비심에 관해 명상하는 것이 어떻게 앞뇌섬을 활성화시키는지를 보았습니다. 하지만 주관적 차원에서, 뇌의 위치측정은 생각할 수 없는 일입니다. 심한 두통이 있지 않는 한, 저는 제가 뇌를 가지고 있는지조차 느끼지 못합니다.

　**볼프**　맞습니다. 우리는 뇌에서 일어나는 과정에 대해 어떤 기억도 없습니다. 이 과정은 투명하죠. 두통이 있을 경우 통증을 나타내는 신호들이 뇌척수막에서 나오지만, 뇌 자체는 고통을 느낄 수 없습니다.

**마티유** 저는 또한 우리가 사고와 지각에 몰입해 있을 때, 정신적 작업이 없는 깨어 있는 의식 그대로의 경험은 '투명한' 것으로, 우리의 지각을 완전히 벗어난 것입니다. 그리고 바로 이 투명성을 바탕으로, 저의 주관적인 경험에 대해 점점 더 섬세하고 철저한 분석을 하는 것입니다. 즉 깨어 있는 순수한 의식, 근본적인 의식, 인식에 대한 가장 근본적 측면 등에 대해서 말입니다.

이러한 근본적인 의식이 다른 정신적 작업, 추론적 사고, 감정 등과 같이 특정한 내용을 반드시 가져야 하는 것은 아닙니다. 이것은 다만 명료하고 투명한 순수의식에 대한 것입니다. 이를 정신의 '빛나는' 측면이라고도 말합니다. 왜냐하면 이러한 의식의 상태는 외부세계와 내면의 의식상태를 동시에 의식할 수 있도록 해주기 때문입니다. 과거의 사건들을 기억하고, 미래를 계획하며 동시에 현재의 순간을 의식할 수 있는 것이죠.

하지만 우리가 가장 잘 다듬어진 의식상태에 도달했을 때, 그 투명성과 명료성을 제외하고는 아무 내용이 없는 상태에 도달할 때, 사람들은 이런 의문을 갖게 됩니다. "무 그 이상의 것이 왜 존재할까?" 여기에 우리는 이렇게 대답할 수 있을 뿐입니다. "그것은 그저 거기에 있고, 나는 그것을 인식한다." 우리는 이 '최초'의 사실에 직면합니다. 현상론적 혹은 경험론적 관점에서, 깨어 있는 순수한 의식은 모든 것보다 앞선 것으로, 살아 있다는 것을 의식하거나 의식에 대한 이론을 전제로 하는 것입니다.

연구가 끝날 때까지 하나의 노선을 철저하게 따라야 한다는 것이, 제가 꼭 강조하고 싶은 중요한 부분입니다. 물리학에서 양자역학의 관점으로 현상들을 연구할 때, 독립적인 입자들로 구성된 견고한 현실에 대한 개념은 그 의미를 잃어버리게 됩니다. 그러나 이 결론에 도달하기 위해서는 분석을 끝까지 이어나가야 합니다.

현상계에 대한 사실적 설명에 충실하겠다는 핑계로, 이런저런 입증의 순간에 양자역학에서 뉴턴역학으로 계속 이동하는 것은 일관성이 없는 일일 것입니다. 그 어떤 유사한 현상들과 마찬가지로, 의식을 다루면서 주의해야 할 사항을 하나 덧붙이고자 합니다. 주관적 관점에서, 현상학 지지자들은 의식이 현상 그 자체의 외양에 지나지 않는다고 말할 것입니다. 즉 외부세계의 존재에 대한 인식의 전체와 수없이 다양한 현상들의 존재에 대한 특정한 의식 말입니다. 이들에 따르면, 의식은 우리가 하나의 대상으로 연구할 수 있는 어떤 단순한 현상이 아닙니다. 왜냐하면 우리가 무엇을 하든, 연구하는 주제가 무엇이든, 의식을 빼놓고는 생각할 수 없기 때문입니다.

볼프 사실 그것이 인식론의 주요 문제입니다. 우리는 일관적이고 확실한 해석을 하지 못하는 현상을 대면하는 것과 같습니다. 왜냐하면, 스님께서도 강조하셨다시피 우리가 3인칭 관점으로 문제에 접근하고 물질을 분석한다면, 우리는 의식을 절대 찾아낼 수 없을 것입니다. 뇌를 분석하더라도, 의식은 찾아낼 수 없을 것입니다. 우리는 신경활동의 시공간적 스키마를 확인하고, 특정한 신경의 상태들을 식별합니다.

만일 우리가 연구를 발전시켜나간다면, 마침내 분자의 과정에 이르게 하는 전기·화학적 과정을 발견하게 될 것입니다. 하지만 결코 의식에 대한 우리의 경험과 닮은 것은 아무것도 찾을 수 없을 것입니다. 다른 모든 행동의 표시도 마찬가지입니다. 만일 우리가 몸의 표면에 있는 감각영역부터 시작해서, 뇌에서 일어나는 활동의 흐름을 따라 뇌의 운동기능에 이르기까지 감각의 경로를 따라가다가 멈춘다면, 우리가 관찰했던 신경활동에서 나온 경험의 흔적을 절대 찾을 수 없습니다. 우리는 감각자극과 운동반응에 따라서 변하는 것을 목격한, 활성화의 스키마에 대해 연구했습니다. 하지만 결코 1인칭의 관점에서 뇌가 경험한 것을 마주할 수는 없었습니다.

**마티유** 그렇습니다. 하지만 선생께서 그렇게 단언할 순 없다고 생각합니다. 다만 말할 수 있는 것은, 우리가 1인칭의 행위자들로서 수많은 경험을 한다는 것입니다. 선생께서는 인식의 대상으로 간주되는 뇌가, 서로 상반되는 3인칭 관점과 1인칭 관점을 임의로 섞지 않고, 어떤 주체가 인식하는 것과 같은 방식으로 인식하는 능력을 갖고 있다고 가정해서는 안 됩니다. 우리가 말할 수 있는 모든 것은, 바로 우리가 사람들과 세상에 대해 경험하는 것입니다. 선생께서는 제가 주관적으로 사물에 대해 느끼는 방식에 대해 전혀 알 수 없습니다. 또 그것을 연구해서, 뇌와 같은 어떤 대상이 무엇이든 경험하는 능력을 갖고 있는지 여부도 알 수 없습니다.

**볼프** 하지만 그렇다고 해도 1인칭 관점으로 경험한 현상들과 3인칭 관점으로 관찰한 과정들 사이의 관계는 정립할 수 있습니다. 고통을 예로 들어봅시다. 어떤 주체가 고통을 느끼고, 다른 어떤 사람이 통증에 시달리는 그를 목격합니다. 두 사람은 그 고통의 경험에 대한 교감에 이를 수 있습니다. 따라서 3인칭 관점과 1인칭 관점을 서로 연결시킬 수 있습니다.

게다가 주관적인 관점에서 통증의 세기와 특징을 측정하는 규범적 단계를 참고하여 통증감각을 측정할 수 있습니다. 이렇게 수집된 데이터는 뇌의 특정 영역의 활성화와 직접적으로 연관이 있습니다. 반대로, 감각경로에서 특정 지점의 손상 혹은 약물에 의해 유발된 전달신호의 교란은 통증에 대한 감각을 차단할 수 있습니다.

주관적 감정과 그것의 바탕이 되는 뇌의 과정 사이에 연관성을 고려하면, 1인칭 관점과 3인칭 관점 사이에 인식론적 구별이 생각만큼 넘을 수 없는 문제인가 의문을 갖게 됩니다. 각 개인이 감정·의도·신념과 같은 자기 자신만의 의미를 의식의 내용과 결부시킨다는 사실은 매우 일반적인 것으로, 이러한 경험들이 새겨지고 개념화되는 맥락이 거의 다르지 않기 때문입니다.

예를 들면, 우리는 모두 유전적 변이성의 정도에 따라, 추위에 대한 감각을 처리하는 매우 유사한 수용기를 갖고 있습니다. 그런데 우리는 각자 "춥다."라는 말을 그 맥락에 따라 다양한 특정 감각에 결부시키는 법을 배웠습니다. 따라서 "춥다."라는 단어가 포함되는 연상 네트워크는 그 단어가 관련된 감각과 마찬가지로 개인에 따라 다릅니다.

의도성이나 책임감같이 훨씬 더 분명한 의미를 갖고 있는 추상적 개념을 포함한, 모든 의식적 경험에 대한 암시적 의미도 마찬가지입니다. 왜냐하면 이러한 것들은 추위에 대한 개념처럼 감각보다는 문화적 관습에 더 많이 좌우되기 때문입니다.

물리적 자극이나 사회적 상호작용에 의해 일어나는 이러한 모든 경험들은 뇌의 과정에 의해 유발됩니다. 만일 한 무리의 사람들이 특정 경험에 대해 동일한 결과가 일어난다고 결론을 내린다면, 이들은 대체로 그것을 가리키는 하나의 용어를 만들어냅니다. 이때부터, 그 경험은 사회적 현실이자 비물질적 대상으로서 지위를 얻습니다. 이 경험은 서로 다른 행위자들이 공통의 관심을 기울이는 개념이 되는 것이죠.

만일 우리가 뇌의 처리과정을 이해하기 위해 1인칭 관점을 도입한다면, 스님께서 말씀하셨다시피, 우리의 것으로 경험한 지각·결정·사고·계획·의도·행동들을 의식하게 됩니다. 우리가 의식한다는 것을 의식할 수 있으며, 이러한 경험을 이해할 수 있는 것이죠. 스님께서는 또한 숙련된 명상가들은 메타의식을 개발할 수 있어서, 특정한 내용이 없더라도 자신이 의식한다는 것을 의식할 수 있다고 주장하셨습니다. 이 과정의 바탕을 이루는 신경과정을 더 정확하게 연구할 기회가 앞으로 있어야겠습니다.

우선 제가 강조하고 싶은 것은, 1인칭 관점의 경험은 그것이 비롯된 신경과정들에 대해 아무것도 알려주지 못한다는 점입니다. 우리는 신경세포, 전기적 방전, 신경전달물질의 화학적 방전에 대해 의식하지 못합니다. 이 때문에 사람들은 오랫동안 의식적 정신의 중심부가 몸의 다른 장소에 있다고 생각했습니다. 과학적 연구에 의해 그것이 뇌에 있다는 사실이 확실해지기 전까지는 말이죠.

**마티유** 어떤 사람들은 정신이 심장에 있다고도 생각합니다.

**볼프** 그렇습니다. 강렬한 감정이 심장을 빨리 뛰게 하거나, 우리가 가슴에 압박감을 느낄 때, 정신적 갈등으로 인한 신체의 표현이라고 느끼기 때문입니다. 하지만 갈등과 그것의 신체적 표현에 대한 지각은 뇌에서 일어나는 과정에서 비롯됩니다.

**마티유** 오로지 3인칭 접근법에 바탕을 두고서는 의식을 발견할 수 없으리라는 사실에 선생께서도 동의하셨습니다. 만일 의식을 발견하고자 한다면, 3인칭 관점을 버리고 1인칭 관점을 택해야 합니다. 물질을 분석해서는 의식을 찾을 수 없다는 생각에 동의하고, 이론을 유기적으로 구성하기 위해서는 주관적 경험들에 의지해야 하는데, 선생께서 어떻게 의식을 뇌로 축소시키려고 하실 수 있습니까? 따라서 선생의 추론과정 자체는 1인칭의 경험에 의지하지만, 의식은 하나의 결과로 일종의 뇌의 부산물이라고 결론을 지으시는 것이죠. 이런 식의 고찰을 통해, 우리는 최초의 사실과 같은 자신의 의식에 대한 경험을 암묵적으로 다룹니다.

**볼프** 저는 뇌과학이 의식의 발현에 필요한 인지적 작용의 기본이 되는 메커니즘을 포함하도록 노력했습니다. 이 메커니즘은 생물학적 진화과정에서 발달하고, 후성적 모델링을 통해 다듬어진 것이죠. 동물들이 의식이 있고, 현실을 경험하고, 평가할 수 있는 감각을 느낀다는 점에서, 이들을 대상으로 대부분의 유효한 연구가 이루어졌습니다.

어려운 점은 사람들이 의식과 경험에 결부시키는 특정한 암시적 의미들을 우리가 이해하려고 노력할 때입니다. 사람들이 타인과 자신에게 부여하는 이러한 특징들은 문화적 진화의 산물이자 우리의 상징적 언어체계에서 개념화되는 것입니다. 사람들은 자신의 상호작용, 타인에 대한 관찰, 자신의 관찰과 개인적 경험의 공유 등을 통해 만들어진 사회적 현실에 들어가게 됩니다.

이러한 소통의 과정은 1인칭의 경험에 대해 공유하고, 이름이나 상징 등의 표시를 지정함으로써 이 경험들의 정당성에 대해 합의를 이루게 합니다. 이렇게 해서 사람들은 이러한 경험이 모든 인간에게 공통된 것임을 확인하게 되죠.

이처럼 1인칭 관점의 접근으로는 접근할 수 없는 비물질적인 현상이 점차 현실의 지위를 얻게 되어, 우리가 그것에 대해 이야기를 나누고 또 개인의 고유한 모델에 통합시키게 됩니다. 따라서 1인칭의 관점으로 파악된 현상들과 결부시키는 수많은 특징들은 사실 우리가 자신에게 부여한 특성입니다.

그 특성은 집단적 경험에서 나오는 것이며, 우리가 그 언어적 표현을 만들어낸 개념의 형태로 나타난 것입니다. 따라서 문화적 상호작용에서 비롯된 이 비물질적 현상들은 개인의 뇌분석에 국한된 신경생물학적 설명을 뛰어넘는 것입니다.

하지만 1인칭으로 현상에 접근하는 것과 신경과학적 접근법 사이에 인식론이라는 다리가 놓여 있습니다. 인류 고유의 특정한 인지기능을 갖추고 신경과학적 분석에 속하는 행위자들 사이의 사회적 상호작용 덕분에, 1인칭 접근법에 속하는 현상들과 그것에 대한 기술이 현실의 지위를 얻습니다.

새로운 특성의 출현과 다양한 설명들 사이에 다리를 놓아야 할 필요성은 사실 복잡한 시스템을 다루는 과학 분야에서 흔히 마주하게 됩니다. 신경과학의 맥락에서 전형적인 예가 하나 있습니다. 행동은 감각수용기와 신경회로망 그리고 효과기관 사이의 복잡한 상호작용들에 의해 설명됩니다. '효과기관'이란 신경이나 호르몬 특성에 따른 명령에 의해 반응하는 기관입니다.

하나의 행동을 기술하고 연구하려면, 행동과학과 심리학에 맞는 기술 도구와 시스템을 사용합니다. 반면 뇌현상의 신경적 기반을 연구하려면 전혀 다른 분석도구와 서술법을 사용해야 합니다. 하지만 우리는 상관관계를 성립할 수 있으며, 운이 좋으면, 다양한 서술체계들로 정의된 개념들 사이에서 인과관계도 성립할 수 있습니다.

저는 그렇다고 확신합니다만, 만일 심리적 혹은 정신적 차원을 표현하는 문화적 현실이 인간의 복잡한 사회적 상호작용에서 비롯된다는 것이 사실로 드러난다면, 우리는 정신적 현상들을 다루는 서술체계와 사회·문화적 과정을 진술하는 서술체계들 사이에 비슷한 다리를 놓아야 합니다. 반대로, 사회·문화적 과정은 신경회로망에서 일어나는 과정과 연결시켜야 할 것입니다. 극단적으로 단순화시킨다면, 신경의 상호작용들이 행동과 인지기능을 일으킨다고 할 수 있습니다. 반면에 인간들(즉 인지적 주체) 사이의 상호작용은 사회적 현실로 이어지죠.

뇌에서 일어나는 인지능력의 기본과정을 우리가 의식할 수 없다는 흥미로운 사실에 대해 잠시 되돌아가 봅시다. 우리는 경험을 준비하고, 감각신호들을 해석하며 의식 속에 각각에 대한 재구성이 이루어지는 신경의 메커니즘을 전혀 느끼지 못합니다. 여기서 질문이 생깁니다. "우리는 누구인가?" 여기서, 관찰자는 누구입니까? 자기성찰과 과학적 증거들이 전혀 다른 방식으로 이 문제에 대해 답하고 있다는 것에 주목해봅시다. 왜냐하면 우리는 뇌의 과정 자체가 아니라, 그 과정의 결과만을 의식하기 때문입니다.

**마티유**　우리는 뇌과학 연구자가 뇌와 뇌실험에 대해 갖고 있는 개념과 자신이 한 관찰에 대한 해석 등의 개념이 모두 의식을 전제로 하고 있다는 사실을 의식하지 못한다는 것으로, 이 논쟁에 대답할 수 있을 것입니다.

**볼프**　그 문제에 대해서는 우리가 자아에 대한 질문에 접근할 때, 또 뇌의 특정영역에 위치할 것이라고 주장하는 타고난 직관과 그런 위치 결정은 존재하지 않는다는 신경과학적 증거 사이의 격차를 다룰 때 이야기 나눈 바 있습니다. 자기성찰과 과학이라는 이 2가지 인식의 근원은 서로 다른 대답을 내놓습니다. 아주 오랜 시간 동안 이 두 방식이 서로 멀리 떨어진 것처럼 보였기 때문에, 둘 사이에 다리를 놓기란 어려운 일 같았습니다.

**마티유**　하지만 프란시스코 바렐라의 견해를 따른다면, 이 두 관점 사이에 다리는 존재해야 합니다. 그는 자주 3인칭 관점으로 얻은 지식도 1인칭 관점의 다양한 경험에 의해 이루어진 작업에서 나온 결과라고 자주 말했습니다. 예를 들어 우리는 1인칭 접근법을 통해 현상들을 지배하는 물리학적 법칙이나 수학의 경우처럼, 한 집단의 사람들에 의해 공유된 것들을 발견할 수 있습니다.

**볼프**　이제 신경생물학이 해야 할 것은, 의식에 대한 우리의 주관적 경험의 바탕으로 작용하는 필수적인 신경과정의 리스트를 작성하는 것입니다. 즉 지금으로서는 의식에 대한 정의만이 '실용적'인 것입니다. 우리는 의식을 무의식, 즉 혼수상태나 깊은 수면상태와 비교합니다. 의식을 나타낼 수 있는 뇌상태의 바탕을 이루도록, 철저히 기능적인 전체 메커니즘의 리스트를 작성하는 것이죠.

만일 우리가 마취제를 주사한다면, 뇌의 상태가 바뀌게 되어 일부는 의식손상으로 이어질 수 있다는 것을 알고 있습니다. 게다가 의식은 정지된 현상이 아닙니다. 어떤 사람은 반수면이나 주의산만 상태로 현재에 뿌리내리지 못할 수 있는 것과 마찬가지로, 어떤 사람은 매우 명료하고 주의력이 있는 각성상태에 있을 수 있습니다. 따라서 의식은 우리가 측정하고 특징지을 수 있는 하나의 현상입니다.

**마티유** 불교에서는 의식에 6~7가지, 혹은 8가지 측면이 있다고 생각합니다. 첫 번째는 '기본의식'으로, 세상에 대한 전체적이고 일반적인 인식을 가지고, 내가 존재한다는 것을 아는 것입니다. 다음으로는 시각·청각·후각·미각·촉각의 5가지 감각경험과 연관된 5가지 의식의 측면이 있습니다. 일곱 번째 측면은 정신적 의식으로, 앞서 6가지 측면에 추상적 개념을 더한 것입니다. 불교철학은 증오와 탐욕처럼, 현실을 왜곡시켜 갈등을 일으키는 정신의 상태와 관련된 여덟 번째 의식의 측면을 고려합니다. 의식의 이 8가지 측면은 우리가 '근본의식의 빛나는 연속체'라고 부르는 것이 그 바탕입니다.

불교에 따르면, 물질과 의식의 이원성 혹은 몸과 정신의 문제는 2가지 중 어떤 것도 독립적이거나 본질적 실존을 갖고 있지 않다는 점에서, 잘못된 논쟁입니다. 현상의 근본적 속성은 주체와 객체의 개념, 시간과 공간의 개념을 초월합니다. 그런데 현상계가 원초적 속성으로부터 표출될 때, 우리는 의식과 세계에 대한 기본단위를 놓쳐 잘못된 구분을 합니다. 자아와 비非자아 사이의 대립이 생기고, 무지의 세계 혹은 윤회가 생기게 되죠. 윤회가 생기는 것은 시간의 특정 지점에서 일어나는 것이 아니라, 매순간 우리의 사고 속에서 무지에 의해 움직이는 세계의 사물화된 반영입니다.

따라서 불교의 견해는 근본적으로 데카르트의 이원론과는 다릅니다. 데카르트의 이원론은 한편으로는 물질적이고 견고하며 실제로 존재하는 현실의 존재와, 또 한편으로는 물질과 실제적인 관계를 유지할 수 없는 완전히 비물질적인 의식을 전제로 합니다. 현상에 대한 불교식 분석은 모든 현상에 대해 본질적인 실체가 없다는 것을 인정합니다.

생물이든 무생물이든 마찬가지로, 모든 현상들은 독립적이고 궁극적인 실재가 없다는 것입니다. 따라서 물질과 의식 사이에는 관습적 차원의 단순한 구분만이 존재합니다. 불교는 현상의 궁극적 실재를 반박하기 때문에, 의식이 일관성 있는 존재를 지닌 하나의 독립적 개체라는 생각에도 반박합니다. 의식의 이 기본적인 차원과 눈에 보이는 현상계, 이 2가지는 우리가 경험하는 세상을 구성하며, 서로 상호의존성으로 연결되어 있습니다. 이원론은 상호의존성에 대한 개념이 없습니다. 이원론은 정신과 물질의 분명한 분리를 전제로 합니다. 불교에서는 공空이 형태를 이루고, 형태는 공을 이룬다고 주장합니다. 따라서 '물질적' 세계와 '비물질적' 세계의 이분법은 의미가 없습니다.

다른 말로 하면, 불교에서는 사고라는 내면세계와 외부의 물리적 실재 사이의 구분이 단순한 착각에 불과하다고 주장합니다. 단 하나의 현실만이 존재하는 것이죠. 더 정확하게는 '본질적인 실재의 부재'만이 있습니다! 그렇다고 해서 불교는 순수하게 이상적인 관점을 택하거나, 외부세계가 의식의 구조물일 뿐이라고 주장하지도 않습니다. 불교는 의식의 부재 속에서, 세상이 존재한다고 주장할 수 없다는 사실을 강조합니다. 이러한 주장은 의식의 존재를 내포하기 때문입니다.

의식과 현상계에 대한 이러한 견해는 어리둥절하게 만들 수도 있지만, 이는 사람들이 빅뱅 '이전에' 무엇이 있었는지 묻는 사람들에게 일부 천체물리학자들이 내놓은 대답과도 유사합니다. 그들은 이 질문이 의미가 없다고 대답합니다. 왜냐하면 시간과 공간이 빅뱅과 '함께' 시작되었기 때문입니다. 마찬가지로 우리가 세상과 뇌와 의식 자체에 대해 말할 수 있는 것은 의식과 분리할 수 없는 것입니다. 즉 "생명과 지각 있는 존재들이 모두 사라진 세상은 그 자체로 존재할 수 있는가?" 라는 질문도, 우리가 할 수 있는 모든 대답도, 모든 것은 의식을 전제로 합니다.

무생물의 세계에 대한 존재를 부정하는 것은 분명 말이 되지 않을 것입니다. 왜냐하면 대부분의 행성은 활동하지 않는 행성이기 때문입니다. 그럼에도 불구하고, 의식이 없이는 질문도 대답도 없으며, 경험의 대상이 되는 '세계'나 개념도 없습니다.

따라서 우리는 의식의 본질과 시초를 밝히고자 할 때조차, 우리의 의식 '밖에' 위치할 수 없습니다. 이 추론은 괴델Gödel의 제2불완전성 정리와 유사합니다. 그는 수학이론들은 그 자체의 일관성을 증명하지 못한다고 주장하며, 우리 자신이 그 시스템의 일부를 이루는 순간부터, 그 시스템에 대한 우리의 의식에 항상 제한된다고 하면서, 또한 더 일반적인 방식으로도 이해할 수 있다고 했습니다.


볼프  사고의 경험에 의지하여, 순환을 이루는 인식론적 추론에 대해 몇 가지 덧붙이고자 합니다. 호모 사피엔스가 진화하지 않았다고 상상해봅시다. 사실 이 시나리오는, 전혀 있을 법하지 않은 것은 아님니다. 우리가 진화의 예측 불가능한 과정에 대해 알고 있는 것을 고려하면 말이죠. 만약 호모 사피엔스가 진화하지 않았다면 문화도, 언어도, 현상의 관찰에 필수인 개념적 구조도 없을 것입니다. 그럼에도 불구하고 사람이 아닌 영장류를 포함하는 수많은 생명체들은 있을 것입니다. 이러한 모든 현상들을 관찰하고 기술하기 위한 인간도, 지구라는 행성도, 우주도 없다고 주장하는 극단적 관점을 취할 가능성은 제외하고 말이죠.

이 생명체는 감각을 느끼고, 그것에 대한 기억을 경험하고, 매일 4분의 3의 시간은 깨어 있을 것입니다. 근본적인 차이는 이 생명체 가운데 어떤 것도 정신적 작업이 특징짓는, 세상의 비물질적 차원에 속하는 의식은 갖고 있지 않을 것이라는 점입니다. 왜냐하면 이러한 차원은 그들에게는 존재하지 않을 것이기 때문입니다. 사람들에 의해 창조된 그대로의 문명세계에서조차, 동물들은 이 심적 가공의 차원에 '부수적으로'만 참여합니다. 동물들은 정신적 작업을 경험하게 해줄 인지능력이 없기 때문입니다.

제가 '부수적'이라는 말을 사용한 이유는, 개와 같이 집에서 기르는 동물들은 사람에 의해서 생기는 사회적 현실의 다양한 측면에 관여할 수 있기 때문입니다. 예를 들어 집에서 키우는 동물들은 '공동의 주의력'(타인과 어떤 사건을 공유하고, 자신의 주의력을 사람이나 대상에게 기울이고 유지하는 능력을 가리키는 것으로, 그 목적은 정보공유에 대한 인식을 가진 공동의 시각을 갖기 위해서다. - 역주)이라고 부르는 작용에 의해, 자신이 주의해야 할 곳을 가리키는 동작의 의미를 이해할 수 있습니다.

우리가 의식이라고 부르는, 사물을 경험하고 감각이나 감정을 느끼는 능력이자 그것을 인식하는 능력을 뜻하는 현상에 대해 돌아가 봅시다. 우리는 의식 그 자체와 우리가 무언가를 의식하게 해주는 상태를 구분해야 합니다. 이 상태는 매우 다양할 수 있는데, 뇌의 상태가 매우 여러 가지기 때문이죠.

게다가 이미 자유의지에 대해 살펴보았듯이, 수많은 뇌 과정들이 의식에서 벗어나 있지만 그 촉발원인에 대해서는 모르는 채 어떤 행동으로 나타납니다. 따라서 그 주체는 의식이 있더라도, 수없이 많은 무의식적 과정들이 일어나는 것입니다.

일반적으로 사람들은 어떤 것에 대해 주의를 기울일 때, 특정한 내용에 초점이 모아질 때, 그것을 의식할 수 있다고 생각합니다. 이러한 내용들은 외부 세계나 신체에서 오는 감각신호들이거나 감정, 내면상태, 기분 등과 같이 뇌 자체에서 생겨난 과정들입니다. 주의력의 초점은 위에서 아래로 하향식top-down 처리법에 따라 의도적으로 옮겨질 수 있습니다. 혹은 상향식bottom-up 처리법에 속하는 뚜렷한 외부 자극에 의해서도 옮겨질 수 있습니다. 갑자기 어떤 대상이 나타나거나, 저절로 대상자의 주의력을 끄는 주변의 갑작스러운 변화 등이 바로 그런 자극에 속합니다. 상향식과 하향식은 2가지 지각 정보처리 방식을 가리킵니다. 하향식 처리는 환경구조에 관한 인식을 사용하고 지각에 영향을 미치는 과정을 말하고, 상향식 처리는 감각기관에서 나온 정보들을 이용하고 그 정보만을 바탕으로 환경을 해석하는 과정을 가리킵니다.

이처럼 주의력은 어떤 내용을 의식하는 데 필수불가결의 메커니즘 중 하나입니다. 이것은 내용물이 의식에 도달할 수 있는 것 이상의 어떤 한계가 존재한다는 것을 생각하게 해줍니다. 게다가, 의식의 작업공간의 용량은 한정되어 있습니다. 결국 우리는 의식의 작업을 어떤 사건을 이해하는 능력과 비슷하다고 생각합니다. 따라서 주체들이 어떤 사건을 기억할 수 없거나 명확하게 이야기할 수 없으면, 우리는 정보가 처리되지 않았거나 정보가 무의식의 차원에서만 다루어졌다고 추정합니다. 이러한 발상들은 우리가 의식의 본질을 정의하는 데 어떤 도움이 될까요?

마티유 의식하는 능력은 가장 기본적인 것 아닙니까? 의식의 내용물은 끊임없이 바뀝니다. 경험의 내용에 대해, 정신이 저장할 수 있는 정보의 총량에 대해, 감각적 인식의 메커니즘에 대해, 혹은 우리가 보거나 듣는 것에 따라 기억력의 영향에 대해, 우리는 무한정의 연구를 할 수 있습니다. 하지만 결국에는, 다음과 같은 가장 흥미로운 질문이 남게 되죠. "인식하는 능력의 근본적인 속성은 무엇인가?"

볼프 무엇이 사람들로 하여금 자신을 의식하게 만들까요? 우선 의식에 대한 다양한 차원의 질문을 살펴봅시다. 제 생각에 가장 기본적인 질문 중 하나는 지각할 수 있는 의식, 즉 무언가를 그저 의식할 수 있는 능력에 관한 것입니다. 다음은 우리가 무언가를 의식할 수 있다는 것을 의식하는 능력에 관한 것입니다. 끝으로 더 구체적으로 자아와 연결된 의식의 측면들이 있습니다.

이렇게 우리는 독립성을 가진 개인으로서, 의지가 명령한 행동을 실행할 수 있으며, 다른 사람들과 구별된다는 사실을 의식합니다. 우리는 또 자신의 의식적 자아를 의식하는데, 이는 가장 높은 차원의 메타지식을 나타냅니다. 제 생각에 동물계에는 이렇게 높은 수준의 의식이 없는 것 같습니다. 이러한 의식은 문화적 진화로 허용된 여러 현상들에 대한 주관적 경험과 이해의 결과로, 그 규모와 중요성은 인간의 뇌만큼 정교한 인지체계에 의해서만 경험될 수 있을 것입니다.

**마티유** 저는 이것을 '의식적 자아'라기보다, 자신을 빛나게 하는 의식이라고 표현하겠습니다. 선생께서 사용하신 '의식적 자아'라는 표현은 오해를 일으키기 쉽고, 독립적인 자아의 존재가 우리 내부에 존재한다고 가정하게 만듭니다. 이 부분에 대해서는 저희가 이미 이야기를 나눈 바 있습니다. 동물에 있어서, 상당수의 종들(유인원·코끼리·돌고래·까치 등)이 거울에 비친 자신을 인식하는 실험을 통과했는데, 어린 아기들은 18~24개월 사이에 성공하는 실험이죠.

**볼프** 저는 다음의 내용을 다루어보았으면 합니다. 즉 의식 혹은 인식론의 영역에서 수많은 문제를 만들어내는 의식의 측면들은, 개인들 사이의 대화에서 비롯되는 정신적 구조라는 점입니다. 이는 사회적 현실을 다루는 것으로, 자유의지의 생성과도 상당히 유사한 것입니다. 따라서 의식은 일정한 존재론적 지위를 갖고 있습니다. 인간의 의식과 비교되는 동물의 의식을 연구해봄으로써, 이 개념을 더 정확하게 이해할 수 있습니다.

제 가설은 이렇습니다. 모든 인식론의 문제는 인지기관인 뇌가 우리 몸에 구현되었다는 사실과, 그 사람 혹은 '개인individu'(이 용어는 라틴어 individuum(개인)에서 유래되었으며 문맥에 따라 여러 가지 의미가 있다. 여기서 볼프 싱어는 개개인이 의식적이고 민감한 존재이며, 각각이 상호의존적이며 전체의 삶에서 협동적이고 독특하며, 연대적인 존재라고 말한다. ─ 역주)이 서로 상호작용하는 복잡한 네트워크의 한 요소를 이룬다는 사실을 충분히 고려하지 않은 데서 비롯된다는 것입니다. 게다가 서로에게 거울처럼 상호작용하는 유사한 행위자들로 이루어진 사회에 뿌리내림으로써 이들 개인의 참고모델이 형성됩니다. 새로운 현상들이 이 세상에 나타나는 것은 이러한 상호교환 덕분으로, 만일 세상에 단 한 사람, 단 하나의 뇌만 있었다면 절대 일어나지 않았을 일입니다.

**마티유** 이 견해는 프란시스코 바렐라가 정신의 육체적 등재 혹은 상정이라고 불렀던 것, 즉 의식이 어떤 환경에 놓인 몸 자체에 등록되어 있고, 이 3가지 사례가 분리될 수 없다고 한 것과 비슷하지 않나요?

**볼프** 이러한 사회적 현실들은 만들어진 추상적 개념입니다. 왜냐하면 인간은 다른 사람이 어떤 감정과 열망을 느끼는지 상상함으로써, 다른 사람이 된다는 것이 어떤 의미인지를 표현하는 능력을 공유하고, 그들과의 대화를 형성했기 때문입니다. 또한 이들은 일정한 형태의 논법을 공통적으로 가지고 있으며 특정 대상에 집중하는 공동의 주의력을 공유하기 때문입니다.

이러한 담화의 상호성은 의식과 자유의지 같은 특성들을 개념화했습니다. 그 특성들은 사람이 만일 혼자 세상에 자라났더라면 절대 의식할 수 없었을 것입니다. 따라서 저의 가설은 이렇습니다. 즉 문화적 진화가 그 원인인 사회적 상호작용은, 사람들이 그 자체로서 쉽게 경험할 수 있는 사회적 현실의 출현을 허용했습니다. 하지만 이러한 사회적 현실은 문화적 진화의 시작보다 앞서는, 현실의 형태를 뛰어넘습니다.

이 현실은 개인들 '사이에' 존재하는 것입니다. 현실의 이러한 차원에서 문화적 대상은 개인 간의 관계에서 비롯된 정신적 구조입니다.

이는 비물질적이고, 손으로 만질 수 없으며, 눈에 보이지 않고, 우리의 감각으로 직접 접근할 수 없습니다. 예를 들면, 이러한 문화적 대상으로는 가치관·신념·신뢰·정의·의지·책임감을 비롯해 의식의 다양한 특성 등이 있습니다. 이러한 사회적 현실의 총합은 물질적 세계와 '전문화적 생물계'(마티유 리카르에 따르면 여기서 '전문화적pre-cultural 생물계'란 문화가 발전되지 않은 전체 종들을 가리키는 말로, 원숭이나 고래의 일부를 제외하고는 대부분의 동물이 해당한다. – 역주)와 다른 특정 존재론적 지위를 갖습니다.

우리가 말하고 있는 현상, 즉 '의식'이라는 용어가 가리키는 것은 만일 사람들의 정신에 어떤 대화가 생성되지 않았거나 사회·문화적으로 풍부한 환경 속에 교육과 정착이 이루어지지 않았다면, 또 인간의 정신적 작업이 상호교감으로 이어지지 않았다면 존재할 수 없었을 것입니다. 이러한 개념적 작업은 내면화되고, 우리 자신의 내재적 특징들이 되었습니다.

우리는 현실의 일부를 이루며 살아가고, 그것을 지칭하고 기술하기 위해 용어를 생각해냅니다. 우리가 말했던 가치관의 경우도 마찬가지로 사회적 작업이며, 뇌에서 일어나는 것이 아닙니다. 우리가 해야 할 것이라고는 어떤 뇌의 상태에 하나의 가치를 부여하는 체계와 그것에 감정을 연결시키는 체계를 파악하는 것입니다. 의식과 연관 짓는 모든 특성의 경우도 마찬가지입니다. 우리는 뇌에서 의식을 찾을 수 없지만, 의식이 나타나는 데 필수적인 구조들을 알아내고자 노력합니다.


**마티유** 방금 말씀하셨던 여러 수준의 의식은 불교에서 의식의 '거친' 측면이라고 부르는 것과 완전히 부합합니다. 정보·지각·해석 등의 복잡한 세계 속에 뒤얽힌 의식으로, 서로 많은 요소들이 연결되어 있고, 외부의 사건이나 개인의 기억에 반응하는 감정들이 느껴지는 의식의 수준입니다.

우리가 주변의 환경과 지각 있는 존재들과 끊임없이 상호작용을 하지 않는다면, 이러한 사건들 가운데 어떤 것도 일어날 수 없을 것입니다. 몸은 우주 속에 구현되어 있고, 인간은 모든 자극을 효과적으로 해석하고 환경과 타인에게 일관성 있게 연결될 수 있도록, 이 유형성을 가장 잘 다루도록 진화했습니다. 진화의 과정은 놀랍도록 효과적인 통합의 방식이 나타나도록 해주었습니다.

그렇지만 우리는 이 '순수한 의식', 즉 불교에서 의식의 '섬세한' 한 측면이라고 하는 더 근본적인 측면을 이해하는 일이 남아 있습니다. 빛에 대한 예를 다시 생각해보세요. 빛은 그 자신이 영향을 받지 않고, 빛을 둘러싼 주변을 비춥니다. 마찬가지로, 불교의 명상가들에 따르면, 깨어 있는 순수한 의식은 어둡지도 않고 사고의 내용에 의해서 변질되지도 않습니다. 의식은 다른 모든 특징들을 초월하여, 변함이 없기 때문입니다.

## 내면의 수다를 멈추고
## 명료한 의식 개발하기

_____ 볼프 스님께서 '깨어 있는 순수한 의식'이라고 부르는 것은 '해결'의 상태에 해당합니다. 뇌에서 갈등이 사라지고, 질문에 대한 해답을 찾지도, 문제를 해결하려고 애쓰지도 않는 상태죠. 뇌가 갑자기 "유레카!"를 외치며 어떤 해답을 찾은 상태가 되면, 특정한 하

부체계들이 활성화되고 3가지 과업을 완수합니다.

즉 이 하부체계들은 일시적으로 내면의 갈등이 없는 정신의 상태와 연결된 만족감을 일으킵니다. 이들은 학습을 쉽게 만들어줍니다. 하나의 해답을 찾아냈을 때, 정신의 상태는 학습에 유리해집니다. 불확실한 감정들이 최소화되었기 때문입니다. 이어서 이 하부체계들은 뇌가 새로운 정보처리와 새로운 해법의 탐색을 준비할 수 있도록, 이 '기분 좋은' 상태를 끝내게 됩니다.

그런데 의문이 하나 있습니다. 스님께서는 매우 수용적인 상태, 주의 깊고 완전히 명료한 상태를 만들고, 그 상태를 유지하기 위해 특별히 다루어야 할 내용들을 선택하지 않고 스님의 모든 주의력 자원을 동원할 수 있지 않습니까? 이 경우, 가장 어려운 과업은 의식적인 처리를 하는 데 필요한 작업공간을, 구체적인 내용들이 들어차지 않도록 공간을 마련하는 일일 것입니다. 평상시에(의식의 작업공간의 특징 중 하나입니다) 다양한 내용들이 공통된 의미가 있는 내용과 연결되어 동시에 존재할 수 있습니다.

우리가 의식의 통합에 대해 말하는 것도 바로 이 때문입니다. 이러한 연결기능들은 높은 주파수의 진동과 뇌에서 대규모로 일어나는 진동활동의 동시성을 내포하는 듯합니다. 이 점이 매우 흥미롭습니다. 하지만 내용물에 의해 압도되지 않는 명료한 상태를 준비하고 유지하기 위해서는, 이중작업을 완수해야 하지 않습니까? 즉 작업공간을 준비하는 것, 그것은 주의력 자원을 투자하는 것을 뜻하고, 동시에 주의력 자원들에 의지하는 것으로 이는 내용물을 선별한다기보다, 잘못된 사고가 작업공간에 침입하지 못하도록 보호하기 위한 것입니다.

**마티유** 어떤 사람이 이 과정에 익숙해지면, 그는 이 과정이 자연스럽게 느껴지고 더 이상의 노력을 기울일 필요가 없습니다. 무엇이 나타나는 것을 막는 것이 아니라, 그것이 나타났을 때, 그것이 불시에 나타났다가 사라지도록 내버려두는 것으로, 그 결과 감정의 파도가 일어나지 않습니다.

**볼프** 나타났다가 사라지는 내용에 특별한 주의를 기울이지 않고, 그냥 생기도록 내버려두는 거군요.

**마티유** 억지로 막으려고 노력하지 않지만, 그것을 불러일으키는 것 또한 아닙니다.

**볼프** 하지만 강하게 억제하지 않는다면, 어떻게 내면의 수다를 막을 수 있습니까?

**마티유** 내면의 수다는 단순한 사고들의 증식으로 일어납니다. 그것을 억제하지 말고 그저 그대로 나타났다가 사라지도록 내버려두면 됩니다. 예를 들면 밖에서 지저귀는 새소리를 듣는 것처럼, 외부의 세계에 대한 지각을 하지 않으려고 노력하는 것은 소용없는 일입니다. 선생은 다만 생각들이 일어났다가 저절로 사라지도록 두면 됩니다.

불교의 가르침에서는 호수의 표면에 손가락으로 그린 그림을 예로 듭니다. 만일 선생께서 A라는 글자를 쓴다면, 그 글자는 선생께서 쓰는 것과 동시에 사라집니다. 돌에 새기는 것과는 완전히 다르죠. 우리는 또한 아무런 흔적도 남기지 않고 하늘을 가로지르는 새를 예로

들 수 있습니다. 이미 거기에 있는 생각들을 막으려고 애쓰는 것은 소용없는 일입니다. 하지만 우리는 그 생각들이 우리를 사로잡지 못하도록 막을 수 있습니다. 그것은 분명하죠.

**볼프** 내면에 이러한 작업공간을 마련하는 데 집중하고, 감각적 신호나 생각, 감정처럼 외부나 내부의 침입요소들이 그 공간에 머무르지 않고 지나가거나 통과하도록 하는 데 당신의 주의력 자원을 모두 사용한다고 할 수 있나요?

**마티유** 그렇습니다. 하지만 이 과정은 결국 별다른 노력 없이 쉽게 이루어집니다. 게다가 선생께서 만일 생각에 전념하지 않는다면, 그 생각들은 작업공간을 통제하지 않을 것입니다.

**볼프** 그 생각들은 이 체계에 머무르지 않고, 그 체계를 지배하지도 않는 거군요. 스님께서는 이러한 침입요소들에 주의를 기울이지 않고 그저 왔다가 가도록 내버려둠으로써, 이 작업공간을 늘 명료하고 자유롭게 유지하시는 거군요.

**마티유** 사실대로 말하면, 그것은 '작업'공간이 아니라 자유와 휴식의 공간입니다.

**볼프** 그러면 스님께서는 아무렇게나 내용들이 떠오르는 공간을 비워서 의도적으로 선별한 내용들, 예를 들면 공감이나 자비심 등으로 채우고 특별한 공간으로 만드는 것이군요. 그런 것이 스님께서 명상을 하실 때 하는 건가요?

**마티유** 그것이 바로 명상의 본질입니다. 명상을 한다는 것은 무언가와 친숙하게 되는 것이며, 혼란스럽지 않고 체계적인 방식으로 하나의 태도를 개발하는 것을 뜻합니다. 이것은 반수동적인 학습이 아니라, 그 반대로 일관성 있는 매우 능동적이고 의지적인 학습입니다.

**볼프** 다른 말로, 메타의식의 수준에 통합된 상태들을 조성할 수 있는 내면의 공간을 마련하는 것입니다. 그리고 어떤 내용들을 자발적으로 선별하여, 완전히 통합되고 오염되지 않으며 미리 선택된 내용물과 충돌을 일으키기 쉬운 모든 상호작용들이 배제된 내면의 상태를 조성하는 것입니다. 다음으로 이러한 과정들이 반복되면서 스님께서 선택한 의식상태들의 표현이 강화되는 것이죠. 이것은 전형적인 학습의 단계들을 떠올리게 합니다. 즉 주의를 기울이고, 정보를 처리할 준비를 하고, 고요하고 신중한 상태로 정보처리의 과정들을 정확하게 준비하고, 당신이 배우고자 하는 특정한 내용에 집중하고, 그것을 반복하는 것입니다. 그 내용이 잘 저장되어 쉽게 접근이 가능해지면, 그 초심자는 전문가가 되는 것입니다.

**마티유** 사실 우리는 아무것도 만들어내지 않습니다. 생각을 만드는 것을 중단함으로써, 우리는 순수한 의식이 있는 그대로 나타나도록 합니다. 예를 들어 우리가 막대기로 연못의 바닥을 휘젓는 일을 중단하면, 진흙의 부유물들이 맑아지면서 물은 처음의 투명함을 되찾습니다.

정신개발의 핵심은 규칙적이고 지속적인 훈련을 통해 친숙해지는 것입니다. 만일 우리가 과거의 추억에 휩싸이지 않고, 미래의 예측에 사로잡히지 않는다면, 우리는 현재 순간에 대한 명료한 수용성 속에서, 깨어 있는 명료한 실존의 상태를 유지할 수 있습니다.

이러한 상태는 우리로 하여금 이타적 사랑, 자비심과 같은 인간의 근본적인 품성을 배양할 수 있게 하지만, 동시에 필요할 경우에 과거와 미래에 대해 통찰하고 숙고하게 해줍니다. 이것은 우리가 현재라는 순간에 '얽매이게' 되어, 사람들이 우려하는 것처럼 심리적인 불균형을 초래할 것이라는 뜻은 아닙니다.

**볼프** 최근 실험들을 보면 의식적 상태가 수많은 피질영역에 분포된 광범위한 신경활동의 결합에 의해 특징지어짐을 알 수 있습니다. 아마도 이 결합은 폭넓은 신경세포의 결합들이 일관성 있는 활동으로 결집되어 이루어질 것입니다. 이러한 일관성 있는 상태의 효과 가운데 하나는 넓게 분포된 뇌의 서로 다른 영역들 간에 신호들이 효율적이고 매우 빠른 속도로 교환될 수 있다는 것입니다. 이러한 교환은 뇌영역들에 의해 실시된 과정의 다양한 결과들을 통합된 개념에 연결시키는 데 필수적인 토대를 이룹니다.

주의력이 이 과정에 중요한 의미를 더한다는 사실은, 주의력의 중점을 이루는 내용만이 의식을 통과하고, 주의력은 일관성 있는 상태를 증대시킨다는 개념과 일치할 수 있습니다. 만일 더 정확하게 그것을 다루기 위해서 시각적 신호들을 선별한다면, 시각중추는 일관성 있는 진동활동에 들어갑니다. 이 활동은 시각적 신호들이 더 큰 동기성을 띠고, 따라서 더 높은 관련성을 가지게 되어, 역으로 의식에 더 쉽게 접근할 수 있도록 해주는 것 같습니다. 따라서 의식적 상태는 서로 다른 뇌영역의 광범한 처리 네트워크가 일관성 있는 활동에 참여하는, 역동적인 상태입니다.

이 신경의 일관성은 다양한 뇌영역들 사이에 분포된 과정들의 결과 표시들을 통합하는 데 필수적인 일시적인 틀을 제공할 수 있습니다. 이 의식의 작업공간을 준비하는 것은, 결국 신경세포의 광범한 결합들이 일관성을 가지도록 자극하는 것으로 귀결될 것입니다. 관조적 명상의 수련초기에, 스님께서는 작업공간을 마련하고 그 공간이 내용물로 채워지지 않도록 일부러 애를 쓰지만, 그 가운데 어떤 것들은 그 공간을 파고들었다가 사라집니다. 이 내용물들은 어떤 꿈의 이미지들처럼 모호하게 연결되어 있으며, 그렇지만 이 작업공간에 정착될 수는 없습니다.

이 시점에 특정한 내용물들을 의도적으로 선택하고, 그것이 많은 간섭을 받지 않고 변화될 수 있는 비어 있는 이 작업공간에 가져와서, 그곳에 계속 두는 것은 가능해 보입니다. 만일 그것이 매우 일관성 있는 상태에 관한 것이라면, 우리는 그것이 학습과정 덕분에 스스로 안정화될 수 있다고 상상할 것입니다. 신경가소성에 대한 연구에 따르면 일관성 있는 혹은 동기성이 있는 활동이 충분히 오래 유지된다면, 시냅스의 연결에 변화를 가져와, 이 일관성의 상태를 안정시키고 궁극적으로 그것의 증식을 용이하게 한다는 사실을 보여줍니다.

**마티유** "자비심으로 당신의 정신적 풍경의 공간을 모두 채우도록 하세요."라고 말하면서, 하나의 비슷한 이미지를 사용합니다.

**볼프** 맞습니다! 하나의 유일한 내용이 정보기록 공간을 모두 차지하고, 그 학습이 기억 속에 새겨질 때까지 역동적인 방식으로 그 상태를 유지합니다. 그것이 행동의 특성이 되고, 숙달되고 자동적인 하나의 능력이 되는 것은 바로 이때입니다.

**마티유** 우리는 이 능력을 꽉 막힌 것이 아닌 '자연스러운 자질'이라고 표현한 것을 더 좋아하는데, 그 이유는 깨어 있는 순수한 의식에 익숙해지는 것은 자동적인 사고와 습관적인 성향으로부터 자유롭게 해주기 때문입니다.

이렇게 해서 자비심이 '제2의 본성'이 될 수 있습니다. 선생께서는 자비심을 체화하는 것입니다. 이 표현은 일시적인 경험, 곧 사라지는 잠시 동안의 자비심이 아니라, 오랜 기간에 걸쳐 이루어진 진정한 변화를 가리키는 것입니다. 이것이 영적인 길의 핵심입니다.

**볼프** 이 사례는 주의력 메커니즘과 의식 사이의 상호작용이 지닌 중요한 기능 가운데 하나를 보여줍니다. 의식적 상태는 수많은 내용들 가운데서, 일관성 있는 전체를 구성하고 의식적인 경험을 특징짓는 통일된 정신적 구조들을 형성하기 위해 서로 결합될 내용들을 선별할 수 있게 합니다. 스님께서 제시한 바와 같이, 감각체계에 의한 경험뿐 아니라 스스로 야기한 내면의 상태들을 의도적인 강화과정에 종속시킬 수 있습니다. 일부 정서적 경향들은 꾸준한 연습을 통해 자연스러운 태도가 되는데, 이를 우리는 인지적 경향이라고 규정짓습니다.

**마티유** 저는 이러한 능력이 더 이상 애쓰지 않아도 되는 완벽의 지점에 도달할 수 있다고 말하고 싶습니다. 우리가 스키를 완전히 숙달하면, 넘어질까 봐 겁내거나 긴장하지 않고 완전히 편안하게 슬로프를 내려올 수 있듯이 말이죠.

볼프 말씀하셨다시피 중요한 점은, 이 능력이 더 이상 노력을 요하지 않는다는 것입니다. 자동적인 과정을 특징짓는 것도 바로 이점입니다. 더 이상 주의력을 동원해야 하거나, 지침과 전략을 의식적으로 기억할 필요가 없습니다.

마티유 흔히 습관적인 스키마나 잘못된 인식을 반복하는 것을 뜻하는 용어인 '자동적'이라는 수식을 정신적 과정에 사용할 때는 주의가 필요합니다. 따라서 이 능력은 '더 이상 강제적인 주의력 집중을 요하지 않는다.'고 표현하도록 하죠. 주의력에 대해 더 이상 의지적인 통제가 필요하지 않고, 주의가 흐트러지지도 않습니다.

## 자신의 의식을 의식하는 능력은 어디에서 오는가?

볼프 의식의 다양한 수준에 관한 문제와 특히 비어 있는 의식상태, 내용이 없는 의식의 상태에 대해서 잠시 되짚고자 합니다.

마티유 '비어 있다'는 것이 의식상태에 내용물, 즉 산만한 생각들이 없다는 뜻임을 명확히 해두죠. 하지만 완벽한 명료성이 존재한다는 점을 고려할 때, 완전히 '비어 있는' 것은 아닙니다. 이는 의식이 그 고유한 명료성을 의식하는 매우 섬세한 의식상태를 가리킵니다. 한 줄기 빛은 특별히 어떤 사물을 비추지 않아도 광대한 공간을 밝힐 수 있는 것과 같습니다.

**볼프** 스님께서는 어떤 내용에 대해, 그것이 실존하지 않더라도 그것을 의식할 수 있게 해주는 토대가 존재한다는 사실을 압니다.

**마티유** 우리는 그것을 '비이원적 의식'이라고 부르죠. 왜냐하면 주체와 객체의 구분이 더 이상 없기 때문입니다.

**볼프** 그렇습니다. 저는 이러한 수준을 '메타의식'이라고 부르고자 합니다. 의식하고 실존하는 의식이죠. 만일 어떤 내용이 나타날 때, 우리는 이것에 대해 의식하지만 그 자신의 의식에 대한 관찰자 자격으로서 의식합니다.

**마티유** 이는 깨어 있는 순수한 의식에 대한 것으로, 어떤 사물을 인식하는 주체와 그 이행의 대상인 객체 사이에 대립이 없습니다.

**볼프** 이러한 경험이 가능하려면, '관찰자'는 그 내용이 나타나는 의식수준과 통합되어야 할 것입니다. 이것은 두 번째 단계라고 할 수 있을 것입니다.

**마티유** 우리는 그것을 '깨어 있는 비이원적 의식을 유지하는 것'이라고 부릅니다. 이것은 가장 근원적인 경험입니다. 그렇다면 깨어 있는 순수한 원초적 의식의 본질은 무엇일까요? 문제는 바로 그것입니다.

**볼프** 맞습니다! 어떤 것이 진화의 과정과, 선택의 압력이 될 수 있었을까요? 그러한 것들이 의식적이고 통일된 표현을 위해 이용 가능한 공간을 조성했고, 또 이 표현공간을 소유하는 것에 대해 의식할 것입니다. 이런 맥락에서 뇌의 진화에 대해 우리가 아는 것들을 살펴보는 것은 의미 없는 일일 것입니다.

하등 척추동물의 뇌는 감감기관에서 방출된 신호를 다루는 피질영역과 반응을 프로그램화 하는 집행부를 연결하는 회로가 상대적으로 짧습니다. 감각운동의 비교적 짧은 감각운동궁이 단순한 반사회로궁보다 훨씬 더 잘 발달되어 있습니다. 감각운동의 신호들이 복잡한 처리과정의 대상이 되고, 신호전달이 과거의 경험 및 다른 체계의 정보에 좌우되기 때문입니다.

새로운 피질영역의 추가는 가장 진화된 뇌의 특징을 이룹니다. 하지만 가장 진화된 뇌의 조직이 놀랍게도 덜 진화된 뇌에서 발견되는 피질영역의 조직과 유사하다는 점은 놀라운 일입니다. 주요 차이점은 그 새로운 영역들이 이미 형성된 네트워크에 기록되는 방식에 있습니다. 진화 이후 단계에서 추가된 영역은 말초신경계와 통하지 않습니다. 사실 이 영역은 감각기관의 직접적인 정보를 수용하지 않고, 효과기관 즉 근육 등과 직접적인 연결이 되지 않습니다. 이 새로운 영역들은 훨씬 전에 진화된, '오래된' 피질영역과 주로 연결되어 있습니다.

이 원리는 진화의 전 과정에 동일하게 유지된 것입니다. 점점 많은 수의 피질영역들이 추가되어 서로 소통이 이루어집니다. 서로 다른 피질영역들이 유사한 과업을 완성한다고 생각합니다. 왜냐하면 이들의 내부회로circuit가 매우 유사하기 때문입니다.

뇌 속에서, 피질영역으로 충족되는 다양한 기능들은 그 구조에 의해서 결정됩니다. 따라서 유사한 구조들이 서로 유사한 기능들의 바탕을 이루는 것이 분명합니다. 철저하게 해부학적인 이러한 견해들은, 진화론의 관점에서, 가장 최신의 영역들이 더 오래된 영역들의 결과들을 다룬다고 생각하게 합니다. 이 오래된 영역들이 외부세계에서 나온 신호들을 다루는 것과 같은 방식이라고 할 수 있습니다.

다양한 수준의 계층에서 발견할 수 있는 이러한 인지과정의 반복은 표상의 표상, 즉 메타표상을 생성하는 데 용이할 것입니다. 이미 처리된 정보는 또 다른 피질의 처리과정, 즉 2차적 인지작업의 대상이 됩니다. 이 작업의 반복은 순환적이 될 수도 있습니다. 왜냐하면 대부분이 피질영역들이 서로 연결되어 있기 때문이죠.

원칙적으로 이 과정은 점점 더 복잡한 수준의 메타표상을 생성할 수 있습니다. 달리 말하면, 고도로 진화된 뇌가 그 인지기능을 외부세계뿐만 아니라 뇌 자체에서 일어나는 과정에도 적용 가능한 것입니다. 뇌의 과정들은 뇌에 대한 자체 인지작업의 대상이 됩니다. 이는 현상적 의식, 즉 사물들을 인식하는 의식이자 인간의 경우 그것에 대해 말할 수 있는 의식의 바탕을 이룹니다. 동물들은 이러한 능력의 일부를 보여주는 것 같습니다. 동물의 뇌조직은 인간의 것과 매우 유사하기 때문입니다.

내부과정에 대한 이러한 의식이 인지기능의 바탕을 이루는 작동방식에 대해 어떤 정보도 주지 않는 것은 매우 놀라운 일입니다. 우리는 인식을 일으키는 신경과정, 즉 정신적 과정 전체에 대해 아는 것이 없습니다.

우리가 아는 것은 그 결과들입니다. 우리는 어떤 행동 하나를 의식하지만, 뇌의 운동중추에서 이 행동을 하게 만든 신경과정들이 무엇인지는 말할 수 없는 것과 같습니다.

의식에 관한 연구에서, 또 하나 흥미로운 질문은 "의식의 처리를 위한 토대를 발전시켰다는 사실은 생존에 있어서 어떤 가치를 갖는가?"입니다.

만일 인간의 뇌가 그 인지적 기능에 대해 의식을 하지 못한 채 그 기능을 한다면 어떤 일이 생겼을까요? 그것이 차이를 만들었을까요? 철학자 데이비드 찰머스David Chalmers는 아니라고 말합니다. 그는 의식이 부대현상일 뿐이며, 없어도 얼마든지 지낼 수 있다고 주장합니다. 왜냐하면 뇌작용의 바탕이 되는 과정들이 그대로 유지되고, 그 과정들이 우리로 하여금 일상적인 과업을 완수할 수 있게 해주기 때문입니다. 그렇다고 해서 그것에 대해 우리가 의식해야 하는 것이 유용한 일도 아니라는 것이죠.

저로서는 정말 그런지 확신이 없습니다. 저는 자신의 인지기능에 대해 의식하는 것과 그것을 언어와 같은 상징체계를 통해 소통하는 것이 타인과 사회, 그리고 다양한 문화의 발전을 이해하는 데 도움을 준다고 생각합니다. 이러한 인지적 역량은 개인들로 하여금 서로 협력하게 하고 서로의 경험들을 비교함으로써 세상에 대한 자신의 이해를 더욱 다듬어나가고, 대응전략들을 개발하고 다양화하는 측면에서, 역량을 증대시킵니다.

**마티유** 의식의 가장 본질적 측면이 없어도 잘 지낼 수 있다는 견해가 저에게는 매우 이상하게 들립니다. 불교에서는, 정신이 그 자신에 대해 영향을 미치고, 변화하며, 그 기본 속성들을 인지하고, 갈등을 일으키는 상태에서 벗어날 수 있는 정신의 능력이 매우 중요합니다. 이 능력은 영적인 구도의 길에서도 핵심이 됩니다. 만일 의식이 한낱 부수적인 현상에 불과하다면, 우리가 그러한 자유, 즉 정신을 다스릴 수 있다고 생각하기란 어렵습니다. 왜냐하면 그 자유는 모든 생각과 감정의 무기력한 노예가 되는 대신, 그 정신을 다스리는 것이기 때문입니다. 영적인 길까지는 언급하지 않더라도, 우리의 삶에서 의식적 경험이 차지하는 위치를 고려하면, 적어도 그 중요성을 최소화하거나 부인하는 것은 부적절하다고 보입니다. 어쨌든 의식은 하나의 사실이며, 의식이 없다면 우리의 주관적 세계는 완전히 사라질 것입니다.

**볼프** 그렇습니다. 하지만 찰머스의 주장을 반박하기란 쉽지 않습니다. 만일 자신을 의식하는 능력이 뇌의 현재 상태에 대한 집대성을 이루는 신경과정의 결과라면, 어떤 것에 대해 의식하는 것은 신경과정의 원인이 아니라 결과입니다. 신경과정은 우리가 그것에 대해 의식하지 못한 채로 그 기능을 완수할 것입니다. 의식은 그 자체로 이 과정에 영향력을 줄 수 없고 다만 그 과정들을 반영할 수 있습니다. 사실 스님께서는 의식이 신경과정에 영향을 준다고 가정하시는 것 같습니다.

**마티유** 네. 그 자체를 변화시키기 위한 목표에 대해서 그렇습니다. 로저 펜로즈Roger Penrose는 '정신의 황후'에 대해 말하지 않았습니까? 사실 의식이 부수적인 현상에 지나지 않는다면, 정신은 제대로 이용할 수 없는 노예일 것입니다. 의식은 "됐어! 나는 연결됐어."라고 말하며, 각 신경과정이 끝날 때마다 빛나는 작고 붉은 빛과 다름없을 것입니다. 이것이 무슨 소용이 있겠습니까?

데이비드 찰머스가 강조한 것처럼, 두 유기체 사이에 소통을 가능하게 하는 언어의 작업이 포함된 모든 생물학적 기능은 주관적 경험의 개입이 반드시 이루어지지 않아도 생성될 수 있습니다. 이것은 의식의 경험이 객관적인 생물학적 작용의 특정한 순간이 아니라, 그 작용에 대한 어떤 연구조차 이루어지기 전에 우리가 의식하는 그 무엇이라는 점을 보여줍니다. 이것이 바로 신경과정과 의식 사이에 인과관계의 정립을 매우 어렵게 만듭니다.

만일 의식이 스스로 변화하고 인지하며 그 내용을 바꾸는 능력이 없다면, 변화를 위한 모든 시도는 헛수고일 것입니다. 불교는 또 다른 극단에서 이 문제에 접근합니다. 즉 깨어 있는 순수한 의식을 다루는 것이죠. 그다음 사고·감정·행복·고통 등이 이 순수한 의식에서 어떻게 나타나는지 연구합니다. 불교는 지혜, 깨어 있는 의식에 대한 인식 혹은 비인식과 관련된 근본적인 오해의 과정들을 이해하고자 합니다.

이러한 이해는 모든 사건들은 그것의 일부가 아닌 수많은 원인과 조건들의 단순한 작용에 의해 이 의식공간에서 일어난다는 것을 연속적으로 인지하게 해줍니다. 구름이 뭉게뭉게 일어나거나 사라졌을 때, 변질되지 않는 하늘의 모습처럼, 깨어 있는 순수한 의식은 조건에 좌우되지 않습니다. 제가 말씀드렸다시피, 깨어 있는 순수한 의식은 하나의 원초적인 사실입니다. 최초의 경험을 통해 이보다 더 깊은 수준에 도달하는 것은 불가능합니다. 이 순수한 경험의 상태에서는 뇌나 다른 어떤 생물학적 과정과 관련된 어떠한 연관성의 흔적도 없습니다.

깨어 있는 순수한 의식은 그 자체가 하나의 정신적 작업이 되지 않고도, 모든 정신적 작업과 논증적인 생각들이 나타나도록 할 수 있습니다. 또한 우리에게는 우리가 매일 우리의 정신의 내용물을 바꿀 수 있는 가능성을 제공해주는 정신적 구조가 아니라는 사실도 인정하게 합니다. 왜냐하면 우리 정신의 내용물은 본질적으로 이 순수한 의식에 등재되는 것이 아니기 때문입니다. 따라서 정신과 주의력에 대한 훈련은 우리로 하여금 분노, 탐욕, 그 밖의 고통스러운 감정들을 줄여줍니다.

**볼프** 신경과정의 결과이며, 우리가 의식적인 경험을 하는 어떤 현상이, 그것을 바꾸려는 목적으로 그 과정 자체에 하향식 인과과정에 따라 작용한다는 생각이 어떻게 가능하지요? 제 생각에 그것은 이후에 이어지며 새로운 신경과정에 영향을 주는 기억의 흔적처럼, 의식적 경험과 관련된 신경활동 같습니다. 스님께서는 깨어 있는 의식이 미래의 신경과정에 영향을 준다고 가정하시는 건가요?

**마티유** 네, 그렇습니다. 깨어 있는 순수한 의식의 근본 특성이 하향식 인과성에 의해 정신적 과정에 영향을 미칠 수 있을까요? 우리 정신의 풍경을 변화시키기 위해 이 속성들을 이용할 수 있을까요? 만일 우리가 이 깨어 있는 의식을 하나의 원초적 사실로 간주한다면(이 견해에 반하는 것이 없다면) 이 순수한 의식의 공간에서 나타나는 정신적 작업들이 신경가소성을 수단으로 작용할 수 있다는 것 배제시킬 이유가 없습니다. 이처럼 상호의존적이고 상호적인 인과성은 하향식·상향식·수평적 인과성[74]을 허용합니다.

**볼프**  의식한다는 것 혹은 세상에 존재한다는 것은 뇌의 아주 특별한 상태로, 의식적 상태들로 이어지지 않는 것과는 전혀 다른 정보처리 방법에 참여하게 만든다고 생각합니다. 의식적 과정은 정보를 고도로 통합시킵니다. 의식의 작업공간에서는 서로 다른 감각기관에서 나온 신호들이 서로 비교되고 결합될 수 있죠. 이것은 추상적인 상징적 표상들이 생성되는 데 필요한 하나의 조건입니다. 이는 또한 의식적 처리와 의식적으로 처리된 데이터들을 언어로 기술하는 능력 사이에 밀접한 연관성을 설명하는, 설득력 있는 이유이기도 합니다.

**마티유**  하지만 선생께서 말씀하신 모든 것은 복잡한 기능들과 관련된 것입니다. 선생께서는 상징적 표현들과, 깨어 있는 순수한 의식의 경험을 절대 설명하지 못하는, 그 밖의 것들에 대해 말하고 있습니다. 깨어 있는 순수한 의식이란 가장 활동적인 의식의 상태이자 가장 수용적이고, 명료한 상태입니다. 게다가 그 어떤 복잡성도 없는 상태입니다.

\*\*\*

**마티유**  구름이 막 걷힌 장엄한 히말라야의 정상에서 맞는 아침은 정말 아름답습니다.

**볼프**  네. 저희도 어떤 기능에 해당하는지 질문해야 하는 대신, 이 현상적 의식의 상태에 그저 가만히 머무를 수 있으면 좋겠네요….
어제 저는 의식이 뇌의 인지과정에서 나타나는 특성이라는 가설을 지지했습니다. 이때 의식이란 메타표현을 만드는 것에 좌우되는 것으로 보이며, 최초의 지각을 전달하는 인지과정의 첫 단계의 결과에 대한 인지작업의 반복에서 생기는 의식입니다. 인지작업을 반복하는 이 능력은 뇌가 이 인지적 작업을 완수하게 만들었던 메커니즘에 대해서는 전혀 자각하지 못하지만, 그 자신의 인지과정의 결과는 의식하게 할 수 있습니다.

우리는 이 메커니즘에 대한 기억이 전혀 없지만, 우리가 지각, 감정, 정신적 상태 등을 느낄 수 있는 인지 시스템이 있다는 것을 의식하는 수준에 이르기까지, 인지작업의 첫 단계의 결과들은 재처리할 수 있는 것 같습니다.

사실 저는 개인이 사회·문화적으로 풍요로운 환경에 뿌리내리지 않고도, 이러한 메타의식이 발전할 수 있다는 것은 의심스럽습니다. 그보다 저는 이 메타의식이 문화적 차원의 실현이며 그 자신의 의식을 의식하는 능력은 경험에 의해 형성된 발달과정에서 비롯된 뇌의 인지적 구조의 후성적 모델링의 결과라고 생각합니다.

기본적인 감각적 기능의 바탕이 되는 신경적 구조는 경험과 외부 세계와의 상호작용에 의해서 형성됩니다. 메타의식의 개발에 필수적인 고등 인지기능들의 바탕을 이루는 신경 네트워크도 마찬가지라고 생각할 수 있습니다. 단 하나의 차이는 그 경험을 만드는 '환경'이 자신의 사회적 현실·전통·개념·신념 등을 가진 문화적 세계라는 사실입니다.

하지만 고등 인지기능의 발달이 문화적 환경과의 상호작용을 통해 이루어진다 하더라도, 이러한 인지능력에서 나타나는 정신적 현상들이 뇌에서 일어나는 신경과정의 결과라는 것은 변함이 없습니다. 적어도 이것은 신경생물학적 증거들이 우리로 하여금 생각하게 만드는 점입니다.

지금으로서는 우리가 어떤 비물질적인 정신의 상태, 즉 물리적 신경과정에 작용하는 신경적 기반이나 힘에 좌우되지 않는 상태들이 있다고 주장할 근거는 없습니다. 만일 그렇다면, 이 개념은 우리가 알고 있는 자연의 법칙과 모순될 것입니다. 이것은 하향식 인과성, 즉 비물질적 의식이 신경과정에 영향을 줄 수 있다는 가능성에 대한 신경생물학자들의 저항을 설명해줍니다. 하지만 제가 증명하고자 노력했던 것처럼, '비물질적인' 사회적 현실들, 즉 집단적으로 공유된 개념과 신념들이 뇌의 기능에 영향을 주도록 만드는, 아주 효과적인 메커니즘이 존재합니다.

제가 앞에서 말한 것처럼, 우리가 '의식하다'라고 하는 인지작업이 실현될 수 있게 하는 뇌의 진화는 문화적 진화에 촉매역할을 했던 사회적 상호작용의 양상이 나타나도록 했습니다. 이것은 인류의 지식이 더욱 분화되고 고도화되는 결과를 낳았습니다. 따라서 문화의 비물질적 생성, 즉 사회적 현실이 뇌기능에 영향을 준다는 점에서, 하향식 인과법칙에 대한 것이라고 할 수 있을 것입니다.

이 경우, 메커니즘들이 잘 정의되어 자연법칙과 충돌을 일으키지 않습니다. 한 사회가 공유하는 신념체계·규범·개념작용 등은 그 구성원의 행동뿐 아니라 그들이 가지는 이해에도 영향을 줍니다. 이러한 일련의 관념들은 사회적 기호의 교환을 통해 그 사회구성원들의 뇌에 직접적으로 작용합니다. 게다가 교육과 후성적 모델링은 세대를 이어 뇌에 이러한 신념들을 새기며, 이 과정은 장기적으로 뇌기능에 영향을 미치게 됩니다.

**마티유** 만일 불교와 양자물리학에서 의문을 제기하는 개념인, 확고한 실체를 지닌 물질과 일종의 기이하고 규정하기 어렵고 특정 지위가 없어 '비물질적'이라고 일컫는 의식을 문제로 삼는 이원론적 관점을 취한다면, 하향식 인과성은 하나의 장애물일 뿐입니다. 불교에서는, 물질과 의식이 형태의 세계에 속합니다. 물질과 의식은 본질적이고 손으로 만질 수 있는 실재성이 없어도, 스스로 존재를 드러낼 수 있는 능력이 있음을 고려하면 존재하는 것입니다. 우리는 의식을 순수한 물질로 단순화시킬 수 없습니다. 왜냐하면 물질을 구상하고 그것을 다양한 관점에서 기술하는 능력의 전제조건이 의식이기 때문입니다.

미셸 비트볼Michel Bitbol은 저에게 이런 설명을 해주었습니다. 찰머스의 관점이 제기하는 문제는, 모든 인지적 과정·지각·행동 등에 대해, 이러한 것들이 의식과 연관되어 있고 따라서 체험된 경험으로 간주되어야 한다는 사실을 언급하지 않고도, 객관적이고 신경생물학적인 설명을 제시할 수 있다고요. 하지만 의식은 인지와 연관이 있기 때문에, 의식이 단지 뇌의 특정한 상태에 불과하다고 단정하기란 불가능합니다. 뇌에 연관되어 있고 뇌과학이 관찰할 수 있는 것은 의식이 실현하는 기억작용·개념화·해당 주체의 개인적 경험에 대한 언어적 표현 등과 같은 인지적 기능입니다.

볼프　의식적 상태는 의식적 경험과 꼭 연결되어야 할 필요가 없는 과정인 인식·지각·행동을 유발하는 상태와는 다른 뇌의 특정 상태인 것이 분명합니다. 중요한 문제는 이것입니다. "의식적 상태들은 그 특수성 때문에, 미래의 신경상태에 영향을 주는 무의식적 과정들의 다른 방식으로 신경과정에 영향을 주는가?"입니다.

**마티유** 하향식 인과성이 있는지를 말씀하시는 거죠?

**볼프** 하향식 인과성에 대한 설명을 해보고자 합니다. 사회적 현실이라는 영역을 포함하여, 이 문제를 확장시켜줄 것입니다. 순수하게 신경생물학적 관점에서, 이 질문은 의식적 뇌의 과정들이 정보를 처리하는 다른 가능성을 제공하는가를 아는 것입니다. 비의식적 과정은 갖지 않는 가능성이죠.

우리는 무의식적 방식으로 처리된 내용물들이 미래의 뇌 과정에 영향을 준다는 사실을 알고 있습니다. 만일 매우 숙달된 어떤 것, 예를 들면 스키나 테니스 등의 과업을 수행한다면, 그 사람은 바로잡아야 할 실수를 거의 하지 않을 것입니다. 과거에 이러한 실수를 했던 것과 그것을 고쳤다는 사실에 대해 거의 의식을 하지도 못한 채 말이죠.

하지만 실수를 교정함으로써 운동기능의 프로그래밍이 약간 변화할 것입니다. 만일 앞으로 같은 상황이 생기면, 그 과업을 더 잘 수행할 수 있도록, 절차적 기억 속에 그것에 대한 흔적을 남길 것입니다. 마찬가지로, 어떤 의식상태가 앞으로의 뇌 과정에 영향을 줄 가능성에 대해서도 설명할 수 있습니다. 하지만 이러한 의식상태는 이후의 뇌에 작용하는 성질, 특성, 혹은 코드화된 정보들에, 특정한 속성을 지닐 것입니다. 우리는 이러한 특정 기능의 속성을 밝혀내고 적응의 차원에서 그 역할을 이해하기 위해 노력해야 합니다. 저의 가설은 의식적 처리가 비의식적 처리보다 더 높은 수준으로, 다양한 정보의 자원들을 통합한다는 것입니다.

**마티유** 선생께서는 정신이 그 자체로 의식적이라는 것을 어느 정도 이해시켜줄 수 있는 흥미로운 설명들을 많이 발표해오셨습니다. 하지만 이러한 설명들은 달라이 라마와 에드문트 후설의 주장 혹은 우리의 친구 미셸 비트볼 같은 현상학자들의 주장과 부합하는 것 아닙니까? 이들은 의식이 우리가 이야기를 할 수 있는 모든 것보다 선행하며, 현상계에 대한 지각과 해석의 모든 가능성보다도 우선한다고 주장했습니다.

우리는 마치 의식이 우리 세계의 다른 모든 것 중에 하나의 양상에 불과한 것처럼, 의식을 연구하기 위해 의식의 영역을 벗어날 수는 없습니다. 또한 이러한 위대한 프로젝트 가운데 하나가 우리 뇌지도를 그리고, 각각의 신경세포와 신경결합을 설명하는 데 성공한다 하더라도, 순수한 의식에 대해서는 우리에게 특별한 설명을 해주지 못할 것입니다.

대부분의 뇌과학자들은 언젠가 우리가 뇌에 대해 충분히 알게 되고 신경생물학이 의식의 모든 양상들을 이해하도록 해주리라고 내심 확신하고 있습니다. 하지만 이러한 확신은 찰머스와 그의 동료들이 '단순한 문제'라고 불렀던 것을 해결하리라는 기대에 바탕을 두고 있습니다. 그것은 의식에 부여된 기능들을 신경생리학적 과정으로 설명하는 것입니다.

이들은 사랑이나 증오를 체험한 경험들을 이해시켜줄, '어려운 문제'에 접근하지 않습니다. 한마디로, 이들은 의식의 양상들을 설명하지만, 의식 자체를 설명하는 것은 아닙니다. 서구의 다른 철학자들도 마찬가지 결론을 내립니다. 예를 들면, 코헨과 다니엘 데넷Daniel Dennett은 이렇게 이야기합니다. "과학에 엄청난 장애가 되는 것이 아니라, 그 '어려운 문제'는 철저하게 과학의 영역 밖에서 일어난다는 사실에 그 명백한 어려움이 있습니다. 이것은 현재의 과학뿐 아니라 미래의 그 어떤 과학에서도 마찬가지로, 언어로 된 보고나 버튼을 누르는 일처럼 의식을 경험적으로 연구하게 해주는 인지기능의 산물이기 때문입니다."[75]

달라이 라마의 이야기도 마찬가지입니다. "우리는 본질적으로 일련의 내면적 경험들을 객관화하고, 그 경험의 주체라는 필수적인 존재를 배제할 위험이 있습니다. 우리는 이 방정식에서 자신을 떼어놓을 수 없습니다. 예를 들면 색을 구분하는 과정을 설명하는 신경 메커니즘에 대해 그 어떠한 과학적 해석도, 우리가 붉은색을 보았을 때 느끼는 것에 대해서 이해시켜주지는 못할 것입니다."

불교는 의식의 감각질qualia을 단순한 뇌기능으로 한정시킬 수 없다는 것을 지적하면서, 이러한 주장을 더 심도 있게 다루어야 한다고 제안합니다. 그것이 단순한 데카르트식 이원론에 속한다는 평계로, 이러한 주장들을 거부할 수는 없습니다.


**볼프**  이와 같이 극단적인 현상론의 입장에 저는 묻고 싶은 것이 하나 있습니다. 물론 누구나 각자 어떤 입장을 취할 자유가 있습니다만, 어떤 근거도 그것을 뒷받침하지 않는다는 것을 염두에 두어야 합니다. 이 관점은 논쟁에서 비롯된 논의로, 그 자체가 입증할 수 없는 교리에 바탕을 두고 있습니다. 즉 "의식이 모든 것보다 선행한다."는 것입니다.

저의 목표는 정신적 현상들이 인식의 주체와 문화의 공진화 때문에 존재한다는 자연주의자의 설명에 의지하여, 의식에 관한 '어려운 문제'를 단순화하는 것입니다. 신경과학은 문화적 시스템의 역동성과 개념, 규범, 새로운 모델 등의 출현을 분석합니다. 사회적 신경학처럼 신경과학의 선구자적 영역들은, 인간의 뇌가 사회·문화적 배경에 뿌리를 두는 것이 뇌의 발달에 작용하고, 그 기능들을 다양화시키는 데 기여합니다.

그런데 저는, 과거와 현재의 자기 행동과 자신의 감정 및 경험 등을 의식하는 능력이 비의식적인 처리가 없는 중요한 요소들을 추가하는지 알아보는 문제로 되돌아가고자 합니다. 제 생각에 의식의 출현은 뇌의 다른 인지능력보다 우월합니다. 이 우월성은 추상화 능력이나 상징적 코드화 등과 관련된 것으로, 상징적 코드화의 경우 복잡한 사회를 구성하는 것과 관련된 일일 때 특히 중요한 것으로 드러납니다. 한편으로는 의식적인 행동이, 또 한편으로는 사회의 조성에 바탕을 이루는 메커니즘의 공진화를 일으켰으리라고 생각하게 만듭니다.

일반적으로 사람들은 의식적 상태가 하나의 통합된 의식으로, 그 속에 일정한 수의 내용물이 하나의 '단일한 경험'(의식의 단일성은 우리의 경험이 통일된 전체로서 우리에게 도달한다는 사실, 즉 다양한 감각의 양상들이 오직 유일하고 의식적이고 일관된 경험이 혼합된 것이라는 사실과 일치한다. - 역주)을 형성하기 위해 결합된 것으로 생각합니다.

의식에 나타나는 것은 일관성이 있습니다. 사람들이 알고 있듯이 의식의 상태는 고도의 일관성 및 동시성과 연결된 것이기 때문에, 이러한 일관성을 뇌의 상태들과 결부시키는 것은 흥미로운 일일 것입니다. 의식을 관통하는 의식적 내용물들이 서로 특별하고 고유한 방식으로 연결되어 있다는 가설을 더욱 깊이 살펴보도록 합시다. 무의식적 내용물의 경우와는 분명히 다를 것입니다.

마티유 이와 같은 가설을 공식화하려면, 선생께서는 다양한 인지들을 통합하는 기능으로서 의식을 정의해야 할 책임이 있습니다. 하지만 이 정의는 모든 내용물이 없는 순수한 의식이 무엇인지에 대해서는 설명할 수 없죠. 따라서 선생께서는 의식에 침투하는 의식적인 내용물들이 서로 연결되어 있다고 주장합니다. 한편으로 의식이 다양한 인지들이 통합된 결과라 하고, 또 한편으로는 그 인지들과 같은 다양한 내용물들이 의식에 '침투한다'고 하시는 거죠.

**볼프** 과학적인 실험방법조차도 결국 우리가 증명할 수 없는 전제들에 의지합니다. 하지만 과학적 접근법은 설명해주는 힘이 있습니다. 이는 간단한 토의나 숙고를 통해 추론할 수 있는 것 이상의 통찰을 줍니다. 관찰자로서 연구방법을 구성하고, 가설을 세우며 법칙들을 구상하고 해석하는 것이 다름 아닌 '우리'라는 사실을 인식하는 한, 이러한 과학적 접근법은 문제를 일으키지 않을 것입니다.

또한 우리의 결론이 잘 결정된 경계선의 범위 내에서, 또한 모순되는 논거가 없을 때에만 타당하다는 것을 인정할 준비가 되어 있다면, 이 접근법은 문제를 제기하지 않을 것입니다. 연구를 진행하기 위해(그 것이 존재한다고 가정한다면) '객관적 현실'을 평가하기 위해서라기보다, 그것이 순응한 세상에서 생존을 위해 최적화된 진화과정의 산물인 일련의 인지적 기능들을 사용합니다.

따라서 우리의 인지능력은 매우 특별하고 특수하기 때문에, 한계가 있다는 사실을 인정해야 합니다. 그럼에도 불구하고, 과학적 연구가 우리로 하여금 법칙으로 정할 수 있는 일반적 경향들을 찾아내게 해주고, 또 이러한 법칙들이 특정한 서술체계의 내부에서 확인되는 예측을 하게 하며, 나아가 이 법칙들로부터 작성된 가공물이 예상했던 대로 작용한다면, 우리는 어느 정도의 진보를 이룬 것입니다.

이러한 진보에서 출발하여 경험적이고 검증 가능한 이 방식이 어디까지 나아갈 수 있는지를 보아야 합니다. 이때 우리의 지식에는 한계가 있고, 또 한편으로는 이 경계들이 어디까지 확장될 수 있는지 모른다는 점을 기억해야 합니다. 저는 이 한계 너머로 형이상학과 신념의 세계가 펼쳐진다고 생각합니다. 이러한 연구를 전개하다 보면 제 입장이 분명해지고 제가 증거를 통해 말하고자 하는 것이 정의될 것입니다.

이제 인식론적 담론을 끝내고, 정보의 의식적 처리와 무의식적 처리 사이의 이분법으로 다시 돌아가 봅시다. 무의식적 처리에서, 우리의 뇌는 의식적 주의력을 빌리지 않고도 자극에 집중하게 됩니다. 즉 뇌는 시각적, 청각적, 혹은 후각적 자극을 다루고, 그 타당성을 자동으로 손쉽게 분석할 수 있지만, 다양한 감각의 양상들 사이에서 정보의 통합은 저조합니다. 무의식적으로 인식된 자극은 의식영역에 침투한 것보다 더 상호의존적인 방식으로 처리됩니다. 만일 그 자극들이 의식적으로 처리되었다면, 이는 서로 연결되어서 통합적이고 일관성 있는 지각대상을 형성했을 것입니다.

이러한 통합을 실현하기 위해서는, 다양한 감각체계의 신호들이 충분히 추상적 차원에 코드화되어야 하고, 실제로 연결되려면 상당히 균질한 하나의 모델로 구성되어야 합니다. 진화가 새로운 피질영역들을 추가했다는 사실은, 뚜렷한 감각체계들에 의해 처리된 신호들을 통합하는 데 필수적인 토대를 제공했을 것입니다. 서로 다른 감각체계들에서 나온 신호들을 통합하고 비교할 수 있는 가능성은 대상들과 그 특징에 대해서 상징적이면서도 나아가 추상적인 묘사를 할 수 있게 해주었습니다.

이러한 이행적 통합, 즉 서로 다른 감각체계에서 나온 정보들을 결합시키는 통합은 또한 그 대상이 불변의 특성들을 가지고 있다는 것을 발견하게 해주었습니다. 비록 그 정보들이 감각체계에서 하나씩 인식되었을 때는 매우 다른 것처럼 보이더라도 말입니다. 이 새로운 피질 영역의 추가는 그 자체가 언어의 상징적 체계와 추상적 논증의 발전에 전제조건이 되는 상징적 코드화도 가능하게 해주었습니다.

따라서 우리는 의식을, 혹은 더 정확하게는 정보에 대한 의식적 처리상태를 관찰할 수 있습니다. 이러한 상태에서는 해결책에 대한 연구결과들이 서로 결합되어, 다양한 신경조직망들 사이에 동시에 이루어지는 복합적 관계를 이루는 전체적 일관성을 형성합니다. 따라서 이 과정은 상황들에 대해 더 추상적이고 상징적이며 철저한 기술을 할 수 있게 하는 것이 분명합니다. 이는 진화의 차원에서 적응값이 분명한, 일종의 고도로 진화된 정보처리 형태에 관한 것이죠.

더욱이 이 통합적이고 압축된 추상적 정보들이 다목적 소통체계 안으로 모아진다면, 서로 협력하는 사회들의 진화는 훨씬 더 쉬워질 것입니다. 의식적인 방식으로 처리된 내용들은 언어에 접근하는데, 이는 무의식적 처리대상인 내용일 경우에는 해당되지 않습니다. 만일 감각의 서로 다른 양상들에서 나오는 다수의 신호들이 일관성 있는 전체를 이루기 위해 이미 연결되어 있다면, 그 자체에 대한 지각을 표현하는 것이 훨씬 더 쉬워질 뿐 아니라 의식의 반사적 속성으로 인해 그 자체의 내적상태에 대해 정보를 제공하는 것도 훨씬 용이해질 것입니다.

따라서 우리는 의식이 해법의 연구결과들이 공동의 추상적 구조를 형성하는 방식으로 처리된 뒤에, 매우 간결한 방식으로 타인에게 소통될 수 있도록 하나의 일관된 전체로 연결되는 토대가 의식이라고 생각할 수 있습니다. 정보의 물리적 처리 시스템들이 모두 그렇듯, 이 토대에도 용량의 한계가 있는 것이 분명합니다. 매순간 뇌의 서로 다른 중추에서 얻어진 해결책들은 의식의 영역에 접근할 수 없으며 통합된 하나의 표상을 구성하는 방식으로 결합될 수도 없습니다. 우리에게 주의력이 반드시 필요한 것은 이 때문입니다. 언어를 통해 소통할 수 있고, 에피소드 기억 혹은 자전적 기억 속에 명백한 '지식'으로 저장되기 쉽도록, 하나의 의식적인 인식을 형성하기 위해서, 우리가 서로 연결시키고자 하는 결과들을 선별해야만 합니다. 그러면 이 지식은 기억에 되살려질 수 있으며 의식적인 숙고의 구성요소가 될 수 있습니다.

만일 스님께서 지금 스님의 의식에 있는 것에 대해 상세하게 이야기해준다면, 저는 이 상징들의 흐름에 주의를 기울여, 그것을 해독하고, 그것을 저의 의식차원에서 의미론적인 내용으로 바꾸어, 만일 그것이 필요하다고 한다면, 저의 서술기억에 저장할 수 있습니다. 어떤 의미로는 제가 스님의 현재 의식상태에 대해 압축적이고 매우 상징적인 서술을 저의 뇌에 새기고 그것을 저장했다고 말할 수 있을 것입니다. 따라서 스님의 내면상태가 앞으로의 저의 뇌 과정에 영향을 줄 수 있습니다.

이것은 저 자신의 의식영역에 통합되어 있고, 저의 서술기억에 축적되어 있던 추상적이고 매우 복잡한 내용들의 경우에도 마찬가지입니다. 이러한 각각의 내용물들은 결국 저의 뇌에 변화를 가져오고 따라서 앞으로의 과정들을 바꾸어놓을 것입니다. 이런 식으로, 의식의 차원에서만 일어나는 해법탐색에 대한 능력은 '낮은' 차원의 과정, 즉 대뇌변연계의 네트워크에 통합됩니다. 또한 이렇게 해서 하향식 인과성이 실행됩니다. 이는 신호들의 '형질도입'(transduction, 지각의 과정에서 형질 도입은 생물학적 수용기의 수준에서 이루어지는 것으로, 물리적 또는 화학적 에너지를 신경 메시지의 생체 에너지로 변환시키는 것을 가리킨다. - 역주)과 정보의 저장에 대한 고전적인 메커니즘을 의지합니다.

**마티유** 불교에서는 의식의 근본적인 속성이 말, 상징, 개념, 혹은 그 어떤 표현을 넘어서는 것이라고 주장합니다. 우리는 정신적 구조물이 없는 순수한 의식에 대해 이야기할 수 있지만, 그것은 손가락으로 달을 가리키는 것과 같아서 이 손가락이 달이라고 주장하는 것입니다. 깨어 있는 순수한 의식을 직접 경험하지 않는 한, 모든 것은 의미 없는 이야기일 뿐입니다.

선생께서 말씀하셨다시피, 정신적 내용물의 형성·처리·통합과 정신적 활동이 세상과 타인들에게 연결되도록 해주는 양상들을 검토하지 않는 한 문제는 없습니다. 그런데 저는 이 모든 연구들이 의식의 근본적인 속성의 문제를 다루는 것은 아니라고 생각합니다. 우리의 경험을 개념으로 바꾸고, 기억을 생성하고, 개인들이 서로 소통하게 해주는 메커니즘 등, 이 모든 연구는 명상과 뇌과학을 통해 다양한 차원에서 분석될 수 있습니다. 매우 복합적이고 놀라운 지식의 자료집이 발견되겠지요. 하지만 이것은 우리가 의식한다는 것, 더욱 근본적인 현상을 더 깊이 분석할 것을 요구합니다.

**볼프** 하지만 그것이 왜 이토록 납득하기 힘든 걸까요? 스님께서 시각적 내용물을 표시할 수 있게 해주는 토대가 있다고 상상해보십시오. 이 바탕을 혼잡스럽게 하는 다른 데이터들이 없도록, 스님께서는 눈을 감습니다. 시각이 표현될 수 있는 이 바탕은 항상 있습니다. 의식의 토대나 메타의식의 토대도 마찬가지 아닐까요?

우리는 고도로 진화한 뇌를 갖고 있기 때문에, 의식의 작업공간, 토대, 혹은 기능적 상태를 마음대로 사용할 수 있고, 이것은 우리가 매우 추상적이고 광범위하게 분포된 표시들을 연결시켜줍니다. 우리는 과거에 이미 그것을 경험했기 때문에 이러한 능력들을 사용할 수 있다는 것을 압니다. 만일 우리가 이 토대에 다른 내용들이 끼어들지 못하게 막을 수 있다면, 우리는 항상 이 작업공간에 대해 의식적인 상태를 유지할 수 있고, 그러한 의식상태에서는 우리가 의지력과 주의력을 발휘해 내용들이 통과해서 지나가도록 할 수 있습니다.

**마티유** 만일 선생께서 이 작업공간에 '대하여' 의식한다면, 그것은 이 의식이 그 작업공간 자체 '속에' 존재하지 않고, 더 깊은 차원에 존재한다는 것을 의미합니다. 또 다시, 여기서 그 어떤 것도 개념적인 내용이 없는 순수한 의식의 경험에 대해 근본적 특성을 설명해주진 못합니다. 선생께서는 내용물이 없는 토대라고 부르는 순수한 의식을 정확하게 식별하는 능력을 통달한 명상가들은, 이를 완전한 의식상태, 매우 명료하고 깊은 평화가 깃든 상태라고 설명합니다. 이들은 마치 파도가 바다에서 치솟았다가 사라지는 것처럼, 생각들이 이 의식의 공간에서 일어나는 것과 사라지는 것을 명확하게 바라봅니다. 이러한 과정을 숙달한 사람들은 강력한 감정적 균형과 내면의 힘과 평화, 그리고 근원적인 자유로움을 누릴 수 있습니다. 따라서 어떤 명상가가 정신적 과정의 예리한 차원에 도달할 때, 매우 특별한 무언가가 일어날 것입니다.

<u>볼프</u> 저는 이 문제를 이해하기가 어렵습니다. 깨어 있는 상태일 때, 우리는 우리의 정신적 상태를 지각합니다. 우리는 깨어 있다는 것을 인식하고, 우리가 인식한다는 것을 의식하고, 각성상태의 뇌가 야기할 수 있는 모든 과정들에 참여할 준비가 되어 있으며, 내면의 상태 혹은 외부의 자극에 대해 주의력을 쏟을 준비가 되어 있습니다. 이 특정한 상태에만 주의력을 집중한다는 것은 어떤 점에서 그토록 다른 걸까요?

저는 이 순수한 의식상태가 인지적 내용물이 전혀 없다고 주장하시는 스님의 논증을 따라가지 못하겠습니다. 스님께서 설명하셨듯이, 이것은 완전한 행복의 감정이 깃든 상태이고, 우리가 '평화로운', '시간을 초월한', '무한한' 등의 단어로 표현하는 상태입니다. 이것은 단지 특정한 의식상태에 관한 것이며, 그 속에서는 습관적이고 평범한 내용들이 다른 내용에 의해 대체됩니다.

이것은 우리가 정신수양을 통해 도달할 수 있다고 보는 변화된 의식상태입니다. 이러한 상태의 유도는, 우리가 알고 있는 다른 수많은 의식의 상태들을 불러일으키는 것과 동일한 신경 메커니즘에 좌우된다고 할 수 있나요? 가령 자기암시 혹은 관습에 의해서 유도된 의식상태를 예로 들어봅시다. 이 모든 실천은 주의력을 일정한 집중구역으로 향하게 함으로써, 고의적으로 감각신호들의 흐름과 인지적 내용들이 의식에 진입하는 것을 마음대로 조작합니다.

또 다른 설명을 해보겠습니다. 주의력은 이중적 기능을 갖고 있는 것 같습니다. 하나는 외부세계에서 오는 신호들을 선별하는 것이고, 또 하나는 의식의 차원에서 처리될 인지적 내용들을 선별하는 것입니다. 우리가 외부세계와의 상호작용을 확고하게 하기 위해서 자신의 주의력을 훈련시킬 수 있다는 것은 분명하게 확인되었습니다. 일부 질병들은 주의를 집중하거나 산만해지지 않도록 하는 것을 방해하지만 말입니다. 교육의 목적 가운데 하나는 아이들이 자신의 집중력을 모으고 감각신호들을 걸러내며, 과업에 집중하는 법을 배우도록 훈련시키는 것입니다.

매우 유사한 과정에 의해, 그 주체가 의식의 차원에서 처리될 인지적 내용들을 선택하는 일을 돕는 주의력 메커니즘을 훈련하고, 그 결과 원하지 않는 데이터들이 개입되지 않도록 하는 것도 가능할 것입니다. 스님께서 추천하신 수행법은 의식에 내용물이 들어오는 것을 조절하는 메커니즘을 훈련하는 것만큼 외부세계에서 오는 자극을 선별하는 주의력 메커니즘을 훈련하는 것은 포함되지 않은 것 같습니다.

이런 상황에서 저는 사색을 할 뿐입니다. 왜냐하면 사람들은 주의력 메커니즘의 구성에 대해서 잘 모르기 때문입니다. 게다가 사람들은 명백한 2가지 주의력 체계가 있다는 것도 모릅니다. 하나는 감각신호의 선별을 실행하는 체계이며, 또 하나는 그 신호들이 의식에 접근하는 것을 심의하는 주의력 체계입니다. 보통 이 2가지 과정은 매우 밀접한 연관이 있습니다. 우리의 주의력을 사로잡는 신호들은 의식적 방식으로 처리되는 편이며, 이는 작업기억과 일화기억에 접근하고 언어로 표현될 수 있습니다.

작업공간의 개념에 관해서는 또 다른 문제가 있습니다. 작업공간 혹은 바탕에 대해 말할 때, 뇌의 어떤 국한된 영역을 가리키는 것이 아닙니다. 그보다 의식적 처리의 특징을 이루는 연상기능이 이루어지는 특정한 역동적 상태에 관한 것입니다. 주의력 메커니즘의 기능 가운데 하나는 이러한 상태를 준비하는 것이라고 추측할 수 있습니다. 이 설명이 일리가 있습니까?

**마티유**  네. 하지만 지적하고 싶은 것은, 우리가 여전히 근본적인 의식의 본질을 설명하지 못했다는 점입니다.

**볼프**  그것은 주의력을 요하는 작업공간을 준비하고, 이를 지원하는 것으로 간단하게 설명될 수 있을 것입니다.

**마티유**  순수한 의식이 일종의 주의력이라고 말할 수는 없습니다. 왜냐하면 주의력은 무언가에 주의하는 것을 뜻하며, 어떤 객체에 주의하는 주체라는 이원론적 방식으로 행해지는 과정이기 때문입니다. 그보다는 순수한 의식의 내부에서, 서로 다른 정신적 작용들이 전개된다고 말하는 것이 더 정확합니다. 여기에는 지각이나 다른 모든 정신적 현상들을 향하는 지각도 포함됩니다.

선생께서 조금 전 말씀하신 것은 주의력 훈련에 대한 설명으로는 충분한 것 같습니다. 하지만 모든 경험에 대해 그 풍부함을 다 설명하지 못하고, 특히 그 경험이 근본적이라는 것을 설명하는 데도 충분치 않습니다. 그것은 불가피한 것이죠.

## 과학자가 초심리학적 현상을 경험할 때

**마티유**  전적으로 뇌에 종속된 의식에 대한 일반적 견해를 재검토하게 해줄 몇 가지 현상들을 살펴보겠습니다. 만일 그 현상들이 타당한 것으로 밝혀진다면, 매우 흥미로운 일이 될 것입니다. 제 머릿속에 불현듯 3가지 경우가 떠올랐는데, 우리가 잠시 주의를 기울여 그것에 대한 현실과 착각을, 루머와 사실을 분명하게 구분해야 할 필요가 있습니다.

먼저 다른 사람들의 인지적 내용에 접근하는 사람들에 관한 문제입니다. 그다음은 그들의 이전 삶에 대한 추억을 불러일으킬 수 있는 사람들. 끝으로 임박한 죽음을 경험하고, 그들이 겉으로 보기에 무의식 상태인 순간에 그들의 주변상황에 대해 상세하게 기술한 사람들입니다. 여기서 무의식상태란 뇌전도EEG가 수평인 상태로, 뇌의 주요 부분에 전기적 활동이 없다는 것을 뜻합니다.

신체에 국한되지 않은 의식에 대한 사실적 근거로 자주 언급되는 이러한 현상들은 우리로 하여금 유효성의 인정기준을 재점검하게 합니다. 게다가 스티븐 로리스Steven Laureys의 연구에서 보여주듯, 혼수상태에 있는 사람들 중 일부는 자신의 주변 환경에 대해 실제로 인식하고 있습니다.[76]


**볼프** 이것은 실제로 매우 중요한 인식론적 문제입니다. 만일 초심리학적 현상에 대한 이 이야기 가운데 하나가 타당한 것으로 드러나고 잘못된 지각들, 허구의 기억 혹은 우연에 속한다는 일반적인 설명과 배치된다면, 우리는 중대한 문제에 부딪히게 될 것입니다. 왜냐하면 이 현상들은 우리가 지금까지 알고 있던 신경 메커니즘의 어떤 것으로도 설명될 수 없으며, 심지어 이 현상들은 자연과학이 바탕을 두고 있는 일부 기본법칙들과도 어긋나기 때문입니다.

이런 종류의 현상들이 지닌 주요한 난점 가운데 하나는 이 현상들이 재생될 수 없다는 것입니다. 의지적으로 그 현상을 불러일으키는 것이 불가능하고, 따라서 우리는 실험을 통해 그 현상을 연구할 수 없습니다. 물론 이 현상들은 재생이 불가능하다는 것이 그 구성상의 특징인 카테고리에 속하며, 이 현상들이 그 자체로 절대 반복되지 않는, 역동성의 예외를 보여준다고 대답할 수도 있을 것입니다. 이 경우, 우리가 동원할 수 있는 과학적 수단으로 이러한 현상들을 연구하는 것이 불가능합니다.

저에게 일어났고, 지금도 저를 난처하게 만드는 이야기를 하나 들려드리겠습니다. 당시 여덟 살이었던 제 딸아이가 제가 가본 적이 없는 어느 구석진 동네에서 열리는 파티에 초대되었습니다. 같은 반 친구 아이의 부모가 제 딸아이를 거기에 데려다주었고, 저는 저녁에 아이들을 데려오기로 했습니다. 연구실을 나서서 눈보라를 뚫고 1시간쯤 차를 몰아 알려준 주소로 찾아갔습니다.

저는 어두운 어느 빈 집 앞에 도착했습니다. 그곳은 정말 기분 나쁜 곳이었습니다. 잘못된 주소를 받은 것이었는데, 당시에는 휴대폰도 없었습니다. 제가 할 수 있는 일은 다시 집으로 돌아가서 제대로 된 주소를 받기 위해 딸아이의 전화를 기다리는 수밖에 없었습니다. 달리 말하면, 저는 집으로 돌아가기 위해 다시 1시간을 운전하고, 아이들을 데리러 가기 위해 또 다시 1시간을 달려야 하고, 아이들과 함께 집으로 돌아오기 위해 다시 1시간을 운전해야 하는 것이었습니다.

정말 화가 났어요. 제가 어떻게 했을까요? 저는 왼쪽으로 또 오른쪽으로 돌면서, 그 동네의 출구 쪽으로 계속 운전을 해나갔습니다. 어디인지도 모르고 저는 변질된 의식의 상태로 어떤 장소에 갔습니다. 어느 막다른 골목에 다다랐다가 유턴을 해서 몇 미터쯤 움직였을 때, 바로 그때 저는 어떤 이유에서인지, 제가 어떻게든 차를 멈춰야 한다는 느낌이 들었습니다. 그 길의 맞은편에, 여러 층의 건물 하나가 서 있었습니다.

저는 차에서 내려 길을 건너갔습니다. 그리고 문패에 있는 거주자의 이름을 읽었습니다. 왜 이 건물을 택했는지는 저에게 물어보지 마세요. 문패 이름을 읽으면서, 저는 제 시야 반경에 어떤 움직임이 느껴졌습니다. 저는 몸을 돌렸고, 유리문 안쪽에서 파티가 열렸던 지하에서 올라오는 제 딸아이를 보았습니다. 아이는 저를 보고 문을 열면서 이렇게 말했죠. "딱 맞춰서 오셨네요. 파티가 끝났어요. 친구도 곧 올라올 거예요."

저에게 일어났던 일을 딸아이에게 들려주자, 아이는 전혀 놀라지 않았어요! 아이는 이렇게 말했어요. "아빠는 우리 아빠잖아요. 그러니까 내가 어디에 있는지 아는 게 당연하죠." 이것이 무의식적인 지식이 관계된 것이었을까요? 제가 그 동네 지도를 예전에 봤기 때문이었을까요? 아니면 제가 무의식적으로 거리 이름을 기억하고 그 집을 기억해서였을까요? 이 모든 데이터들이 저장되어 있다가 제 무의식이 직관적인 접근법에 의지하여, 3시간을 왕복해서 운전하는 대신 "무턱대고 차를 좀 더 몰아보는 것이 좋겠어. 그러다가 아이들을 찾을 가능성도 있는 거잖아?"라고 생각하게 한 걸까요? 왜 그렇게 비합리적인 탐색과정에 뛰어들었는지는 모르겠습니다만, 실제로 저는 무턱대고 동네를 돌았던 느낌입니다.

**마티유** 길 이름도 보지 않았던 건가요?

**볼프** 네. 저는 몹시 화가 났고 속상한 상태였습니다. 제가 완전히 변질된 의식상태에서도, 저의 무의식에 저장된 다양한 데이터들을 떠올리고 그것을 이용해서 제가 방향을 잡을 수 있었을 거라는 사실은 우리가 지금 뇌의 메커니즘에 대해 아는 것과도 일치하는 해석입니다. 하지만 만일 제 딸아이의 해석이 진실이라면, 우리는 뇌와 자연에 대한 일반적 견해들에 대해 충분히 의문을 가질 만하며, 우리가 중요한 무언가에서 벗어나 있다는 것을 인정해야만 할 것입니다. 하지만 지금 으로서는, 이런 유사한 이야기들과 경험들에도 불구하고, 연구노선을 바꾸기에는 설득력이 떨어집니다. 만일 설득력이 있다 하더라도 우리의 연구가 무엇에 관해 이루어져야 하는지도 모를 것입니다.

**마티유** 그 일 이후에 이상한 기분이 드셨겠습니다.

**볼프** 네, 아주 많이요.

**마티유** 하지만 체면을 지키는 모든 과학자들처럼, 만일 선생께서 이 경험에 그토록 중요한 의미를 두었다면, 사람들은 이렇게 말하기 시작했을 것입니다. "이봐요, 볼프 싱어도 불가사의한 현상들을 믿는 정신 나간 사람들 중에 하나가 되었잖아요!"

**볼프** 만일 제가 이 주제에 대한 연구 프로그램을 시작했다면, 사람들이 그렇게 말했을 것이 분명합니다. 하지만, 같은 일이 반복되더라도, 저는 이 모든 것에 대해 어쩌면 간단한 설명이 있을 것이라고 말하겠습니다. 우리의 뇌는 막대한 용량으로 저장된 정보들을 활용합니다. 그리고 우리의 일상 속에서, 위험을 피하기 위해, 우리는 끊임없이 우리가 의식하지 못하는 정보들에 의지하고 있습니다. 우리는 매우 효과적인 것으로 드러난 직관적 행동에 의지하는데, 이러한 것들은 우리가 이성적이라고 생각하는 전략들과는 다른 것들입니다.

만일 이러한 시도가 실패한다면, 우리는 그 실패가 당연한 것이라고 생각하겠지요. 하지만 만일 그것이 성공하면, 우리는 그 해법이 기적에 속한다고 생각해버립니다.

**마티유** 저도 개인적인 이야기를 하나 하겠습니다. 다르질링에서 저의 첫 번째 스승이었던 캉규르 린포체 Kangyur Rinpoche 곁에서 짧은 은둔 생활을 하던 중에 있었던 일입니다. 어느 날 문득 청소년기에 제가 동물들을 죽였던 일이 기억났습니다. 저는 어릴 때부터 낚시를 자주 했는데, 열세 살쯤이었던 어느 날 제가 물고기의 생명을 빼앗고 끔찍한 고통을 주고 있다는 사실을 깨닫게 되었습니다. 저는 그때까지 사냥을 해본 적이 없고 사냥에 대해서 강하게 반대하는 편이었는데, 마침 저희 삼촌이 자신의 정원에 큰 피해를 주고 있는 수달을 잡기 위해 소총을 쏘러 가자고 했습니다. 그래서 저는 어리석게도 그중 한 마리를 향해 총을 쏘았습니다. 그 수달이 총을 맞고 뛰어올랐습니다. 그 수달이 죽었는지 안 죽었는지는 모릅니다만, 죽지 않았기를 바랍니다. 어쨌든 그 수달은 물속으로 사라졌습니다.

그때를 회상하면서 저는 이런 생각을 했습니다. "그런데 내가 어떻게 그런 짓을 할 수 있었지?" 그것은 감각을 지닌 한 존재의 생명에 대해 전혀 고려하지 않는, 완전히 몰상식한 짓이었습니다. 어쩌면 새끼를 밴 암컷이었을 수도 있습니다. 저는 그 수달이 삼촌의 잔디밭에서 풀을 뜯어먹는다는 말도 안 되는 이유로, 수달의 생명을 빼앗았다는 생각에 깊은 후회를 느꼈습니다.

그 일을 떠올리자 스승인 캉규르 린포체를 만나러 가야겠다는 생각이 들었습니다. 제가 머물던 은둔처에서 가까운 사원에 계셨는데, 가서 그 이야기를 털어놓고 싶었습니다. 그 당시 저는 티베트어를 그다지 잘하지 못했지만, 다행히 제 스승 가운데 한 분이었던 캉규르 린포체의 아드님이 영어를 유창하게 하셨습니다. 저는 캉규르 린포체 스승께 절을 3번 드렸습니다. 그런데 제가 절을 하는 중에 스승께서는 웃으시며 아드님께 몇 마디 말을 건네는 것이었습니다. 축복을 받고 제 이야기를 들려드리려고 가까이 다가가자, 제가 입을 떼기도 전에 아드님께서 저에게 말씀하셨습니다. "살면서 얼마나 많은 동물을 죽였는지 린포체께서 물으셨습니다."

이상하게 보이겠지만, 그때의 상황은 사실 전혀 놀라운 것이 아니었습니다. 모든 것이 너무나 자연스러워 보였습니다. 저는 캉규르 린포체 스승께 사실 제가 수달 1마리와 수많은 물고기들을 죽였다고 말씀드렸습니다. 그러자 그는 재미있는 농담이라도 되는 양, 또 웃으셨습니다. 무슨 말을 더해도 소용이 없었죠.

어느 날, 이 이야기를 신경과학자인 조나단 코헨Jonathan Cohen에게 했더니 그는 이렇게 말했어요. "당신의 삶에서 일어나는 일들은 수백만 가지입니다. 매 순간, 어떤 일이든 일어나죠. 이 수백만 가지 사건들 중에 복권에 당첨되는 것처럼, 아주 드물게 전혀 상관이 없는 2가지 일이 서로 완벽하게 연관된 것처럼 보일 수 있습니다. 이러한 조합은 당신의 정신에 강한 인상을 일으키고, 2가지 사건들이 불가사의한 방식으로 서로 연결되어 있다고 결론 내리게 됩니다. 하지만 이것은 우연히 일어난 사건에 대한 일회적 설명일 뿐입니다." 제 이야기의 경우는 많이 다르다고 생각합니다. 별로 일어날 법하지 않은 일들이 계속 일어났지만 그것은 일상적 논리에 속하고 해석도 매우 간단한 일이기 때문에, 캉규르 린포체 스승의 경우는 다르다고 생각합니다.

**볼프** 전혀 일어날 법하지 않은 일들도 얼마든지 가능합니다. 이런 일이 일어날 때, 우리는 그 상황에 엄청난 가치를 부여하죠.

**마티유** 제가 스승님 곁에서 지낼 때, 이런 종류의 상황이 매우 자주 일어났다는 것을 말씀드려야겠습니다.

**볼프** 전쟁 중에는, 이런 말을 하는 어머니를 자주 접하게 됩니다. "내 아들이 죽는 꿈을 꾸었는데, 그로부터 이틀 뒤에 전사소식을 들었어요." 사람들은 병사의 어머니들은 늘 걱정을 한다고 말합니다. 어머니들은 분명 매일 이런 꿈을 꿉니다. 만일 그 일이 일어나지 않았다면, 어머니들은 그 꿈을 잊어버립니다. 이러한 현상에 대해 단순한 우연에 대해 '귀납적' 해석을 한 것이라고들 말하죠.

**마티유** 물론 매일 신기한 우연의 일치가 수없이 일어나지만, 그것은 그저 우연이라고 주장할 수 있습니다. 우리가 매일 길에서, 기차에서, 그 어디서든 만나게 되는 일들은, 일어날 수 있는 수백만 가지 중에 하나의 가능성을 가집니다. 하지만 우리는 그것에 대해 별로 주의를 기울이지 않습니다. 왜냐하면 그것은 우리의 눈에 특별한 의미를 더하지 않기 때문입니다.

혼자 기차를 탔는데 옆자리에 아는 사람이 앉게 된 경우, 그가 평소에는 그 노선을 잘 이용하지 않는다면, 우리는 이런 우연에 매우 놀랍니다. 사실 이 2가지 상황에 차이점은 없습니다. 이러한 우연은 일어나지 않을 가능성만큼이나 일어날 가능성도 있습니다. 하지만 두 번째의 경우 우리에게 특별한 의미를 갖게 하고 따라서 우리는 특별히 주의를 기울이게 되는 것입니다

이런 종류의 상황에 대해 2가지 아주 놀라운 예를 들어보겠습니다. 어느 날, 저는 출판사에 가기 위해 파리의 골목길을 걷고 있었습니다. 출판사에 들른 후에는 저의 최근 저서를 소개하는 TV 문학 프로그램에 출연하기로 되어 있었습니다. 그때 갑자기 택시 한 대가 제 옆에 멈춰서더니 한 사람이 손에 편지를 들고 내렸습니다. 그는 저에게 이렇게 말했습니다. "저는 선생님을 잘 모르지만, 선생님의 책을 읽었습니다. 지금 선생님께 이 편지를 부치려던 참이었어요. 편지 여기 있어요."

좋아요, 좋습니다. 이것은 그저 우리 각자에게 특별한 의미를 가진 사건들 중 하나입니다. 그런데 그날 밤, 방송을 마친 후에 저는 다 같이 저녁을 먹으러 식당에 갔습니다. 한참 뒤에 저는 저와 방향이 같은 한 친구와 함께 택시를 탔습니다. 우리는 방송에 대해서 이야기를 나누었는데, 그때 운전기사가 몸을 돌리며 이렇게 이야기했습니다. "2시간 전에, 그 프로그램의 방청객이었던 여자 분을 태웠습니다." 어디서 그녀를 내려주었는지 물어보자, 그는 제 여동생의 주소를 댔습니다. 그 택시기사는 파리에 1만 4,000대의 택시가 있다고 했습니다.

저는 몇 시간 사이에 매우 놀라운 2가지 우연을 겪었습니다. 솔직히 저는 그것을 특별하다고 생각하지 않습니다. 그것은 같은 날 복권에 2번 당첨되는 것과 같은 일로, 자주 일어나지는 않지만 그것은 단지 가능성의 문제일 뿐입니다. 이러한 일들은 완벽하게 설명이 됩니다. 제가 거리를 걷고 있었던 것처럼, 제 누이가 택시를 타고, 또 제가 2시간 뒤

에 똑같이 택시를 탔던 일만큼이나, 그 남자도 저에게 편지를 쓰고 그것을 보내러 가야 할 수많은 이유가 있었던 것입니다.

제 스승께 제가 물었던 질문의 경우에는 그 성격이 좀 다르다고 생각합니다. 그가 저에게 대뜸 "살면서 얼마나 많은 동물을 죽였는가?"를 물어볼 이유는 전혀 없었습니다. 수년 동안 캉규르 린포체는 저의 어린 시절이나 프랑스에서의 생활에 대해 물어본 적이 없었습니다. 저는 스승께 그저 서양에서 과학을 공부했고, 사랑하는 부모님, 삼촌, 누이가 계시다고만 말했습니다. 그게 전부였죠.

수년 동안 그가 저에게 말했던 것은 명상 수련법이나 과거 위대한 스승의 일생, 혹은 현재나 일상에 관계된 것들뿐이었습니다. 그런데 왜 스승께서는 그때 갑자기 7년 동안 처음이자 마지막으로 저에게 그 질문을 느닷없이 하셨을까요? 사실 그 이야기는 제가 스승께 털어놓으려 갈 때조차도 꽤 모호하고 막연했던 일이었는데 말이죠. 제 생각에 그것은 파리에서 일어났던 일처럼, 그저 단순한 확률상의 해석에 속하는 일은 아닙니다. 가장 단순하고 분명한 설명은, 그가 저의 생각을 읽었다는 것입니다. 저로서는 의심의 여지가 없습니다.

그것은 특이한 사례가 아닙니다. 제 두 번째 영적 스승인 딜고 켄체 린포체Dilgo Khyentse Rinpoche와 제자들이 저와 함께 목격한 사례를 서너 가지 더 들 수 있습니다.

티베트 전통에서는 타인의 생각을 읽는 능력이 매우 깊고 순수한 명상의 단계에서 일어나는 부수적인 효과 가운데 하나라고 생각합니다. 이 능력은 정신수련을 한 적이 없는 평범한 사람들에게서는 찾아볼 수 없습니다. 영적 대가들은 심령술사나 영매들처럼 특정한 능력을 절대 과시하지 않으며, 공개적으로 그것을 인정조차 하지 않습니다. 이러한 현상은 이따금 적당한 때에 일어나서 영적 가르침을 따르는 제자들의 신념을 굳건하게 만들어주기도 합니다. 이것은 물론 미묘한 암시에 관한 것이지, 보란 듯 뽐내는 과시는 절대 아닙니다.

**볼프** 냉전시대에 이런 종류의 실험들이 미국 스탠퍼드 대학 주도로 진행된 적이 있습니다. 당국에서는 물속 잠수함과 교신할 수단을 고안하고자 하는 노력의 일환으로, 텔레파시를 이용하자는 발상이 나왔습니다. 신뢰성을 자랑하는 물리학 연구소들이 일련의 실험에 참여했습니다. 5개 장소 가운데 1곳에 대상자를 보내고, 1명의 영매를 일종의 페러데이 차단판(전기장을 막을 수 있도록 전도체 물질로 지어진 닫힌 공간)으로 엄폐된 방에 앉아 있게 했습니다. 그 영매는 같은 시간에 실험대상자가 보고 있는 것에 대해 말과 그림으로 기술하도록 했습니다.

이 데이터들은 선택된 5개 장소를 잘 알고 있으나, 실험의 목적에 대해서는 전혀 모르는 대상자 그룹에 전달되었습니다. 이 대상자들에게 영매가 묘사한 그림이나 글과 가장 유사한 장소를 지시하도록 요청했습니다. 일치하는 비율이 놀라울 정도로 높았던 것 같습니다. 그림을 공정하게 평가하는 관찰자들의 판단과 실험대상자가 보내졌던 장소 사이에는 매우 의미 있는 연관성이 있었습니다. 연구에 대한 2가지 보고서가 〈네이처〉에 출판되었으며, 매우 신뢰도가 있는 IEEEInstitute of Electrical and Electronics Engineers 잡지에도 1~2개의 논문이 실렸습니다. 이러한 논문 발표는 그 이후에는 이어지지 않았습니다. 저로서는, 그것에 대해 더 이상 언급되는 것을 들어보지 못했습니다.

**마티유** 그게 언제였죠?

**볼프** 1960년대였습니다. 저는 이 물리학자들이 더블 블라인드 테스트 등을 고안한, 훌륭한 과학적 작업을 했다고 생각합니다. 독일 프라이부르크에서, 벤더Bender 교수가 지휘하는 연구소에서 과학적 실험의 차원에서 이런 기이한 현상들을 증명하고자 시도했습니다. 하지만 이때에는 모든 시도들이 실패했고 통계수치는 전혀 타당성을 갖지 못했습니다.

**마티유** 문제는 이 연구에 대해 무엇을 했느냐를 아는 것입니다. 이러한 연구들은 서구의 모든 문화적 신념들에 배치됩니다. 적어도 인정받은 과학계에서는 말이죠. 따라서 비록 이 실험으로 얻은 결과가 타당하다고 해도, 연구자들은 이 실험을 무시하는 경향이 있습니다.

**볼프** 20여 년 전에는 의식에 대한 신경적 토대를 연구하는 것이, 당시 사람들에게 진지하게 받아들이지 않았습니다. 오늘날에는 이것이 완전히 학문의 영역으로 수용되었지만 말이죠. 하지만 스님께서 초자연적 현상에 대한 연구를 제안한다면, 연구비를 보태줄 재단은 단한 곳도 없을 것입니다. 〈네이처〉에 실린 스탠퍼드 대학 물리학자들의 논문은 분명 완전히 잊혔습니다.

어느 날 저녁, 그 출판물에 대해서 알고 있던 동료 1명과 술을 마시며 이야기를 나누었습니다. 저의 의심에도 불구하고, 그는 제 앞에 매우 신뢰할 만한 잡지에 실린 연구 보고서들을 내밀었습니다. 그 논문들은 근거가 확실한 것으로 보였지만, 초심리학적 현상에 대해 이루어진 대부분의 연구들이 성공을 거두지 못했습니다.

## 전생을 기억하는 사람들

마티유 지금은 돌아가셨지만 이안 스티븐슨lan Steven-son이라는 버지니아 대학교 교수가 계셨습니다. 그는 전생을 기억한다고 주장하는 수십 명의 이야기를 연구했습니다. 그 이야기들 가운데 상당 부분은 제외시켰는데, 그 이유는 설득력이 매우 떨어지거나 분명히 거짓말이었기 때문입니다. 연구를 끝낸 그는 우연이라거나 속임수, 혹은 피상적인 조사 등의 통상적인 이유로는 설명할 수 없는 20가지의 경우를 선별했습니다. 그 이야기들은 기억의 상세함이나 명확성을 고려할 때, 특정한 기억의 산물이라는 것 외에는 달리 설명하기가 어려웠습니다.[77] 모두 평범한 아이들과 관련된 것이었습니다. 스티븐슨은 신앙을 갖고 있지 않은, 정신과 의사이자 인류학자였습니다.

가장 유명한 역사적 사건 중에 하나는 샨티 데비Shanti Devi에 관한 이야기입니다. 제가 이 이야기를 하는 것이 처음은 아닙니다만, 그녀는 정말 놀랍다고 말할 수밖에 없습니다. 샨티 데비는 1926년 델리에서 태어났습니다. 네 살 때 그녀는 부모님께 이상한 이야기를 하기 시작했습니다. 자신의 진짜 집은 그녀의 남편이 살았던 마투라Mathura라는 동네에 있다고 말이죠. 샨티 데비는 사랑스럽고 영리한 아이였습니다. 처음에는 주변 사람들도 그녀의 이야기들이 재미있게 들어주었지만, 머지않아 그녀의 정신건강을 걱정하게 되었습니다. 학교에 들어가

자 모든 사람들이 그녀를 놀렸습니다.

그녀의 선생님과 그 학교의 교장은 이 공부 잘하고 진지한 소녀에게 너무 놀라서, 상황을 이해하고자 그녀의 부모를 찾아가기에 이르렀습니다. 이들은 긴 시간 동안 샨티 데비에게 질문을 했습니다. 이야기를 나누는 내내, 그녀는 가족이나 학교에서 그 누구도 사용하지 않는 마투라 사투리 단어들을 사용했습니다.

수많은 세부 묘사 가운데, 그녀는 자신의 남편이 케다르 나스Kedar Nath라는 이름의 상인이라고 주장했습니다. 그래서 교장이 마투라에 가서 조사를 했는데, 정말 그 이름을 가진 상인이 있었다는 것을 알아냈습니다. 교장은 그에게 편지를 썼습니다. 몹시 놀란 그는 자신의 아내가 10년 전에 아들을 낳은 뒤 세상을 떠났다고 답장을 보내왔습니다. 그는 델리에 있는 자신의 사촌을 샨티 데비가 사는 곳으로 보냈습니다. 샨티 데비는 그 사촌을 한 번도 만난 적이 없었지만, 그를 단박에 알아보고 따뜻하게 맞이했습니다. 그녀는 그에게 전보다 살이 쪘다고 말했고, 또 그가 아직 결혼을 하지 않은 것을 안타까워했습니다. 그밖에도 많은 질문을 그에게 물었습니다. 거짓말을 밝혀내려고 왔던 그 사촌은 할 말을 잃었습니다.

그리고 그녀는 자신이 10년 전에 낳은 아들에 대해서도 물었습니다. 이 모든 이야기를 전해들은 케다르 나스 씨도 아들과 함께 델리행을 결심했습니다. 자신이 시동생인 척해볼 셈이었습니다. 하지만 정체를 속인 그가 나타나자마자, 샨티 데비는 소리쳤습니다. "당신은 내 제스(jeth, 마투라 사투리로 시동생이라는 뜻)가 아니에요. 제 남편 케다르 나스죠." 그리고 눈물을 흘리며 그의 품에 안겼습니다.

그녀보다 조금 더 나이가 많은 아들이 방에 들어서자, 그녀는 엄마처럼 그 아들을 끌어안았습니다. 그러고 나서 샨티 데비는 자신이 죽어갈 때 병상에서 남편이 앞으로 다시 결혼하지 않겠다고 했던 약속을 지켰는지 물었습니다. 그가 두 번째 아내를 맞이한 이야기를 털어놓자, 그녀는 그를 용서했습니다. 케다르 나스는 샨티 데비에게 수많은 질문들을 했고, 그녀는 놀랍도록 정확하게 대답했습니다.

간디는 직접 이 소녀를 찾아가서 부모와 그 마을의 변호사, 기자, 사업가들 중에서 명망이 있고 존경받는 세 사람을 동행해서 마투라를 방문하도록 권유했습니다. 마투라 역에 이들이 도착하자, 수많은 인파가 기다리고 있었습니다. 그 소녀는 '전생의 가족'들을 한눈에 모두 알아보며, 모든 사람들을 놀라게 했습니다. 그녀는 "할아버지!"라고 소리치며 한 노인에게 달려갔습니다. 샨티 데비는 전생에 살았던 집이 있는 오른쪽으로 일행을 안내했습니다. 그 이후로도 그녀는 수십 명의 사람들과 장소를 기억했습니다. 그녀는 전생의 부모님을 만났는데, 이들 역시 깜짝 놀랐습니다.

현재의 부모는 그녀가 전생의 부모와 계속 지내고 싶어 하지 않을까 하는 생각에 매우 걱정을 했습니다. 두 가족 사이에서 괴로워하던 그녀는 결국 델리로 돌아가기로 결정했습니다. 그녀는 질문을 통해, 남편이 마지막 병상에서 자신에게 했던 약속들 중에 그 어떤 것도 지키지 않았다는 사실을 알게 되었습니다. 그녀가 아끼고 아껴서 마룻바닥 밑에 숨겨두었던 10루피를 그녀의 영혼 구원을 위해 크리슈나 신에게 바치겠다던 약속도 그는 지키지 않았습니다. 룩디 데비(Lugdi Devi, 아내로서의 이름)와 남편만이 숨긴 곳을 알고 있었습니다.

샨티 데비는 그의 모든 잘못을 용서했고, 그 말을 듣고 있던 사람들로부터 그녀에 대한 칭송은 더욱 높아졌습니다. 지역 위원회에서 일치하는 정보들을 하나하나 확인하며, 꼼꼼한 조사를 했습니다. 이들은 샨티 데비가 룩디 데비의 환생이 맞다는 결론을 내렸습니다.

그 후로 문학과 철학을 공부한 샨티 데비는 기도와 명상에 집중하며 소박한 삶을 살았습니다.[78]

UFO에 빠져 일생을 허비하는 사람들처럼 신기한 사건에 매료되거나 집착하지 않고 이러한 현상들을 연구하는 것은 정신의 개방성을 이루는 일이라고 생각합니다.

**볼프**  우리는 정신적으로 열린 상태를 유지해야 합니다. 과학의 역사는 기존 이론들과 양립할 수 없는 관찰들로 넘쳐납니다. 이러한 관찰은 또 다른 연구로 이어져 이론들을 바꾸어놓거나 전혀 새로운 원리의 발견으로 이어졌습니다. 우리가 조금 전 다룬 관찰들은 현대 과학 이론의 차원에서는 파악이 될 수 없습니다. 만일 이 관찰들이 과학적 연구대상이 되려면, 잘 정의된 프로토콜에 의해 재현이 가능해야만 할 것입니다. 만일 이러한 신비한 현상들이 비선형의 복잡한 체계 속에 일어나는 일처럼 독특한 특성을 지닌다면, 즉 이러한 특성 가운데 하나가 재생 불가능성이라고 한다면, 기존의 과학적 접근법들은 더 이상 적용이 될 수 없을 것입니다.

물론 진화나 우주의 전개처럼 재현 불가능한 다른 과정들은 쉽게 과학적 조사와 설명이 가능하다고 반박할 수도 있습니다. 그렇다면 왜 그토록 많은 사람들이 관찰하고 이야기한 초심리학적 현상들은 마찬가지가 아닐까요? 그 대답은 진화가(생물학적 진화와 우주의 진화 모두) 우리가 알고 있는 자연법칙으로 분석될 수 있다고 말하는 것입니다.

반면 우리가 시간과 공간 속에서 정보가 전달되는 것에 대해 우리가 아는 원리들은 이러한 현상들을 설명할 수 없고, 지금 우리가 동원할 수 있는 연구수단으로는 우리의 연구대상을 이해할 수 없습니다. 과학적 진보의 역사는 우리가 그 접근법조차 알지 못한다면, 어떤 문제를 해결하려는 노력은 대개 무의미할 뿐이라는 사실을 가르쳐주었습니다. 가장 지혜로운 전략은 빛이 비치는 데까지, 즉 검증할 수 있는 가설을 세우는 것이 가능한 상황이 될 때까지 연구를 계속해나가는 것입니다. 연구를 하는 중에, 일부 초심리학적 현상들의 기반이 되는 과정들을 밝힐 수 있는 새로운 법칙들을 발견하게 된다면, 이 또한 과학적 연구에 속하게 되는 날이 올 것입니다.

## 임사체험에서 무엇을 배울 수 있는가?

_____마티유 세 번째 사례는 임사체험EMI에 대한 증거로 역시 흥미로운 연구대상입니다. EMI, 즉 더없는 기쁨을 느꼈거나, 터널을 지나 환한 빛을 보았거나, 자신의 육체 위에서 떠다니는 느낌을 가졌던 많은 사람들의 경험들은, 갑작스럽게 뇌로 전달되는 신경전달물질의 흐름으로 쉽게 설명됩니다. 이는 임종을 앞둔 사람들에게서 일어나는 증상입니다. 또한 확실한 자료를 기초로 한 입증도 있는데, 거기에는 〈랜싯The Lancet〉이라는 신뢰할 만한 의학 잡지에 발표된 보고도 포함됩니다.

뇌전도가 멈춘 혼수상태에도 병실에서 일어난 상황들을 기억하는 사람들에 대한 보고였습니다. 이 보고서를 쓴 핌 반 롬멜Pim van Lommel

은 심정지[79] 환자 354명의 사례를 언급하고 있는데, 그 환자들 가운데 1명은 뇌가 분명히 활동하지 않는 상태였는데, 간호사가 자신의 틀니를 트레이에 담아서 가지고 나간 장면을 정확하게 기억했다고 합니다. 그가 혼수상태에서 깨어났을 때, 이 간호사는 근무를 하지 않고 있었습니다. 며칠 뒤 그 간호사가 돌아왔을 때, 환자는 이렇게 물었다고 합니다. "제 틀니는 어디에 두셨어요?" 간호사는 깜짝 놀랐습니다.

**볼프** 저명한 잡지에 발표되어 여러 동료학자들에 의해 언급된 사례들이 많이 있습니다. 심정지 이후 되살아나거나, 기타 사고로 뇌활동 측정이 일시적으로 중단되었던 사람들 중에 이러한 임사체험을 했다고 이야기하는 환자들의 사례들이죠. 대부분의 경우, 이러한 체험은 혼수상태 전후로 일어난 뇌기능의 대혼란 때문인 것으로 볼 수 있습니다. 일반적으로, 환자가 혼수상태로 빠져드는 과정에서 혹은 깨어나는 과정에서 정확히 언제 임사체험이 일어나는지는 알 수 없습니다. 환자들이 말한 추정시점은 신뢰하기가 어렵습니다.

뇌가 혼수상태에 빠질 때 혹은 혼수상태에서 깨어날 때, 뇌의 서로 다른 하위체계들의 활성화와 비활성화 시퀀스들은 취침과 기상 단계의 특징을 이루는 일반적인 순서를 따르지 않습니다. 이는 환자들의 공간과 시간에 대한 지각에 있어서 혼동과 분리가 일어난다는 것을 뜻합니다.

반 롬멜이 인용한 사례의 경우는 저도 설명할 수가 없습니다. 그 환자가 혼수상태에 빠지기 전에 간호사를 보았고, 자신의 입에서 틀니를 **빼냈던**(이것은 다소 부작용의 우려가 있는 처치로, 특히 기본 구강 반사신경이 남아 있는 상태라면 더욱 그렇습니다) 어떤 사람에 대해 무의식적인 기억을 갖고 있어서, 과거의 2가지 사건이 무의식적 처리과정에 의해 연결되었을 것이라고 생각하며, 해석을 해보려고 할 수도 있을 것입니다.

환자들이 마취상태에서 수술하는 동안 일어난 사건들을 무의식적으로 매우 정확하게 기억할 수도 있습니다. 비록 뇌전도 상에는 혼수상태와 거의 유사한, 깊은 마취상태에 빠졌다는 것을 분명히 보여주었더라도 말이죠. 깊은 수면의 경우도 마찬가지입니다. 자는 사람은 무의식이더라도, 뇌는 늘 감각신호를 분석합니다. 만일 그 신호들 가운데 어떤 것이 평상시와 다르거나 위험한 것으로 파악될 경우, 뇌는 잠에서 깨어나는 반응을 합니다. 이것이 바로 로리스Laureys와 다른 연구자들이 논문에서 다룬 내용입니다.

하지만, 다시 덧붙이자면, 뇌의 활동이 완전히 멈춘 상태에서(이것은 뇌전도 기록만으로는 확인하기가 쉽지 않습니다) 그 대상자들이 '실제로' 일어났던 일들을 경험하고 그것을 기억 속에 간직했다는 것을 보여주는 설득력 있는 증거가 있다면, 우리는 그것이 초심리학적 현상들에 대해 이야기할 때 언급했던 것과 동일한 문제에 직면하게 됩니다. 이런 맥락에서, 간질발작의 전조 단계(시간차를 두고 실제 발작에 앞선 상태)에서 일어나는 비정상적 뇌활동이 임사체험을 겪은 환자들과 유사한 경험을 불러일으킨다는 것을 보여주는 수많은 증거들이 있다는 것을 기억해 볼 필요가 있습니다.

도스토옙스키는 《백치》라는 작품에서 자신이 겪었던 간질발작의 전조로 인한 의식상태에 대해 간략히 기술하고 있는데, 문학적으로 표현된 증언들을 찾아볼 수 있습니다. 그는 지극히 만족스럽고, 천상의 기쁨과 명료함으로 충만한 상태를 경험했습니다. 모든 갈등이 해결된 듯했습니다. 그는 세상과 완벽한 조화를 이룬 완전한 자유와 깊은 통찰력으로 충만한 느낌이었으며, 완전한 실존을 누리는 인상을 받았습니다. 놀랄 정도로 이와 유사한 체험들이, 전방섬엽Anterior Insula, 즉 대뇌피질 영역과 전방의 대상피질, 그리고 보상 시스템[80]을 맡은 뇌 구조들과 밀접하게 연결된 신피질 구역의 초점성간질Focal Epilepsy에 시달리는 환자들에게서도 보고됩니다.

아래 섬엽Inferior Insula에 부여된 수많은 기능 가운데 하나는 뇌의 현재상태와 앞으로의 상태 사이의 격차를 제거하는 것입니다. 이 격차는 보통 내면의 갈등을 일으키는 감정, 불쾌한 긴장감을 만들어냅니다. 간질작용은 영향을 받는 부분의 기능에 혼란을 일으키기 때문에, 초점성간질로 인한 이러한 도취와 행복의 감정은 부조화와 내면의 갈등을 지시하는 신호들이 일시적으로 사라지는 것으로 해석할 수 있습니다.

이 신호의 부재는 천상의 기쁨과 명료한 느낌, 모든 갈등이 해결되어 자신과 세계가 완벽한 조화를 이룬 느낌을 자아낼 수 있을 것입니다. 환자들 가운데 1명은 이 상태를 '유레카'의 순간, 즉 어떤 문제에 대한 해답을 찾아서 만족과 행복을 느끼는 순간과 같고, 갑자기 깊은 정신의 통찰력을 경험하는 것과 같다고 표현했습니다.

## 의식은 물질이 아닌 다른 것으로 이루어졌을까?

_____ 볼프 만일 하향식 인과관계가 가능하다면, 지금까지 우리에게 알려지지 않은 또 다른 속성의 차원에 의한 과정이 존재한다

는 것을 가정해야 합니다. '이것'은 신경과정을 통제하고 모델링하여, 그 과정들이 우리의 생각, 염원, 감정 등에서 잘 나타나게 하고, 우리 성격의 다른 특징들과 잘 스며들도록 합니다. 이렇게 되면, 이러한 과정은 우리 몸이나 뇌와 연결이 되지 않고, 죽음을 뛰어넘는 영속성을 보장할 것입니다.

**마티유** 의식의 영속성에 대한 매개체가 되겠죠.

**볼프** 이 경우에 생기는 의문은 다음과 같습니다. "상위단계에 속하는 이 과정에 대해 '의지'를 발휘할 수 있도록 만들기 위해, 이 과정은 고도로 정밀한 뇌의 신경조직망과 어떻게 상호작용을 할까?" 더욱이 이것은 텔레파시에 대한 현재의 해석을 더 복잡하게 만듭니다. 뇌의 조직망은 사람에 따라 상당히 다른데, 이는 유전적 다양성뿐 아니라 이 조직망들이 다양한 환경에서 진화했고 따라서 후성적으로 그 자체에 변화가 생겼기 때문입니다. 특정한 방식으로 제 뇌에 영향을 줄 수 있는 파장이나 '힘의 장field of force'이 어떻게 생성되는지 어떻게 알 수 있을까요? 제가 알고 있는 과학적 이론으로는 이러한 질문들을 제기하는 것이 불가능합니다.

우리는 동기식 신경활동에 의해 생긴 전기장은 매우 근접한 위치의 다른 신경세포 활동에 영향을 줄 만큼 매우 강력하다는 증거를 갖고 있습니다. 만일 전기연접Ephapse, 즉 시냅스 결합에 좌우되지 않는 이러한 신경활동의 변동이 어떤 기능적 역할을 하는지 여전히 모르고 있습니다. 간질발작 과정에서, 대량의 신경세포 집단들이 동시에 방전됨으로써 시작된 전기장은 인접한 신경세포를 활성화시키기에 충분히 강력합니다. 비록 인접한 신경세포들이 이 신경세포 집단과 시냅스 결합이 없더라도 그렇습니다. 따라서 이 신경세포 집단들에 의해 촉발된 전기장은 반대로 이 동일한 신경세포들에 영향을 주는 것이 가능합니다. 하지만 이들의 효과는 매우 국지적으로, 약 1mm의 간격으로 발생합니다.

아직 우리는 먼 거리까지 영향을 줄 수 있는 전기장에 대해서는 모르고 있습니다. 뇌의 신경활동에 영향을 주는 것은 가능하지만, 그렇게 하려면 머리에 전극을 붙이거나, 두개골 가까이에 매우 강력한 전기충격을 가해서 강력한 전기장을 실행해야 합니다. 하지만 이것은 아직 초보적인 단계이며, 관련된 구역의 자극 반응성에만 변화를 초래합니다.

**마티유**  아주 재미있는 사실이군요. 하지만 불교의 관점에서, 그것은 의식에 대한 거친 측면에 관한 것일 뿐, 근본적인 본질에 관한 것은 아닙니다.

**볼프**  하지만 이 사실은 일부 정신적 현상들이 뇌의 물리적 토대에서 완전히 분리되어 독립적이라는 견해를 깨는 것입니다. 이는 모든 종교의 근본 자체를 다시 생각하게 합니다. 종교는 뇌와 별개이며, 뇌와 상호작용을 통해 정신적, 비물질적인 자기만의 왕국에 머무르는 정신, 혹은 비육체적 영혼을 전제로 하기 때문입니다.

물론 우리의 '정신' 혹은 우리의 '영혼'에 또 다른 차원이 있어서, 우리의 실존 그 너머에 지속되고 다른 뇌기능에 영향을 준다는 생각을 개념화하는 또 다른 방식도 있습니다. 그 부분에 대해서 이미 논의했듯이, 우리의 사회적·과학적 활동들은 우리가 살아가는 세상에 다양한 현실성을 더합니다.

우리는 수많은 현실들이 비물질적이라고 이야기했습니다. 즉 신념·관념·지식·교감·상징·표지·가치판단 등이 그것입니다. 우리들 각자는 문화의 발달에 참여함으로써, 우리 자신의 존재를 넘어서 존재하는 비물질적 현실들이 생성되는 데 기여합니다. "어떤 말도 사라지지 않는다."는 속담과 같습니다.

게다가, 아무리 비물질적인 것이라 해도 이러한 현실들은 타인의 뇌에도 강한 영향을 줍니다. 이러한 현실은 제약과 도덕적 명령, 사회 구성원들을 위한 사회적 목표를 만듭니다. 또한 뇌가 발달할 때 습득된 경험을 따르는 유전적 모델링을 통해 미래 세대의 뇌의 기능적 구조에 영향을 줄 수 있습니다.

우리는 비물질적인 사회적 현실이 발달 중에 있는 뇌의 구조를 변화시킬 수 있다는 메커니즘을 설명했습니다. 유전적인 유상에 대해 말하자면, 우리의 뇌는 동굴에서 살던 선조들의 뇌와 크게 다르지 않습니다. 하지만 다양한 교육의 영향으로, 더 풍부하고 복합적인 사회·문화적 환경에 정착하게 되었죠. 이것이 우리의 뇌구조를 구별 짓는 데큰 기여를 했을 것입니다. 다른 말로 하면, 문화적 활동, '정신'의 활동들은 비물질적인 현실을 만들고, 그것은 역으로 우리의 뇌에 작용하며 또한 뇌 구조를 형성합니다.

어쩌면 이것은 우리 실존(영혼)의 영원하고 비물질적인 차원에 대한 신념과 거기서 비롯된 개념들, 그리고 정신적 인과관계와 환생의 가능성 등을 탄생시킨 이러한 과정에 대한 암묵적인 직관일 수도 있습니다.

**마티유** 뇌의 신경작용과 불교에서 의식의 '거친 측면aspect grossier'이라고 부르는 것이 밀접한 관련이 있음은 부인할 수 없습니다. 그것은 뇌의 물리적 조건이 이러한 의식의 측면에 깊은 영향을 주기 때문입니다.

이런 점에서, 과학적 이론들이 어느 정도 그것이 탄생했던 문화 전반에 지배적인 형이상학적 개념들에 영향을 받는 것이 사실입니다. 대부분의 서양 과학과 철학들이 외관의 베일 뒤에 견고한 실재가 존재한다고 생각하는 경향이 있습니다.

이처럼 양자물리학은 입자들을 '사물'이 아닌 '사건들'로 생각하며, 그것이 위치가 한정되지 않은 파장으로 혹은 위치가 한정된 입자로 작동할 수 있다고 여깁니다. 이것은 세상의 '견고성'에 대한 신념에 반하는 매우 당황스러운 것입니다.

사실주의가 다른 모든 것 중에서 1가지 가능성만을 표현하는 가운데, 물리학은 이처럼 우리에게 2가지 서로 다른 세계관을 제시합니다. 동양 문화에서는 세상의 현상들에 대해 '견고한' 실재에 대해 검토하는 것이 이보다 덜 어렵습니다. 이들 문화에서는 또한 의식의 더 근본적이고 우선되는 의식의 단계들, 즉 깨어 있는 순수한 의식 혹은 순수한 경험 등에 대해서도 더 쉽게 받아들입니다.

이 부분에 대해 저희의 친구이기도 한 프란시스코 바렐라는 이렇게 적었습니다. "의식의 이 정묘한 차원들은 서양의 견지에서 일종의 이원론으로 여겨지며, 빠르게 물러나게 됩니다. 이러한 정묘한 정신의 정도는 이론적인 것이 아니라는 점에 주목하는 것이 중요합니다. 사실 이러한 단계들은 실제 경험에 기초하여 상당히 정확하게 규정되어 있으며, 경험적 과학수단에 바탕을 두고 있다고 주장한다면 존중하고 주의를 기울일 필요가 있습니다."

　프란시스코는 어느 날 저에게 말하기를, 의식의 궁극적 속성에 관해 열린 정신을 유지하여 이로써 의식이 무엇인지 쉽게 이해할 수 있게 해주는 다양한 해석에 제한을 두지 않는 것이 현명한 일이라고 했습니다.

　우리가 이 따뜻한 만남과 대화를 통해 깊은 우정을 나누며 유지했던 열린 정신 속에서, 이 중요한 질문은 3인칭과 1인칭의 관점으로 동시에 진행될 앞으로의 연구에 맡겨야겠습니다.

# 주석

1    1987년 문을 연 '마음과 생명 연구소Mind and Life Institute'는, 14대 달라이 라마 성하 텐진 가초Tendzin Gyatso, 변호사이자 사업가인 애덤 엥글Adam Engle, 신경과학자 프란시스코 바렐라라는 세 지성의 만남에서 비롯되었다. 연구소의 목표는 서양 과학과 인문학, 명상법 사이의 상호연관성을 다루고 교류하는 것이다. 이를 위해 명상이나 다른 수행의 경험에 의지하는 1인칭 관점을 기존의 과학적 방법론에 적용하고 통합시키는 일을 다룬다. 이러한 목표의 결정적인 영향력이 여러 책을 통해 보고되었다. Sharon Begley, 《Entrainer votre esprit - transformer votre cerveau》, Daniel Goleman, 《Surmonter les emotions destructrices》, Anne Harrington, Arthur Zajonc, 《The Dalai Lama at MIT》.

2    Hurk(P. A. V. den), Janssen(B. H.), Giommi(F.), Barendregt(H. P.), S. L. Gielen, 〈Minfulness meditation associated with alterations in bottom-up processing  psychophysiological evidence for reduced reactivity〉, International Journal of Psychophysiology 78, n° 2(2010), p. 151-157.

3    Roder(B.), Teder-Salejarvi(W.), Sterr(A.), Rossler(F.), Hillyard(S. A.), Neville(H. J.), 〈Improved Auditory spatial tuning in blind humans〉, Nature 400(1999), p. 162-166.

4    Kempermann(G.), Kuhn(H. G.), Gage(F. H.), 〈More hippocampal neurons in adult mice living in an enriched environment〉, Nature 386(1997), p. 493-495.

5    Eriksson(P. S.), Perfilieva(E.), Bjok-Eriksson(T.), Alborn(A. M.), Nordborg(C.), Peterson(D. A.), Gage(F. H.), 〈Neurogenesis in the adult human hippocampus〉, Nature Medicine 4, n° 11(1998), p. 1313-1317.

6    Eichenbaum(H.), Stewart (C.), Morris (R. G. M.), 〈Hippocampal representation in place learning〉, Journal of Neuroscience 10(1990), p. 3531-3542.

7    Espinosa(J. S.), Styker(M. P.), 〈Development and plasticity of the primary visual cortex〉,

408

Neuron 75(2012), p. 230-249.

Singer(W.), 〈Development and plasticity of cortical processing architectures〉, Science 270(1995), p. 758-764.

8  Praag(H. Van), Schinder(A. F.), Christie(B. R.), Toni(N.), Palmers(T. D.), Gage(F. H.), 〈Functional neurogenesis in the adult hippocampus〉, Nature 415(2002), p. 1030-1034.

9  Luders(E.), Clark(K.), Narr(K. L.), Toga(A. W.), 〈Enhanced brain connectivity in long-term meditation practitioners〉, NeuroImage 57, n° 4(2011), p. 1308-1316.

10  Lazar(S. W.), Kerr(C. E.), Wasserman(R. H.), Gray(J. R.), Greve(D. N.), Treadway(M. T.), et al., 〈Meditation experience is associated with increased cortical thickness〉, NeuroReport 16, n° 17(2005), p. 1893.

11  Fries(P.), 〈A mechanism for cognitive dynamics  neuronal communication through neuronal coherence〉, Trends in Cognitive Science 9, n° 10(2005), p. 474-480.

12  Lutz(A.), Slagter(H. A.), Rawlings(N. B.), Francis(A. D.), Greishar(L. L.), Davidson(R. J.), 〈Mental training enhances attentional stability  neural and behavioral evidence〉, Journal of Neuroscience 29, n° 42(2009), p. 13418-13427.

MacLean(K. A.), Ferrer(E.), Aichele(S. R.), Bridwell(D. A.), Zanesco(A. P.), Jacobs(T. L.), et al., 〈Intensive meditation training improve perceptual discrimination and sustained attention〉, Psychological Science 21, n° 6(2010), p. 829-839.

13  Brefczynski-Lewis(J. A.), Lutz(A.), Schaefer(H. S.), Levinson(D.B.), Davidson(R. J.), 〈Neural correlates of attentional expertise in long-term meditation practitioners〉, Proceedings of the National Academy of Sciences 104, n° 27(2007), p. 11483-11488.

14  Ricard(M.), 《Plaidoyer pour le bonheur》(한국어판 《행복요리법》, 현대문학, 2004), NiL Editions, Paris, 2007.

15  Mingyour Rinpotche(Y.), 《Le bonheur de la meditation》, Les Liens qui Liberent, 2007.

16  Jha(A. P.), Krompinger(J.), Baime(M. J.), 〈Minfulness training modifies subsystems of attention〉, Cognitive, Affective & Behavioral Neuroscience, vol. 7, n° 2(2007), p. 109-119.

17  Lutz(A.), Greischar(L. L.), Rawlings(N. B.), Ricard(M.), Davidson(R. J.), 〈Long-term meditators self-induce high amplitude gamma synchrony during mental practice〉, Proceedings of the National Academy of Science USA 101, n° 46(2004), p. 16369-16373.

18  Fries(P.), 〈Neuronal gamma-band synchronization as a fundamental process in cortical computation〉, Annual Review of Neuroscience, n° 32(2009), p. 209-224.

Lutz(A.), Slagter(H. A.), Dunne(J. D.), Davidson(R. J.), 〈Attention regulation and monitoring in meditation⟩, Trends in Cognitive Science, n° 12(2008), p. 163-169.

19    Roelfsema(P. R.), Engel(A. K.), Konig(P.), Singer(W.), ⟨Visuomotor integration is associated with zero time-lag synchronization among cortical areas⟩, Nature 385(1997), p. 157-161.

20    Fries(P.), ⟨A mechanism for cognitive dynamics neuronal communication through neuronal coherence⟩, Trends in Cognitive Science 9, n° 10(2005), p. 474-480.

Singer(W.), ⟨Neuronal synchrony a versatile code for the definition of relations?⟩, Neuron 24(1999), p. 49-65.

Fries(P.), Reynolds(J. H.), Rorie(A. E.), Desimone (R.), ⟨Modulation of oscillatory neuronal synchronization by selective visual attention⟩, Science 291(2001), p. 1560-1563.

Lima(B.), Singer(W.), Neuenschwander(S.), ⟨Gamma responses correlate with temporal expectation in monkey primary visual cortex⟩, Journal of Neuroscience 31, n° 44(2011), p. 15919-15931.

21    Fries (P.), Roelfsema(P. R.), Engel(A. K.), Konig(P.), Singer(W.), ⟨Synchronization of oscillatory responses in visual cortex correlates with perception in interocular rivalry⟩, Proceedings of the National Academy of Science USA 94(1997), p. 12699-12704.

Fries(P.), Schroder(J. H.), Roelfsema(P. R.), Singer(W.), Engel(A. K.), ⟨Oscillatory signal synchronization in primary visual cortex as a correlate of stimulus selection⟩, Journal of Neuroscience 22, n° 9(2002), p. 3739-3754.

22    Carter(O. L.), Prestl(D. E.), Callistemon(C.), Ungerer(Y.), Liu(G. B.), Pettigrew(J. D.), ⟨Meditation alters perceptual rivalry in Tibetan Buddhist Monks⟩, Current Biology 15, n° 11(2005), p 412-413.

23    Melloni(L.), Molina(C.), Pena(M.), Torres(D.), Singer(W.), Rodriguez(E.), ⟨Synchronization of neural activity across cortical areas correlates with conscious perception⟩, Journal of Neuroscience 27, n° 11(2007), p. 2858-2865.

24    Varela(F.), Lachaux(J. P.), Rodriguez(E.), Martinerie(J.), ⟨The BrainWeb phase synchronization and large-scale integration⟩, Nature Revue Neuroscience 2(2002), p. 229-239.

25    Lazar(S. W.), Kerr(C. E.), Wasserman(R. H.), Gray(R. J.), Greve(D. N.), Treadway(M. T.), et al., ⟨Meditation experience is associated with increased cortical thickness⟩, NeuroReport 16, n° 17(2005), p. 1893- 1897.

26    Boyke(J.), Driemeyer(J.), Gaser(C.), Buchel(C.), May(A.), ⟨Trainingricard-induced brain structures changes in the elderly⟩, Journal of Neuroscience 28(2008), p. 7031-7035.

Karni(A.), Meyer(G.), Jezzard(P.), Adams(M. M.), Turner(R.), Ungerleider(L. G.), ⟨Functional MRI evidence for adult motor cortex plasticity during motor skill learning〉, Nature 377(1995), p. 155-158.

27   Dux(P. E.), Marois(R.), 〈The attentional blink : a review of data and theory〉, Atten Percept Psychophys 71(2009), p. 1683-1700.

Georgiu-Karistianis(N.), Tang(J.), Vardy(Y.), Sheppard(D.), Evans(N.), Wilson(M.), et al., 〈Progressive age-related changes in the attentional blink paradigm〉, Aging Neuropsychol Cogn 14, n° 3(2007), p. 213-226.

Slagter(H. A.), Lutz(A.), Greischar(L. L.), Francis(A. D.), Nieuwenhuis(S.), Davis(J. M.), Davidson(R. J.), 〈Mental training affects distribution of limited brain resources〉, PLoS Biology 5, n° 6(2007)

Leeuwen(S. Van), Muller(N. G.), Melloni(L.), 〈Age effects of attentional blink performance in meditation〉, Consciousness and Cognition 18(2009), p. 593-599. 마티유 리카르가 참여한 이 연구는 프린스턴 대학교, 앤 트리즈먼Ann Treisman, 칼라 에반스Karla Evans의 연구소에서 진행되었다.

28   Slagter(H.), Lutz(A.), Greischar(A.), Francis(L. L.), Nieuwenhuis(A. D.), Davis(S.), Davis(J. M.), Davidson(R. J.), 〈Mental training affects distribution of limited brain resources〉, PLoS Biology 5, n° 6(2007), p. 138.

29   Leeuwen(S. Van), Muller(N. G.), Melloni(L.), 〈Age effects of attentional blink performance in meditation〉, Consciousness and Cognition 18(2009), p. 593-599.

30   샌프란시스코 캘리포니아 대학에서 폴 에크만이 진행한 미발표 시범연구.《Surmonter les emotions destructrices》(Daniel Goleman) 8장 참고, Robert Laffont, 2003.

31   Revenson(R. W.), Ekman(P.), Ricard(M.), 〈Meditation and the startle response  A case study〉, Emotion 12, n° 3(2012), p. 650-658.

32   Wang(G.), Grone(B.), Colas(D.), Appelbaum(L.), Mourrain(P.), 〈Synaptic plasticity in sleep  Learning, homeostasis and disease〉, Trends in Neuroscience 34, n° 9(2011), p. 452-463.

33   Ferrarelli(F.) et al., 〈Experienced mindfulness meditators exhibit higher parietal-occipital EEG Gamma activity during NREM sleep〉, PloS One n° 8(2013), e73417.

34   Skaggs(W. E.), MacNaughton(B. L.), 〈Replay of neuronal firing sequences in rat hippocampus during sleep following spatial experience〉, Science 271(1996), p. 1870-1873.

35   Lutz(A.), Slagter(H. A.), Rawlings(N. B.), Francis(A. D.), Greischar(L. L.), Davidson(R. J.), 〈Mental training enhances attentional stability  neural and behavioral evidence〉, The Journal of Neuroscience 29, n° 42(2009), p. 13418-13427.

36  Lutz(A.), Greischar(L. L.), Perlman(D. M.), Davidson(R. J.), 〈Bold signal in insula is diffe-
rentially related to cardiac function during compassion meditation in experts vs. nov-
ices〉, NeuroImage 47, n° 3(2009), p. 1038-1046.

Lutz(A.), Brefczinski-Lewis(J.), Johnstone(T.), Davidson(R. J.), 〈Regulation of the neural
circuitry of emotion by compassion meditation effects of meditative expertise〉, PLoS
One, n° 3(2008) p. e1897.

37  Hurlemann(R.), Walter(H.), Rehme(A. K.), et al., 〈Human amygdala reactivity is dimin-
ished by the b-noradrenergic antagonist propranolol〉, Psychol Med 40(2010), p. 1839-
1848.

38  Klimecki(O. M.), Leiberg(S.), Ricard(M.), Singer(T.), 〈Differential pattern of functional
brain plasticity after compassion and empathy training〉, Social Cognitive and Affec-
tive Neuroscience, 2013.

39  Fredrickson(B. L.), Cohn(M. A.), Coffey(K. A.), Pek(J.), Finkel(S. M.), 〈Open hearts
build lives Positive emotions, induced through loving-kindness meditation, build
consequential personal resources〉, Journal of Personality and Social Psychology 95,
n° 5(2008), p. 1045.

40  Botvinick(M.), Nystrom(L. E.), Fissell(K.), Carter(C. S.), Cohen(J. D.), 〈Conflict moni-
toring versus selection-for-action in anterior cingulate cortex〉, Nature 402(1999),
p. 179-181.

41  타냐 싱어Tania Singer는 라이프치히에 있는 막스 플랑크 연구소의 사회 신경과학 연구
소장을 맡고 있다. 그녀는 감정이입과 연민에 대한 연구로 유명하며, 수년 전부터 마티
유 리카르와 함께 연구작업을 하고 있다.

42  Kaufman(S. B.), Gregoire(C.), 《Wired to Create Unraveling the Mysteries of the Cre-
ative Mind》(한국어판 《창조성을 타고나다》, 클레마지크, 2017), Perigee, New York, 2015.

43  Tammet(D.), 《Je suis ne un jour bleu》, Les Arenes, Paris, 2007.

44  Biederlack(M.), Castelo-Branco(M.), Neuenschwander(S.), Wheeler(D. H.), Singer(W.),
Nikolic(D.), 〈Brightness induction Rate enhancement and neuronal synchronization
as complementary codes〉, Neuron 52(2006), p. 1073-1083.

45  Condon(P.), Desbordes(G.), Miller(W.), DeSteno(D.), Hospital(M. G.), DeSteno(D.),
〈Meditation increases compassionate responses to suffering〉, Psychological Science 24,
n° 10(2013), p. 2125-2127.

46  Kahneman(D.), 《Système 1 / Système 2 les deux vitesses de la pensée》(한국어판 《생각에
관한 생각》, 김영사, 2012), Flammarion, coll.

《Essais》, Paris, 2012.

Kanheman(D.), Slovic(P.), Tversky(A.), 《Judgment under Uncertainty Heuristics and Biases》, Cambridge University Press, 1982.

Kahneman(D.), Tversky(A.), 〈Prospect Theory An analysis of decision under risk〉, Econometrica 47, n° 2(1979), p. 263-291.

47  Fredrickson(B.), 《Love 2.0 ces micro-moments d'amour qui vont transformer votre vie》, Marabout, 2014.

48  Beck(A. T.), 〈Buddhism and Cognitive Therapy〉, Cognitive Therapy Today, The Beck Institute Newsletter, 2005.

49  Cite dans Pettit(J. W.), 《The Beacon of Certainty》, Wisdom Publications, Boston, 1999, p. 365.

50  Kaliman(P.), Alvarez-Lopez(M. J.), Costin-Tomas(M.), Rosenkranz(M. A.), Lutz(A.), Davidson (R. J.), 〈Rapid changes in histone deacetylases and inflammatory gene expression in expert meditators〉, Psychoneuroendocrinology 40(2014), p. 97-107.

51  Boyd(R.), Richerson(P. J.), 〈A simple dual inheritance model of the conflict between social and biological evolution〉, Zygon 11, n° 3(1976), p. 254-262.

52  Boyd(R.), Richerson(P. J.), 《Not by Genes Alone How Culture Transformed Human Evolution》(한국어판《유전자만이 아니다 문화는 어떻게 인간의 진화 경로를 바꾸었는가》, 이음, 2009), University of Chicago Press, 2004, p. 5.

53  ibid.

54  Nagel(T.), 〈What is it like to be a bat?〉, The Philosophical Review 83, n° 4(1974), p. 435-450.

55  Poincare(H.), 《La Valeur de la science》, Flammarion, Paris, 1990.

56  더블 블라인드 테스트에서, 절반의 환자는 효과가 있는 제품을 복용하고, 나머지는 위약을 받았다. 약을 준 사람이나 환자들 누구도 어떤 제품이 사용되었는지 모르도록 진행되었다.

57  Wallace(B. A.), 《The Taboo of Subjectivity Towards a New Science of Consciousness》, Oxford University Press, New York, 2000.

58  Ricard (M.), 《L'Art de la meditation》, NiL Editions, Paris, 2008.

59  Ricard (M.), 《Plaidoyer pour l'altruisme》, NiL Editions, Paris, 2013.

60  Tagore(R.), 《Les oiseaux de passage》(한국어판《길 잃은 새》, 청미래, 2016), N. Baillargeon 역, Les editions du Noroit, 2008.

61  Metzinger(T.), 《Being No One The Self-Model Theory of Subjectivity》, MIT Press,

Cambridge, 2004.

Metzinger(T.), 《The Ego Tunnel The Science of the Mind and the Myth of the Self》, Basic Books, New York, 2009.

62 Gilbert(P.), Irons(C.), 〈Focused therapies and compassionate mind training for shame and self-attacking〉, Compassion Conceptualisations, Research and Use in Psychotherapy, ed. Gilbert(P.), Routledge, New York, 2005, p. 263-325.

Neff(K.), 《Self-Compassion Stop Beating Yourself Up and Leave Insecurity Behind》, William Morrow, New York, 2011.

63 Campbell(W. K.), Bosson(J. K.), Goheen(T. W.), Lakey(C. E.), Kernis(M. H.), 〈Do narcissists dislike themselves "deep down inside"?〉, Psychological Science 28, n° 3(2007), p. 227-229.

64 Ekman(P.), communication personnelle, 2001.

65 Haynes(J. D.), Rees(G.), 〈Predicting the orientations of invisible stimuli from activity in human primary visual cortex〉, Nature Neuroscience 8, n° 5(2005), p. 686-691.

Haynes(J. D.), Rees(G.), 〈Predicting the stream of consciousness from activity in human visual cortex〉, Current Biology 15, n° 14(2005), p. 1301-1307.

Haynes(J. D.), Sakai(K.), Rees(G.), Gilbert(S.), Frith(C.), Passingham(R. E.), 〈Reading hidden intentions in the human brain〉, Current Biology 17, n° 4(2007), p. 323-328.

Singer(W.), 〈The ongoing search for the neuronal correlate of consciousness〉 Metzinger(T.), Windt(J. M.) eds Open Mind, vol 36(T), Mindgroup, Franfort-sur-le-Main, p. 1630.

Singer(W.), 〈Large scale temporal coordination of cortical activity as a prerequisite for conscious experience〉, Blackwell Companion to Consciousness, 2e ed., sous presse(2016).

66 Vohs(K. D.), Schooler(J. W.), 〈The value of believing in free will Encouraging a belief in determinism increases cheating〉, Psychological Science 19(2008), p. 49-54.

67 Taylor(C.), 《Les Sources du moi la formation de l'identite moderne》, Le Seuil, Paris, 1998.

68 Varela(F.), 《Quel savoir pour l'ethique? Action, sagesse et cognition》, Le Seuil, Paris, 2004.

69 McCullough(M. E.), Pargament(K. I.), Thoresen(C. E.), 《Forgiveness Theory, Research, and Practice》, Guilford Press, New York, 2001.

Worthington(E. L.), 《Forgiveness and Reconciliation Theory and Application》, Routledge, New York, 2013.

70  Lomax(E.), 《The Railway Man》, Vintage, New York, 1996.

71  Ibid. p. 276.

72  Bruno Philip, Le monde, 2015년 11월 6일자

73  Ricard(M.), Thuan(T. X.), 《L'infini dans la paume de la main  du Big Bang a l'Eveil》, Fayard/NiL, Paris, 2000.

74  Bitbol(M.), 〈Downward causation without foundations〉, Synthese 185(2012), p. 233-255.

75  Cohen(M. A.), Dennett(D.), 〈Consciousness cannot be separated from function〉, Trends in Cognitive Sciences 15(2011), p. 358-363. 인용을 허락해주신 미셸 비트볼 씨께 감사드린다.

76  Schnakers(C.), Laureys(S.), 《Coma and Disorders of Consciousness》, Springer, London, 2012.
    Laureys(S.), 《Un si brillant cerveau》, Odile Jacob, 2015.
    Laureys(S.), Owen(A. M.), Schiff(N. D.), 〈Brain function in coma, vegetative state, and related disorders〉, The Lancet Neurology 3, n° 9(2004), p. 537-546.
    Owen(A. M.), Coleman(M. R.), Boly(M.), Davis(M. H.), Laureys(S.), Pickard(J. D.), 〈Detecting awareness in the vegetative state〉, Science 313, n° 5792(2006), p. 1402.

77  Stevenson(I.), 《Twenty Cases Suggestive of Reincarnation》, 2e ed., University of Virginia Press, 1988.

78  Gupta(L. D.), Sharma(N. R.), Mathur(T. C.), 《An Inquiry into the Case of Shanti Devi》, International Aryan League, Delhi, 1936.

79  Lommel(P. Van), Wees(R. Van), Meyers(V.), Elfferich(I.), 〈Neardeath experience in survivors of cardiac arrest  a prospective study in the Netherlands〉, The Lancet 358, n° 9298(2001), p. 2039-2045.

80  Picard(F.), Craig(A. D.), 〈Ecstatic epileptic seizures  a potential window on the neural basis for human self-awareness〉, Epilepsy and Behavior 16, n° 3(2009), p. 539-546.
    Picard(F.), 〈State of belief, subjective certainty and bliss as a product of cortical dysfunction〉, Cortex 49, n° 9(2013), p. 2494-2500.

81  Varela(F.), 《Dormir, rever, mourir  explorer la conscience avec le Dalailama》, op. cit. p. 280.

8년이라는 긴 시간의 산물인 이 책을 마무리하고, 드디어 독자들과 함께 나누게 되어서 매우 기쁩니다. 호기심과 우정에서 출발한 우리의 대화는 인간 정신의 본질을 다루는 근본적인 문제들을 다루었습니다. 우리의 의도는 서로의 지식을 연결하고 2가지 보완적인 인식의 근원을 이용하고자 하는 것이었습니다. 2가지 인식의 원천이란, 자아 성찰과 명상훈련이 그 특징인 1인칭 시점과 신경과학에 유용한 수단인 3인칭 시점입니다.

대담을 시작한 초기부터, 우리는 인류가 수천 년 동안 씨름해온 심오한 문제들에 대해 우리가 확실한 답을 내놓지 못할 수도 있음을 잘 알았습니다. 하지만 우리 각자의 인식의 수준에 남아 있는 다양성뿐만 아니라, 그 가운데 어떤 공통점들을 밝히는 데까지는 나아가고자 했습니다. 이 책을 통해 우리와 끝까지 함께 해주신 독자 여러분들께 감사의 말씀을 드리고 싶습니다.

이 모든 여정에 친절하게 우리와 동행해준 분들께도 감사합니다. 먼저 지난 8년 동안 우리가 만나서 두 사람의 리듬에 따라 자유롭게 이야기를 나누고 또 그 생각들이 무르익을 수 있도록 기다리고 배려해주신 편집자 울라Ulla Unseld Berkewicz, 니콜Nicole Lattesd, 기욤Guillaume Allary에게 감사합니다. 인내를 갖고 우리를 지지해주신 편집자분들께 진심으로 감사드립니다.

또한 우리의 다양한 만남의 현장에서 친절을 베풀어주신 모든 분들께도 감사의 말씀 드립니다. 우리가 처음 토론을 시작했던 프랑크푸르트의 주어캄프Suhrkamp 출판사, 우리가 여러 차례 머물렀던 장엄한 히말라야 산맥을 마주한 샤첸 파드마 우셀 링Shechen Padma Eusel Ling이라는 은둔처, 태국 카오속에 있는 탄야문드라 정글 리조트Thanyamundra Jungle Resort의 아름다운 방갈로에서 우리를 맞이해준 클라우스 헤벤Klaus Hebben에게 감사합니다.

모국어가 아닌 영어로 이루어진 우리 두 사람의 대화를 번역해준 주어캄프 출판사에 감사합니다. 특히 영어 버전을 꼼꼼하게 리뷰해준 제나 화이트Janna White에게 특별히 감사합니다. 탁월한 프랑스어 번역 작업과 늘 훌륭한 의견을 제시해 준 카리스 뷔스케Carisse Busquet와 세심하게 교정을 해준 프레데릭 마리아Frederic Maria에게 감사합니다.


마티유는 이 책에서 다룬 몇 가지 부분의 바탕을 설명해준 미셸 비트볼, 리처드 데이비슨, 앙트완 루츠에게 특별히 감사의 마음을 전합니다.

볼프는 책을 작업하면서 오래 집을 비운 동안에도 늘 기다려주고 응원해준 아내 프랑신Francine에게 감사합니다.

그 밖에 수많은 친구와 친지들이 이 긴 여정에 함께 해주었으며, 이 자리를 빌려 감사의 마음을 전합니다.

## 마티유 리카르Matthieu Ricard

승려이자 작가, 사진작가이다. 승려가 되기 전에는 파스퇴르연구소에서 세포유전학 박사학위를 받고 연구에 매진하던 과학자였다. 인도에서 영적 스승들을 만난 것을 계기로 홀연히 히말라야로 떠나 지금까지 인도, 부탄, 네팔 등지에 거주하며 40년 동안 명상 수행자로, 승려로 살아왔다.

1989년부터 달라이 라마의 프랑스어 통역을 맡고 있으며 '마음과 생명 연구소' 정회원이기도 하다. 인도주의 활동에 기여한 공로를 인정받아 프랑스 공로 훈장을 수상했다. 숙련된 명상가인 그는 전 세계 연구소로부터 뇌 관련 연구에 자주 초청되는 인물이다. 실제로 미국 위스콘신 대학의 연구결과, '세상에서 가장 행복한 뇌'의 소유자로 선정되어 화제가 되기도 했다. 저서로는《승려와 철학자》,《고통에서 피는 희망》,《상처받지 않는 삶》(공저),《행복, 하다》,《명상의 기술L'art de la méditation》외 다수가 있다. 현재 네팔에 거주하며, 카루나-세첸Karuna-Schen 협회의 인도주의 프로젝트에 몸담고 있다.

## 볼프 싱어Wolf Singer

신경생물학자이자 뇌 관련 연구의 세계적 권위자다. 막스플랑크 뇌연구소Max Planck Institute for Brain Research 명예소장이며, 프랑크푸르트 고등과학연구원Frankfurt Institute for Advanced studies(FIAS)과 막스플랑크 협회 협력 에른스트 스트렁만 신경과학 연구소Ernst Strungmann Institute for Neuroscience in Cooperation with Max Planck Society(ESI)의 설립자다. 신경과학에 관한 400여 종의 논문과 저서를 집필했다.


## 옮긴이 임영신

경북 대학교 불어불문학과를 졸업 후 서울 여자 대학교 대학원 영문학과 번역학을 수료했다. 현재 번역 에이전시 엔터스코리아에서 출판기획 및 불어 전문 번역가로 활동하고 있다. 주요 역서로는 《심플하게 산다2》, 《시간 여행자의 유럽사》, 《도미니크 로로의 심플한 정리법》, 《내가 죽음을 선택하는 시간》 외 다수가 있다.

# 나를 넘다

2017년 12월 20일 초판 1쇄 | 2018년 1월 15일 초판 3쇄 발행

지은이 · 마티유 리카르, 볼프 싱어
옮긴이 · 임영신

펴낸이 · 김상현, 최세현
책임편집 · 최세현, | 디자인 · 김애숙, 임동렬
마케팅 · 권금숙, 김명래, 양봉호, 임지윤, 최의범, 조히라
경영지원 · 김현우, 강신우 | 해외기획 · 우정민
펴낸곳 · (주)쌤앤파커스 | 출판신고 · 2006년 9월 25일 제406-2006-000210호
주소 · 경기도 파주시 회동길 174 파주출판도시
전화 · 031-960-4800 | 팩스 · 031-960-4806 | 이메일 · info@smpk.kr

ⓒ 마티유 리카르, 볼프 싱어(저작권자와 맺은 특약에 따라 검인을 생략합니다)
ISBN 978-89-6570-526-0 (03400)

쌤앤파커스(Sam&Parkers)는 독자 여러분의 책에 관한 아이디어와 원고 투고를 설레는 마음으로 기다리고 있습니다.
책으로 엮기를 원하는 아이디어가 있으신 분은 이메일 book@smpk.kr로 간단한 개요와 취지, 연락처 등을 보내주세요.
머뭇거리지 말고 문을 두드리세요. 길이 열립니다.